DAXUE JISHU JICHU

大学信息技术基础

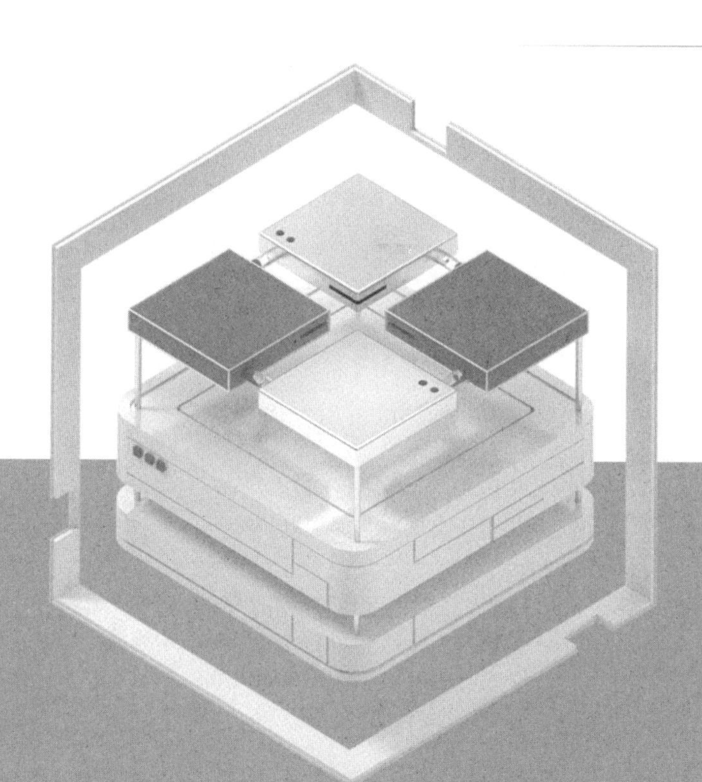

张晶　主编

郑州大学出版社

图书在版编目(CIP)数据

大学信息技术基础 / 张晶主编. -- 郑州 : 郑州大学出版社, 2023.11
ISBN 978-7-5645-9973-7

Ⅰ. ①大… Ⅱ. ①张… Ⅲ. ①电子计算机 - 高等学校 - 教材
Ⅳ. ①TP3

中国国家版本馆 CIP 数据核字(2023)第 197228 号

大学信息技术基础
DAXUE XINXI JISHU JICHU

策划编辑	袁翠红	封面设计	王　微
责任编辑	袁翠红	版式设计	王　微
责任校对	李园芳	责任监制	李瑞卿

出版发行	郑州大学出版社	地　　址	郑州市大学路 40 号(450052)
出 版 人	孙保营	网　　址	http://www.zzup.cn
经　　销	全国新华书店	发行电话	0371-66966070
印　　刷	河南龙华印务有限公司		
开　　本	787 mm×1 092 mm　1 / 16		
印　　张	14	字　　数	325 千字
版　　次	2023 年 11 月第 1 版	印　　次	2023 年 11 月第 1 次印刷

书　　号	ISBN 978-7-5645-9973-7	定　　价	39.00 元

编委名单

主　编　张　晶

副主编　田　地

编　委　（按姓氏笔画排序）

王晓勇　田　地　张　晶

胡　坡　银　朋

前言

以计算机技术、通信技术和传感技术为代表的信息技术已经渗透到人类社会生活的各个方面,推动了经济与社会的发展与进步。信息技术应用成为人们认识与解决问题的一项基础能力,也是大学通识教育以及交叉学科的一项重要内容。在新工科视域下,以提升大学生的信息技术素养与实践能力为目的,我们组织教学经验丰富的教师编写了本教材。

教材在内容编排和讲解方面尽可能做到深入浅出、循序渐进、概念清楚、重点突出,力求反映实用性的新技术和新知识,以适应现代信息技术不断发展的需要。

1. 本书特点

(1)满足教学需要:①合理安排知识点,内容介绍详略得当;②采用图表、图片、实例等形式呈现内容,便于学生理解和记忆;③每章都设置有思考与讨论题,可对本章内容进行复习和实践练习,为学生课后深入学习拓展空间。

(2)内容与时俱进:本书内容紧跟信息技术发展的步伐,介绍 Windows 10 操作系统、Microsoft Office 2021 及最新的信息技术。

(3)融入课程思政:坚持立德树人,促进全面发展。把培育和践行社会主义核心价值观融入每一章,思政教育、创新创业教育与专业教育有机融合。

(4)以学生为中心:设置思考与讨论、操作等类型的习题,突出学生的主体性,提高学生的综合科学素养。

2. 本书使用范围

本书可作为高等院校的信息技术或计算机应用课程教材。

3. 本书作者

本书由河南财政金融学院教师张晶主持编写,田地担任副主编。本书编写工作分配如下:张晶编写第 1 章,田地编写第 2 章、第 3 章和第 8 章 8.3 节,银朋编写第 4 章和第 8 章 8.1、8.2 节,胡坡编写第 5 章和第 9 章,王晓勇编写第 6 章和第 7 章,张晶负责本书的主审和统稿工作。

本书得到河南财政金融学院发展规划处、教务处的支持,在此表示衷心感谢!

由于编者水平和学识有限,书中难免存在不足和疏漏之处,敬请各位读者朋友批评指正!

编者

2023 年 9 月

目录

第1章 计算机与信息化

信息技术的广泛应用与普及,不仅改变了人类的生活方式、思维方式和行为规律,而且推动了经济与社会的发展与进步。现代信息技术的核心是计算机技术。当代大学生应该了解信息技术的主要内容和发展历程,拓宽专业视野,提高综合素质。

课程思政育人目标

> 大学生不仅要掌握信息技术课程知识,更要掌握知识背后所蕴含的社会价值,思考科学技术以及人类社会发展的规律。客观审视我国信息技术产业的发展历程,与发达国家相比还存在很大差距,只有掌握事关国家战略利益的核心信息技术,才能抢占未来竞争的制高点,作为大学生,需有责任意识和忧患意识。

1.1 计算机概述

严格说来,“计算机”为统称,包括电子计算机、光计算机、神经计算机、生物计算机及量子计算机等。一般情况下多指电子计算机,俗称电脑。

1.1.1 电子计算机的产生与发展

1946年2月,世界上第一台电子计算机ENIAC(electronic numerical integrator and computer,电子数字积分计算机)在美国宾夕法尼亚大学诞生。这台计算机的研制历时3年,是美国军方为适应第二次世界大战对新式火炮的需求,为解决在导弹试验中复杂的弹道计算而研制的。按照设计者的初衷,从计算工具的意义上讲,电子计算机ENIAC不过是人类传统计算工具(算盘、计算尺及机械计算机等)在历史新时期的替代物。然而始料未及的是,ENIAC宣告了一个新时代的开始,开启了科学计算的大门。计算机问世以后,经过70多年的飞速发展,已经从开始的高科技军事应用渗透到了人类社会的各个领域,对人类社会的发展产生了极其深刻的影响。

电子计算机的发展史,通常以电子计算机所采用的逻辑元件作为划分标准,即分别以电子管、晶体管、集成电路、大规模和超大规模集成电路作为第一代、第二代、第三代、第四代电子计算机的主要特征。不同的书刊上对划分年代的标准和各代起止年份的介绍不尽相同,一般将电子计算机的发展划分为如下几代。

1.1.1.1 第一代电子计算机(1946—1957 年)

第一代电子计算机的特点如下:

(1)采用电子管作为基本逻辑元件。

(2)主存储器早期采用汞延迟线存储器,后期采用磁鼓或磁芯存储器,但成本高、速度慢。采用磁芯存储器是当时计算机技术的一项重大突破,它使存储器工作可靠稳定,这项技术一直沿用到第三代计算机。

(3)采用二进制代替十进制,编程语言使用低级语言,即机器语言或汇编语言。第一种高级语言 FORTRAN(formula translator,公式翻译程式语言)于 1954 年问世,并开始初期应用。

(4)输入介质主要是穿孔卡片(punched card),速度很慢。用是否在预定位置打孔来记录数字、字母、特殊符号等字符。

(5)计算机的应用领域主要限于科学计算。

1.1.1.2 第二代电子计算机(1958—1964 年)

第二代电子计算机的特点如下:

(1)采用晶体管作为逻辑元件。晶体管与电子管相比,具有体积小、重量轻、发热少、寿命长、价格低、功能强、开关速度快、省电等优点。这是计算机技术又一突破,使计算机的体积大大缩小,成本大大降低。

(2)主存储器主要采用磁芯存储器,外存储器开始使用磁带和磁盘。

(3)系统软件得到了发展。操作系统及各种早期的高级语言(FORTRAN、COBOL、BASIC 等)相继投入使用。

(4)使用了一些对计算机体系结构有重要影响的技术,如变址寄存器、间接寻址、中断、I/O 处理机、浮点数据的表示等。

(5)计算机的应用领域已由科学计算拓展到数据处理、过程控制等领域。

第二代电子计算机的代表机型有 IBM 7094、CDC 6600 等,如图 1-1 所示。

图 1-1 CDC 6600 超级计算机

1.1.1.3 第三代电子计算机(1965—1970 年)

第三代电子计算机的特点如下:

(1)采用集成电路作为逻辑元件。最初使用小规模集成电路,后来采用中规模集成电路,可将数十个、百个分离的电子元件集中制作在一块硅片上,使计算机的体积更小、功能更强、寿命更长、价格更低。

(2)半导体存储器取代了沿用多年的磁芯存储器,使存储容量大大提高。

(3)系统软件和应用软件都有很大的发展,出现了功能较强的操作系统。

(4)计算机的研制和生产实现了系列化、标准化,出现了第一代小型计算机(PDP系列)。

第三代电子计算机的代表机型有 IBM System/360、PDP-11 等。

1.1.1.4 第四代电子计算机(1971 年至今)

第四代电子计算机的特点如下:

(1)以大规模、超大规模集成电路作为逻辑元件。

(2)微型计算机"异军突起"。大规模集成电路技术的应用,不仅极大地提高了电子元件的集成度,而且可将计算机最核心的部件(运算器和控制器)集中制作在一块小小芯片上。例如,Intel 80386 微处理器,在面积约为 10 mm×10 mm 的单个芯片上,可以集成大约 32 万个晶体管。作为第四代计算机的一个机种,微型计算机以其机型小巧、使用方便、价格低廉、性能完善等特性赢得了广泛的应用。

(3)计算机软件的配置空前丰富,操作系统日臻成熟,数据库管理系统普遍使用,新一代计算机语言 C++及 Java 等问世。

(4)计算机应用进入以互联网应用为主要特征的网络化阶段。计算机技术和通信技术相结合,利用网络技术,能把各地的计算机联系在一起,实现资源共享。

(5)第四代电子计算机发展的另一个方向是巨型化。由于多处理机结构和并行处理技术的采用,具有超强功能的巨型机也取得稳步发展。

1.1.1.5 新一代计算机

新一代计算机习惯上被称为第五代计算机,是对第四代电子计算机以后的各种未来计算机的总称。电子计算机从第一代到第四代,尽管发展速度惊人,但其基本的设计思想和工作原理仍一脉相承,即采用冯·诺伊曼的"存储程序控制原理"。新一代计算机系统是把信息采集、存储、处理、通信同人工智能结合在一起的智能计算机系统。它不仅能进行数值计算或处理一般的信息,而且面向知识处理,具有形式化推理、联想、学习和解释的能力。

1.1.2 我国计算机技术的发展

我国于 1958 年 8 月研制出第一台电子管数字计算机(又称 103 型数字电子计算机),1964 年研制出晶体管计算机,1972 年研制出大型集成电路通用数字电子计算机,1977 年研制出第一台微型计算机。1983 年,"银河Ⅰ号"巨型计算机研制成功,运算速度达每秒 1 亿次。1992 年以后又相继研制出运算速度达每秒 10 亿次和每秒百亿次的"银河Ⅱ号"和"银河Ⅲ号"巨型计算机。2009 年,我国研制出首台千万亿次超级计算机"天河一号"。2013 年,我国研制出速度更快的超级计算机"天河二号"。2016 年 6 月 20 日,新一期全球超级计算机 500 强榜单公布,使用中国自主芯片制造的"神威·太湖之光"(如图 1-2 所示)取代"天河二号"登上榜单,并成为 2016 年全球最快超级计算机。"神威·太湖之光"是"核高基"(核心电子器件、高端通用芯片、基础软件产品)项目,代表了国家自主技术的意志。

图 1-2 神威·太湖之光

1.1.3 计算机的分类

计算机的种类很多，分类方法不同，计算机的类别也不同。

(1)按照用途分类 计算机可分为通用计算机和专用计算机。

通用计算机即人们工作生活中普遍使用的计算机，可以根据需要安装各种软件。专用计算机是为解决某一类特定问题而研制的计算机，具有速度快、可靠性高的特点。

(2)按照性能分类 计算机可分为巨型计算机、大型计算机、小型计算机和微型计算机。

巨型计算机通常具有极高的性能和极大的规模，价格昂贵。巨型计算机主要应用于天气预报、人工智能、生物制药和国防等尖端科技领域。我国研制的天河、神威系列计算机属于巨型计算机。

大型计算机允许多用户执行信息处理任务，用来处理大容量数据，运算速度快、存储容量大，但价格比较昂贵。大型计算机通常强调大规模的数据输入输出，着重强调数据的吞吐量。

小型计算机的软件、硬件系统规模比大型计算机小，价格低、可靠性高、操作灵活方便，便于维护和使用。像美国 DEC(Digital Equipment Corporation，DEC)公司研制的 VAX 系列属于典型的小型机。

微型计算机简称微机或 PC 机，是由大规模集成电路组成的、体积较小的电子计算机。它是以微处理器为基础，配以内存储器及输入输出(I/O)接口电路和相应的辅助电路而构成的裸机。微型机以其执行结果精确、处理速度快捷、性价比高等特点迅速进入社会各个领域，且更新换代较快，已发展成为能够处理数字、符号、文字、语言、图形、图像、音频、视频等多种信息的强大多媒体工具。图 1-3 为日常使用的微型计算机。

图 1-3 微型计算机

1.1.4 计算机的应用领域

随着计算机技术的发展，计算机已经从最初的科学计算，渗透到生活和工业生产中的方方面面。计算机的应用领域大致包含以下几个方面。

(1)科学计算和数据处理领域 科学计算一直是计算机应用的重要领域之一。例如，最常见的天气预报，利用计算机可以快速模拟云层的变化，从而达到预测天气的目的；人造卫星和运载火箭的飞行轨道计算，也都离不开计算机。

(2)工业控制和实时控制领域 工业控制，得益于计算机的高速精准自动控制，根据各种传感器获得的数据，经过计算机运算，分析出运行中的偏差，进而反馈，从而达到工业控制的目的。通过集成计算机软硬件平台，这种新型的工业控制和实时控制自动化，已经为冶金、机械、纺织、化工、电力、制造等领域带来了显著的经济优势。

(3)计算机网络技术的应用领域 计算机网络是现代计算机技术与通信技术高度发展和密切结合的产物，它利用通信设备和线路将地理位置不同、功能独立的多个计算机系统地连接起来，用功能完善的网络软件实现网络中资源的共享和信息的传递。例如，世界最大的计算机网络——Internet(因特网)把整个地球变成了一个小小的“村落”，人们通过计算机网络在“地球村”中实现数据与信息的查询、高速通信服务(电子邮件、文档传输、即时通信等)、在线教育、短视频平台、电子商务、视频会议、交通信息管理等。

(4)虚拟现实领域 虚拟现实是利用计算机生成虚拟环境，从而使用户与环境进行交互，这种虚拟环境可以是现实世界的真实写照，也可以是想象出来的世界。利用计算机虚拟现实技术，可以实现一些无法获得的感知与体验，比如飞行员的仿真训练系统就是应用了虚拟现实技术。

(5)办公自动化和信息管理系统领域 办公自动化就是利用计算机的高效和自动化来帮助人们完成各种日常办公活动。比如，利用计算机安排会议、审批文件，利用计算机管理人事、财务、后勤等工作，提高办公的质量和效率。

(6)计算机辅助设计和计算机辅助制造领域 CAD(Computer Aided Design，计算机辅助设计)和CAM(Computer Aided Manufacturing，计算机辅助制造)是20世纪60年代以来发展起来的一门综合性计算机应用技术。计算机辅助设计和制造，简称CAD/CAM，指的是以计算机作为主要技术手段，处理各种数字信息与图形信息，辅助完成产品设计和制造中的各项活动。

(7)多媒体技术领域 多媒体技术是计算机技术和视频、音频及通信等技术相结合的产物，它将文字、声音、图形、影像、动画进行综合处理，形成具有完美视听感觉的新媒体。因此，多媒体领域更离不开计算机的支持，多媒体也是计算机应用的热门领域。

(8)人工智能领域 人工智能是一个以计算机科学为基础，由计算机、心理学、哲学等多学科交叉融合的交叉学科、新兴学科，该领域的研究包括机器人、语言识别、图像识别、自然语言处理和专家系统等。伴随人工智能理论与技术的迅猛发展，智能化时代已然到来，利用人工智能工具与软件来进行跨学科的研究也不断涌现。

国内的科大讯飞是一家专注于人工智能技术研究和应用的公司，其产品涵盖了语音识别、自然语言处理、智能语音交互、机器翻译、智能驾驶等多个领域。美国的人工智能研究公司OpenAI所研发的ChatGPT是一种基于GPT(Generative Pre-trained Transformer)模型的聊天机器人,它可以通过自然语言与用户进行交互。GPT是一种基于深度学习的语言模型,它可以自动学习大量的语言数据,并生成与输入相关的自然语言文本。ChatGPT在GPT模型的基础上进行了改进和优化,使其能够更好地适应聊天场景,并提供更加流畅、自然的对话体验。

1.2 信息技术及信息化

1.2.1 信息与数据

对于“信息”这个概念,不同的学科有不同的解释,存在许多不同的定义。狭义上的信息(information)被认为是可通信并有关联性和目的性的结构化、组织化的客观事实。信息论创始人克劳德·艾尔伍德·香农(Claude Elwood Shannon)则更广义地指出:凡是在一种情况下能减少不确定性的任何事物都可称为信息。

信息是对客观世界各种事物特征的反映。客观世界中任何事物都在不停地运动和变化,呈现出不同的特征。这些特征包括事物的有关属性,如时间、地点、程度和方式等。信息的范围极广,比如“明天有雨”属于自然信息,DNA序列属于生物信息,进销存报表属于管理信息,等等。

数据的概念不同于信息。数据(data)又称资料,是对客观事物的性质、状态和相互关系等进行记载的物理符号,是信息的载体,主要有数字、文字、声音、图形、图像等不同形式。

1.2.2 信息的特点

信息的特点是指信息区别于其他事物的本质属性,主要表现在8个方面:①信息的普遍性、无限性和客观性。②信息的可共享性。③信息的可存储性。④信息的可传输性。⑤信息的可扩散性。⑥信息的可转换性。⑦信息的可度量性。⑧信息的可压缩性。

1.2.3 信息技术

一切涉及信息的生产、处理、流通,以及扩展人类信息器官功能相关的技术,都属于信息技术。信息技术包括信息的获取、传输、处理、控制和利用等方面的综合技术。世界上几乎所有的国家都把信息技术看作是21世纪的战略性技术,不遗余力地把其放在突出的位置上优先加以发展。

信息技术主要包括传感技术、通信技术、计算机技术和控制技术。传感技术是信息的采集技术,对应于人的感觉器官。通信技术是信息的传递技术,对应于人的神经系统。计算机技术是信息的处理和存储技术,对应于人的思维器官。控制技术是信息的使用技术,对应于人的效应器官。

1.2.4 信息化

信息化一词最早是由日本学者梅棹忠夫(外文名:Tadao Umesao)在20世纪60年代

提出，其在《信息产业论》一书中描绘了“信息革命”和“信息化社会”的前景，预见到信息科学技术的发展和应用将会引起一场全面的社会变革，并将人类社会推入“信息化社会”。1967 年，日本政府的一个科学、技术、经济研究小组在研究经济发展问题时，依照“工业化”概念，正式提出了“信息化”概念。

我国在《2006—2020 年国家信息化发展战略》中将信息化定义为：“信息化是充分利用信息技术，开发利用信息资源，促进信息交流和知识共享，提高经济增长质量，推动经济社会发展转型的历史进程。”信息化在很长时间内是我国开展信息技术应用的代名词，但广义信息化与工业化一样，本质上指的是工业化之后人类正在进入的新历史进程。

信息化构成要素主要有信息资源、信息网络、信息技术、信息设备、信息产业、信息管理、信息政策、信息标准、信息应用、信息人才等。

信息化的层次：①产品信息化。产品信息化是信息化的基础，一是产品所含各类信息比重日益增大、物质比重日益降低，产品日益由物质产品的特征向信息产品的特征迈进；二是越来越多的产品中嵌入了智能化元器件，使产品具有越来越强的信息处理功能。②企业信息化。企业信息化是国民经济信息化的基础，指企业在产品的设计、开发、生产、管理、经营等多个环节中广泛利用信息技术，并大力培养信息人才，完善信息服务，加速建设企业信息系统。③产业信息化。指农业、工业、服务业等传统产业广泛利用信息技术，大力开发和利用信息资源，建立各种类型的数据库和网络，实现产业内各种资源、要素的优化与重组，从而实现产业的升级。④国民经济信息化。指在经济大系统内实现统一的信息大流动，使金融、贸易、投资、计划、通关、营销等组成一个信息大系统，使生产、分配、流通、消费等环节通过信息进一步联成一个整体。⑤社会生活信息化。指包括经济、科技、教育、军事、政务、日常生活等在内的整个社会体系采用先进的信息技术，建立各种信息网络，大力开发有关人们日常生活的信息内容，丰富人们的精神生活，拓展人们的活动时空。

1.2.5 数字化

数字化是信息技术发展的高级阶段，是数字经济的主要驱动力，随着新一代数字技术的快速发展，各行各业利用数字技术创造了越来越多的价值，加快推动了各行业的数字化变革。

数字化，以数据作为企业核心生产要素要求将企业中所有的业务、生产、营销、客户等有价值的人、事、物全部转变为数字存储的数据，形成可存储、可计算、可分析的数据、信息、知识，并和企业获取的外部数据一起，通过对这些数据的实时分析、计算、应用来指导企业生产、运营等各项业务。

数字化变革了企业生产关系，提升了企业生产力。数字化让企业从传统生产要素转向以数据为生产要素，从传统部门分工转向网络协同的生产关系，从传统层级驱动转向以数据智能化应用为核心驱动的方式，让生产力得到指数级提升，使企业能够实时洞察各类动态业务中的一切信息，实时做出最优决策，使企业资源合理配置，适应瞬息万变的市场经济竞争环境，实现最大的经济效益。

2023 年 5 月，国家互联网信息办公室发布《数字中国发展报告（2022 年）》（以下简称

《报告》)。

《报告》显示,2022 年数字中国建设取得显著成效,数字基础设施规模能级大幅提升。数字经济成为稳增长促转型的重要引擎。2022 年我国数字经济规模达 50.2 万亿元,占国内生产总值比重提升至 41.5%。

《报告》指出,我国数字技术创新能力持续提升,我国 5G 实现了技术、产业、网络、应用的全面领先,6G 加快研发布局。我国在集成电路、人工智能、高性能计算、EDA(电子设计自动化)、数据库、操作系统等方面取得重要进展。

展望未来数字中国发展,《报告》提出:一是夯实数字中国建设基础。打通数字基础设施大动脉。按照适度超前原则,深入推进 5G 网络、千兆光网规模化部署和应用,着力提升 IPv6 性能和服务能力,推动移动物联网全面发展,大力推进北斗规模应用。二是全面赋能经济社会发展,做强做优做大数字经济。培育壮大工业互联网、区块链、人工智能等数字产业,打造具有国际竞争力的数字产业集群。三是强化数字中国关键能力。构筑自立自强的数字技术创新体系,筑牢可信可控的数字安全屏障。推动网络安全法律法规和政策体系持续完善,不断增强网络安全保障能力。四是优化数字化发展环境。建设公平规范的数字治理生态。

思考与讨论

某学校以物联网、大数据、云计算、AI、移动互联网等先进技术为基础,建设智能化校园,赋能科研创新,提高教学质量和效率,培养优质人才。

(1)该学校智慧校园建设中含有许多项目:①进入校园采用人脸识别技术;②任课教师将课后作业的答案发布到班级的云盘中供学生参考;③利用扫描仪扫描期中考试试卷;④学生可以通过和校园智能助手"人机对话"查询场馆开放时间。

你觉得以上哪些项目能体现人工智能技术应用?

(2)在智慧门禁项目中实现了只要通过摄像头就可以实现自动识别车牌,非校园内车辆不能自动进入。请简单描述智慧门禁的整个信息处理过程。

(3)校园建设"校园一卡通"项目,可以实现管理学籍、借阅图书、食堂和超市消费等。校园一卡通信息系统包括哪些子系统?由哪些要素组成?这些组成要素体现在哪里?

(4)在智慧校园的建设过程中,学校数据中心无疑是智慧大脑所在地,为保障学校数据安全,防止数据泄露或被非法使用,学校应进行数据安全合规建设。谈谈我国数据安全现状及主要政策制定情况。

第2章 计算机基础知识

计算机是处理信息的工具。要了解计算机的工作原理，首先需要了解计算机中信息的表示方法。本章将介绍数值型数据的表示、字符型数据的表示、计算机工作原理及微型计算机的硬件构成等。

课程思政育人目标

为加强基础研究及相应的人才培养，国家出台了相应政策支持，鼓励大学生了解国家宏观形势，积极参与到相关行业的发展中去。掌握好计算机基础知识，对信息的了解会更全面。

2.1 计算机中数据的表示

数据是对客观事物的性质、状态以及相互关系等进行记载的物理符号或这些物理符号的组合。计算机最基本的功能是进行数据运算。数据在计算机中是以器件的物理状态来表示的。在计算机中采用二进制表示数据，即计算机中要处理、存储的所有数据(数值、文本、图像等)都采用二进制表示。

2.1.1 计算机中的数制

数制是以表示数值所用的数字符号的个数来命名的，如十进制、二进制、十六进制、八进制等。各种数制中数字符号的个数称为该数制的基数。一个数值可以用不同数制表示它的大小，不同数制的表示形式虽然不同，但表达的数值是相等的。在日常生活中，最常用的是十进制数。但是计算机只能识别二进制代码 0、1，所以输入计算机的信息都要转换成二进制代码后才能进行处理。下面介绍如何利用各种不同的数制表示现实中的数值以及不同数制之间如何相互转换。

(1)十进制　十进制采用数字 0、1、2、3、4、5、6、7、8、9 和一个小数点符号来表示任意的十进制数。其特点是：逢十进一，基数为 10。每个数位具有不同的权值，可以表示为 10^i(i 表示第 i 个数位)，如个位、十位及百位的权分别为 1、10 及 10^2，十分位、百分位的权分别为 10^{-1} 和 10^{-2}。每个数位上的数字所表示的量是这个数字和该数位权值的乘积。因

此,任意十进制数可按权展开为10的i次幂的多项式。例如,165.39的多项式表示形式为:

$$165.39=1\times10^2+6\times10^1+5\times10^0+3\times10^{-1}+9\times10^{-2}$$

对于n位整数m位小数的任意十进制数$N_{10}=P_{n-1}P_{n-2}\cdots P_0.P_{-1}P_{-2}\cdots P_{-m}$,可用多项式表示为:

$$N_{10}=\sum_{i=-m}^{n-1}P_i\times10^i$$

其中i表示数的某一位;P_i表示第i位的数字,它可以是0~9中的任一数字;m和n为正整数;10为十进制的基数。

(2)二进制　在电子计算机中采用双稳态电子器件作为保存信息的基本元件。在二进制中,只有0和1两个数字,它的基数为2,每个数位上的权是2^i。

对于n位整数m位小数的任意二进制数$N_2=P_{n-1}P_{n-2}\cdots P_0.P_{-1}P_{-2}\cdots P_{-m}$,可用多项式表示为:

$$N_2=\sum_{i=-m}^{n-1}P_i\times2^i$$

其中P_i表示的数字为0或1。

(3)十六进制　在十六进制中,有16个基本符号,包括十进制数字0~9和英文字母A、B、C、D、E、F(也可使用相应的小写字母),其中A、B、C、D、E、F分别与十进制中的10、11、12、13、14、15这6个数相对应。十六进制数的基数为16,每一数位上的权是16的某次幂。

关于十六进制、八进制数的多项式表示,留给大家推导。

在书写时,用字母B或b结尾标记该数据采用二进制(Binary)表示,用字母H或h结尾标记该数据采用十六进制(Hexadecimal)表示,用字母O或o结尾标记该数据采用八进制(Octal)表示。采用十进制(Decimal)书写数据可以用字母D或d结尾,也可以不加结尾字母。

2.1.2　数制间的转换

(1)非十进制数转换为十进制数　非十进制数转换为十进制数的方法:将其按定义展开为多项式,进行乘法与加法运算,所得结果即为该数对应的十进制数。

【例2-1】将二进制数转换为十进制数。

$$\begin{aligned}1010.11\text{B}&=1\times2^3+0\times2^2+1\times2^1+0\times2^0+1\times2^{-1}+1\times2^{-2}\\&=8+2+0.5+0.25\\&=10.75\end{aligned}$$

(2)十进制数转换为非十进制数　任何一个十进制数均由一个十进制整数和一个十进制小数两部分构成,因此,十进制数与其他非十进制数的转换也分成两部分,即对十进制数的整数部分和小数部分分别进行转换,然后把转换后的整数部分和小数部分相加。

十进制整数转换为二进制数或十六进制数可采用“除基数逆向取余数”方法:以该整数作为被除数,除以2或16,商作为新的被除数,并记下余数,重复该运算,直到商为0时结束;逆向排列各个余数,则为该十进制整数转换成的二进制数或十六进制数。

【例 2-2】将十进制整数 35 转换为二进制数。

35D=100011B

转换过程如图 2-1 所示。

十进制纯小数转换为二进制数或十六进制数的方法：连续用纯小数部分乘以基数，记下整数部分，直到小数部分为 0 或满足有效位数为止；正向排列各个整数即可。

【例 2-3】将十进制小数 0.1 转换为二进制数(保留到小数点后 5 位)。

0.1D≈0.00011B

转换过程如图 2-2 所示。

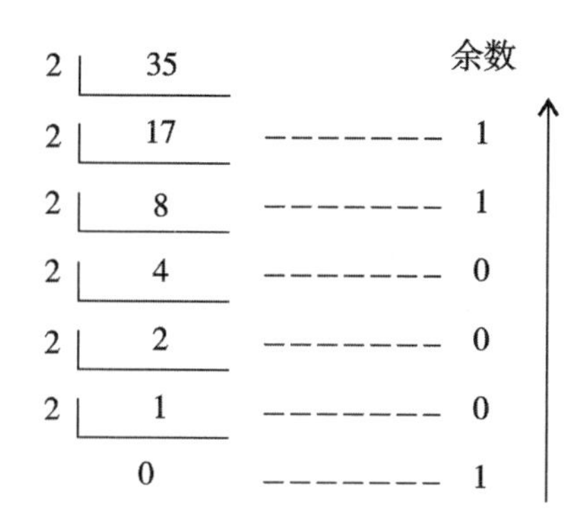

图 2-1　十进制整数转换为二进制

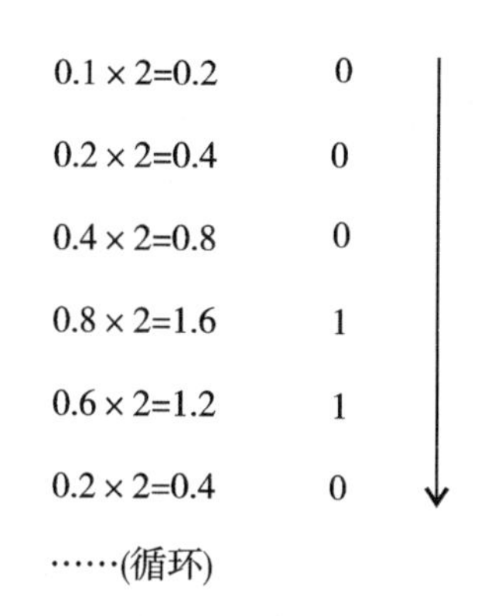

图 2-2　十进制小数转换为二进制

十进制的 0.1 转化为二进制，会得到如下结果：

0.1(十进制)→0.0001 1001 1001 1001...(二进制，无限循环)

可知，二进制表示法并不能精确地表示类似 0.1 这样简单的数字！因此，它在计算机内部只能近似存储。

(3)二进制数与十六进制数之间的转换

由于 $16=2^4$，故一位十六进制数相当于四位二进制数。因此，十六进制数与二进制数之间存在这样的对应关系：每四个二进制位对应一个十六进制位，如表 2-1 所示。所以，二进制数与十六进制数之间的相互转换非常简单。

二进制数转换为十六进制数时，把整数部分自右向左每四位分为一组，每一组用一个十六进制符号表示，最左边的数位不足四位的用 0 补足四位；小数部分自左向右每四位分为一组，每一组用一个十六进制符号表示，最右边的数位不足四位的用 0 补足四位。

表 2-1　不同进制间的对应关系

十进制	二进制	十六进制
0	0000	0
1	0001	1
2	0010	2
3	0011	3
4	0100	4
5	0101	5
6	0110	6
7	0111	7
8	1000	8
9	1001	9
10	1010	A
11	1011	B
12	1100	C
13	1101	D
14	1110	E
15	1111	F

十六进制数转换为二进制数时,可将每一个十六进制符号用对应的四位二进制数表示。

【例 2-4】二进制数和十六进制数相互转换。

11001010001.101110B=651.B8H

3F.C7H=111111.11000111B

2.1.3 数据存储基本单位

在计算机科学中,数据存储是一个非常重要的概念,它指的是将数据存储在计算机系统中的过程。本节将介绍数据存储的基本单位——位、字节、千字节、兆字节、吉字节,并讨论它们在计算机中的应用。

(1)位(bit) 位是数据存储的最小单位,它只能存储 0 或 1 两种状态。位常用于表示计算机中的开关状态或二进制数的某一位。位的计数单位是 bit。

(2)字节(byte) 字节是计算机中常用的数据存储单位,它由 8 个位组成。字节可以存储一个字符或一个 8 位的二进制数。字节的计数单位是 B。

(3)千字节(kilobyte) 千字节约是字节的 1000 倍,它等于 1024 个字节。千字节的计数单位是 kB。千字节常用于表示计算机中的小型文件、文本文件或一些较小的图像文件。

(4)兆字节(megabyte) 兆字节约是千字节的 1000 倍,它等于 1024 个千字节。兆字节的计数单位是 MB。兆字节常用于表示计算机中的大型文件、音频文件或视频文件。

(5)吉字节(gigabyte) 吉字节约是兆字节的 1000 倍,它等于 1024 个兆字节。吉字节的计数单位是 GB。吉字节常用于表示计算机中的大型文件、视频、数据库或大型程序。

它们之间的换算关系如下:

1 B=8 bit　1 kB=1024 B　1 MB=1024 kB　1 GB=1024 MB

2.1.4 计算机中数值数据的编码

(1)机器数 数值在计算机内表示的二进制编码通常称为“机器数”,它对应的实际数值称为机器数的“真值”。无符号数,即所有二进制数位均为数值位,所有位的加权和即为该二进制数表示的真值。用 n 位二进制数来表示无符号整数时,所能表示的整数范围是 $0\sim2^n-1$。然而实际的数值有时是带有符号的,既可能是正数,也可能是负数。这样就存在一个有符号数的二进制表示方法问题。计算机中的数据用二进制表示,数的符号也只能用 0、1 表示。一般用最高有效位来表示数的符号,正数用 0 表示,负数用 1 表示。有符号数有多种编码方式,常用的是补码,另外还有原码和反码等。

(2)数的定点表示法和浮点表示法 使用定点表示法(例如,65 的 8 位补码为 01000001)能表示以 0 为中心的一定范围内的正整数、负整数和 0。通过重新假定小数点的位置,这种格式也能用来表示带有小数点的数。

这种方法受到制约,它不能表示很大的数,也不能表示很小的数。

对于十进制数,解除这种制约的方法是使用科学计数法。于是,976 000 000 000 可

表示成 9.76×10^{11}，而 0.000 000 000 097 6 可表示成 9.76×10^{-11}。实际上我们所做的只是动态地移动十进制小数点到一个约定位置，并使用 10 的指数来保持对此小数点的跟踪。这就允许只使用少数几个数字来表示很大范围的数和很小的数。

这样的方法也能用于二进制数。我们能以如下形式表示一个数：

$$\pm S \times B^{\pm E}$$

其中，S 表示有效数，E 表示指数，B 表示基值，基值是隐含的并且不需要存储，因为对所有数它都是相同的。通常，小数点位置约定在最左（最高）有效位的右边，即小数点左边有 1 位。

现在，任一浮点数都能以多种样式来表示。如下各种表示是等价的，这里的有效数以二进制格式表示：

$$0.110\times2^{5}$$

$$110\times2^{2}$$

$$0.0110\times2^{6}$$

为了简化浮点数的操作，一般需要对它们进行规格化（normalize）。一个规格化的数是一个有效数的最高有效位为非零的数。对于基值 2 表示法，一个规格化数其最高有效位是 1。正如前面所述，通常约定小数点左边有 1 位。于是，一个规格化的非零数具有如下格式：

$$\pm1.bbb\cdots b\times2^{\pm E}$$

这里的 b 是二进制数字 0 或 1。它暗示有效数的最左位必须总是 1。因此也没必要总存储这个 1，所以它成为隐含的。

IEEE 二进制浮点数算术标准（IEEE 754）是 20 世纪 80 年代以来最广泛使用的浮点数运算标准，为许多 CPU 与浮点运算器所采用。

浮点数的基本格式如下：

数符	阶码	尾数
sign	exponent	fraction

各字段含义说明如下。

sign（数符）：指示浮点数的符号，采用 1 个二进制位（比特）存储，用 0 表示正，1 表示负。

exponent（阶码）：采用指数的实际值加上偏移量的办法表示浮点数的指数。

fraction（尾数）：是规格化的二进制浮点数表示形式中的小数点后面的数。

2.1.5 计算机中字符的编码

（1）符号信息的编码　计算机中的字母和字符必须按照特定的规则用二进制编码表示。最通用的字符信息编码是美国信息交换标准代码（American Standard Code for Information Interchange，ASCII）。标准 ASCII 码采用 7 位编码，表示 128 种字符，包括英文字母的大/小写、数字、专用字符、控制字符等。需要时可在最高位（b_7）加奇偶校验位。ASCII 码表见表 2-2，其控制字符含义见表 2-3。

表 2-2 美国信息交换标准代码(ASCII 码)表

ASCII 值	控制字符	ASCII 值	字符	ASCII 值	字符	ASCII 值	字符
000	NUL	032	(空格)	064	@	096	`
001	SOH	033	!	065	A	097	a
002	STX	034	“	066	B	098	b
003	ETX	035	#	067	C	099	c
004	EOT	036	$	068	D	100	d
005	ENQ	037	%	069	E	101	e
006	ACK	038	&	070	F	102	f
007	BEL	039	‘	071	G	103	g
008	BS	040	(	072	K	104	h
009	HT	041	)	073	I	105	i
010	LF	042	*	074	J	106	j
011	VT	043	+	075	K	107	k
012	FF	044	,	076	L	108	l
013	CR	045	-	077	M	109	m
014	SO	046	.	078	N	110	n
015	SI	047	/	079	O	111	o
016	DLE	048	0	080	P	112	p
017	DC1	049	1	081	Q	113	q
018	DC2	050	2	082	R	114	r
019	DC3	051	3	083	S	115	s
020	DC4	052	4	084	T	116	t
021	NAK	053	5	085	U	117	u
022	SYN	054	6	086	V	118	v
023	ETB	055	7	087	W	119	w
024	CAN	056	8	088	X	120	x
025	EM	057	9	089	Y	121	y
026	SUB	058	:	090	Z	122	z
027	ESC	059	;	091	[	123	{
028	FS	060	<	092	\	124	|
029	GS	061	=	093	]	125	}
030	RS	062	>	094	^	126	~
031	US	063	?	095	_	127	(DEL)

表 2-3 ASCII 码的控制字符含义

控制字符	含义	控制字符	含义
NUL	空	DC1	设备控制 1
SOH	标题开始	DC2	设备控制 2
STX	文本开始	DC3	设备控制 3
ETX	文本结束	DC4	设备控制 4
EOT	传输结束	NAK	否定
ENQ	询问	SYN	同步空闲
ACK	确认	ETB	信息组传送结束
BEL	报警符	CAN	取消
BS	退一格	EM	纸尽
HT	水平表格	SUB	取代
LF	换行	ESC	换码
VT	垂直制表	FS	文件分隔符
FF	换页	GS	组分隔符
CR	回车	RS	记录分隔符
SO	移位输出	US	单元分隔符
SI	移位输入	DEL	删除
DLE	数据连接变更		

(2)汉字的编码　计算机能够处理汉字信息的前提条件是对每个汉字进行二进制编码,这些编码统称为汉字代码。汉字信息处理系统中的每一部分都有多种不同的编码方式,汉字信息到达某个部分时,需要使用该部分所规定的汉字代码来表示汉字。因此,汉字信息在系统内传送的过程就是汉字代码转换的过程。

从外部输入汉字时使用汉字输入码,汉字输入码也称为外码,代表某一个汉字的一组键盘符号;汉字内部码也称为汉字内码或汉字机内码,是计算机存储、处理汉字使用的编码;汉字输出使用汉字输出码,又称汉字字形码或汉字发生器的编码。

国家根据汉字的常用程度定出了一级和二级汉字字符集,并规定了编码,这就是中华人民共和国国家标准《信息交换用汉字编码字符集 基本集》(GB/T 2312—1980)中的汉字的编码,即国标码。

国标码字符集共收录汉字和图形符号 7445 个,其中包括:

①一般符号 202 个,包括间隔符、标点、运算符、单位符号和制表符等。

②序号 60 个,分别是 1. ~20.(20 个),(1)~(20)(20 个),①~⑩(10 个)和(一)~(十)(10 个)。

③数字 22 个,即 0~9 和Ⅰ~Ⅻ。

④英文字母 52 个,其中大、小写各 26 个。

⑤日文假名 169 个,其中平假名 83 个,片假名 86 个。

⑥希腊字母 48 个,其中大、小写各 24 个。

⑦俄文字母 66 个,其中大、小写各 33 个。

⑧汉语拼音符号 26 个。

⑨汉语注音字母 37 个。

⑩汉字 6763 个。这些汉字分为两级,一级汉字 3755 个,二级汉字 3008 个。

该字符集中的任何一个图形、符号及汉字都是用两个字节来表示。

国标码中,汉字的排列顺序为:一级汉字按汉语拼音字母顺序排列,同音字母以笔画顺序为序,二级汉字按部首顺序排列。

国标码是汉字编码应该遵循的标准。汉字内码的编码、汉字字库的设计、汉字输入码的转换等,都是以此标准为基础的。例如,内码是将国标码两字节的最高位都置 1 形成的,以便与西文 ASCII 码相区别。

2.2 计算机系统构成

一个完整的计算机系统由硬件系统和软件系统两大部分组成,它们是计算机系统中相互依存、相互联系的组成部分。硬件系统是指组成计算机的物理装置,它是由各种有形的物理器件组成的,是计算机进行工作的物质基础。软件系统运行在硬件系统之上,并且是管理、控制和维护计算机及外围设备的各种程序、数据和相关资料的总称。

通常,把不安装任何软件的计算机称为裸机,裸机是执行不了任务的。普通用户接触的一般都是在裸机之上配置若干软件之后所构成的计算机系统。计算机硬件是支撑软件工作的基础,没有硬件支持,软件也就无法正常地工作。硬件的性能决定了软件的运行速度、显示效果等,而软件则决定了计算机可进行的工作种类。计算机系统的构成如图 2-3 所示。

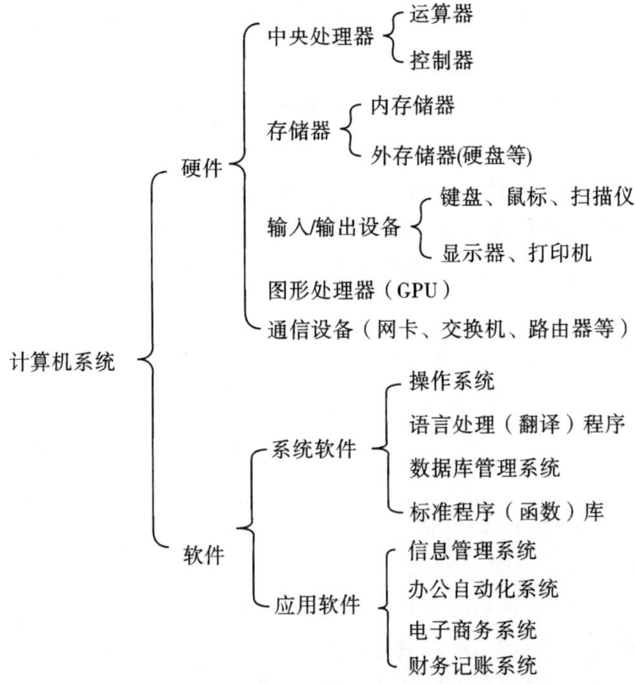

图 2-3　计算机系统的构成

2.3　计算机硬件系统

2.3.1　计算机硬件的组成

1946年,美籍匈牙利数学家约翰·冯·诺依曼(John von Neumann)提出了存储程序计算机的设计思想,奠定了现代计算机的结构基础。70多年以来,尽管计算机体系结构发生了重大变化,性能不断提高,但从本质上讲,存储程序控制仍是现代计算机的结构基础,因此统称为冯·诺依曼型计算机。

冯·诺依曼型计算机的基本工作原理可概括为“存储程序”和“程序控制”。在物理结构上,计算机由运算器、控制器、存储器、输入设备和输出设备五个部分组成,如图2-4所示。从图2-4可以看出,计算机通过输入设备输入数据,通过运算器处理数据,通过存储器存取所需的数据,通过输出设备输出运算结果。

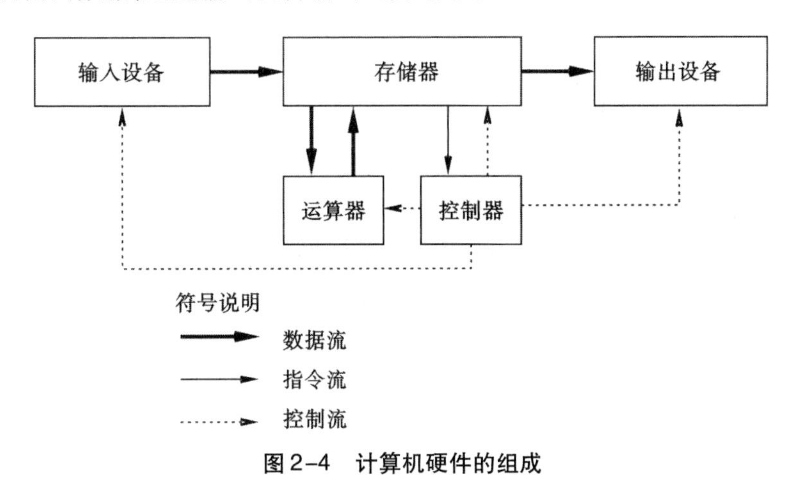

图2-4　计算机硬件的组成

2.3.2　计算机的工作原理

计算机能自动且连续地工作主要是因为在内存中装入了程序,计算机通过控制器从内存中逐一取出程序中的指令,分析指令并执行相应的操作。

2.3.2.1　指令系统和程序的概念

(1)指令和指令系统　指令是计算机硬件可执行的、完成一个基本操作所需的命令。全部指令的集合就称为该计算机的指令系统。不同处理器体系结构的计算机,由于其硬件结构不同,指令集系统也不同。由于各种中央处理器都有自己的指令系统,因此为某种计算机编写的程序一般不能在另一种计算机上运行。

一条计算机指令是用一串二进制代码表示的,它由操作码和操作数两部分组成。操作码表示该指令要完成的操作,如加、减、传送、输入等。操作数代表参加运算的数据或者数据所在的内存地址。不同的指令,其长度一般不同。

（2）程序　计算机为完成某一任务而必须执行的一系列指令的集合，称为程序。用高级语言编写的程序称为源程序，源程序不能直接运行，能被计算机识别并执行的程序称为目标程序。

2.3.2.2 指令和程序的执行过程

通常，一条指令的执行过程分为取指令、分析指令、执行指令。

（1）取指令　根据 CPU 中的程序计数器（PC，总是指向下一条指令的地址）所指示的地址，将指令由内存取到 CPU 中的指令寄存器中，此过程称为“取指令”。与此同时，PC 中的地址或自动加 1 或由转移指令给出下一条指令的地址。

（2）分析指令　对指令寄存器中的指令进行译码，判断该条指令将要完成的操作。

（3）执行指令　CPU 向各部件发出完成该操作的控制信号，并完成该指令的相应操作。

完成第一条指令的执行，而后根据 PC 取出第二条指令的地址，如此循环，执行程序中的所有指令。

2.4 微型计算机及其硬件系统

2.4.1 微型计算机的硬件构成

从外观上看，微型计算机（以台式机为例）的硬件主要包括主机、显示器、鼠标、键盘等。其中，主机是核心。

2.4.1.1 主机

主机是微型计算机硬件的核心。在主机箱的前后面板上通常会配置一些设备接口、按键和指示灯等，如图 2-5 所示。虽然主机箱的外观样式千变万化，但这些设备接口、按键和指示灯的功能基本上大同小异。

在主机箱中还安装着微型计算机的大部分重要硬件设备，如主板、CPU、内存、硬盘、各种板卡、电源及各种连线。

（1）主板　主板又称母板，它是一块印刷电路板，是计算机中其他组件的载体，在各组件中起着协调工作的作用，如图 2-6 所示。主板主要由 CPU 插槽、总线及总线扩展槽（如内存插槽、显卡插槽和 PCI 扩展槽）、输入输出（I/O）接口、缓存、电池及各种集成电路等组成。

（2）CPU　CPU（central processing unit）即中央处理器，它由控制器和运算器组成，是计算机的指挥和运算中心，其重要性好比人的大脑，如图 2-7 所示。CPU 的规格及参数决定了计算机的性能高低。

（3）内存　内存主要用于临时存储数据，关机后在其中存储的信息会自动消失，如图 2-8 所示。计算机在执行程序时，首先要把程序与数据调入内存（如从硬盘调入），这样才能由 CPU 处理。显然，内存容量越大，频率越高，CPU 在单位时间内处理的数据就越多。

图2-5　主机后面板

图2-6　主板

图2-7　CPU

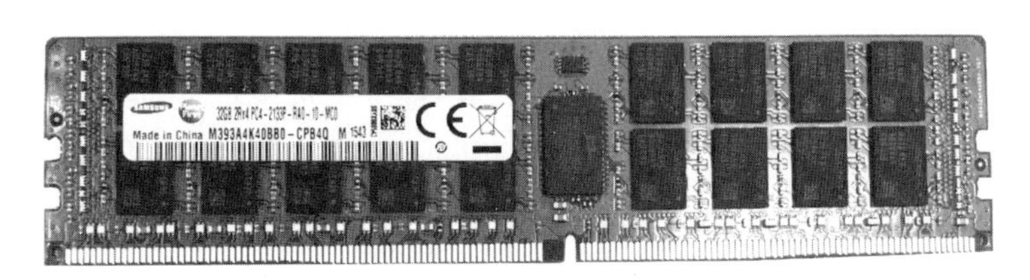

图2-8　内存

(4)硬盘　硬盘固定在主机箱内,并通过主板的IDE或SATA接口与主板连接,是计算机最重要的长期存储设备,计算机中的程序和数据文件都存储在硬盘中,如图2-9所示。

作为计算机系统的数据存储器,容量是硬盘最主要的参数。硬盘的容量以GB或TB为单位,1 GB=1024 MB,1 TB=1024 GB。但硬盘厂商在标称硬盘容量时通常取1 GB=

1000 MB,因此我们在 BIOS 中或在格式化硬盘时看到的容量会比厂家的标称值要小。

固态硬盘在接口的规范和定义、功能及使用方法上与普通硬盘完全相同,在产品外形和尺寸上基本与普通硬盘一致(新兴的 M.2 固态硬盘是一种小型化的固态硬盘,与传统的 SATA 固态硬盘相比,它具有更小的尺寸和更快的传输速度)。

图 2-9　机械硬盘

(5)显卡　显卡又称显示卡,是计算机系统中重要的组成部分,它插在主板 PCI-E 插槽上,如图 2-10 所示。早期显卡的作用是将输出信息转换成字符、图形和颜色等传送到显示器上显示。现在,显卡主要由显卡主板、显示芯片、显示存储器、散热器(散热片、风扇)等部分组成。显卡的主要芯片叫"显示芯片"(video chipset,也称 GPU 或 VPU,图形处理器或视觉处理器),是显卡的主要处理单元。

图 2-10　显卡

2.4.1.2　显示器

显示器是计算机最重要的输出设备,用来显示图像和文字,配合显卡使用。它可以分为阴极射线管显示器、等离子显示器、液晶显示器等。主流显示技术从显像管到液晶面板的更替,大约经历了 50 年。因显像管技术较难应用到大尺寸显示设备,20 世纪 90 年代开始,各厂商开始尝试背投技术、等离子技术、液晶技术等实现更大尺寸的显示效果。未来较长一段时间内,液晶显示仍然会是显示领域的主流技术。

2.4.2　微型计算机的主要性能指标

常见的微型计算机(简称微机)性能指标主要有以下几种。

(1)速度　不同配置的微机按相同算法执行相同任务所需要的时间可能不同,这与微机的速度有关。微机的速度可用主频和运算速度两个指标来衡量。

主频是指计算机的时钟频率。它在很大程度上决定了计算机的运行速度,主频越高,计算机的运算速度相应地也就越快。例如,Intel 公司的 CPU 主频可高达 3.2 GHz 以上。

运算速度是指计算机每秒能执行的指令数,以每秒百万条指令(MIPS)为单位,此指标能客观地反映微机的运算速度。

微机的速度是一个综合指标,影响微机速度的因素很多,如存储器的存取速度、内存大小、字长、系统总线的时钟频率等。

(2)字长　字长是计算机运算部件一次能同时处理的二进制数据的位数。字长越长,用于表示数据的有效数字越多,计算机的精确度越高。一般来说,微型计算机的字长是 8 位、16 位、32 位或 64 位。

(3)存储容量　存储容量是指计算机能存储的数据总字节量,包括内存容量和外存容量,主要指内存的容量。显然,内存容量越大,计算机所能运行的程序就越大,处理能力就越强。目前,主流微机的内存容量一般都在 4 GB 以上,外存容量在 500 GB 以上。

(4)输入输出数据的传输速率　主机与外设交换数据的速度称为计算机输入输出数据的传输速率,表示为“字节/秒”或“比特/秒”。例如,固态硬盘在连续读写数据时的速度可以达到 500 MB/s 左右,而机械硬盘的速度一般不到 150 MB/s。

2.5 计算机软件系统

软件是指为计算机运行工作服务的各种程序、数据及相关资料。软件是计算机的灵魂,是计算机具体功能的体现,要让计算机为我们工作,必须在计算机中安装相应的软件。一台没有安装软件的计算机无法完成任何有实际意义的工作。

软件主要分为系统软件和应用软件两大类,下面分别对它们进行介绍。

2.5.1 系统软件

系统软件是计算机必须具备的基础软件,负责管理、控制和维护计算机的各种软、硬件资源,并为用户提供一个友好的操作界面,帮助用户编写、调试、编译和运行程序。它包括操作系统(operating system,OS)、数据库管理系统和各种程序设计语言处理程序。

(1)操作系统　操作系统是管理和控制计算机软、硬件资源的大型程序,是直接运行在裸机上的最基本的系统软件,其他软件必须在操作系统的支持下才能运行。它是软件系统的核心。

常见的操作系统有 Windows、Linux、Unix、MacOS 四种。其中,Windows 是使用人数最多的操作系统。Linux 是一种开源的操作系统内核,最初由芬兰的 Linus Torvalds 于 1991 年创建,并在 GNU 通用公共许可证下发布。Linux 操作系统通常包括了 Linux 内核以及与其配套的软件工具和应用程序,形成了完整的 Linux 发行版,如 Ubuntu、Debian、CentOS、银河麒麟等。

(2)语言处理程序　计算机只能执行机器语言程序,除机器语言外,用其他任何语言书写的程序都不能直接在计算机上执行。语言处理程序是将用程序设计语言编写的源程序转换成机器语言的形式,以便计算机能够运行,这一转换是由翻译程序来完成的。翻译程序除了要完成语言间的转换外,还要进行语法、语义等方面的检查,翻译程序统称为语言处理程序,共有三种:汇编程序、编译程序和解释程序。

(3)数据库管理系统　数据库管理系统(database management system,DBMS)是一种操纵和管理数据库的大型软件,用于建立、使用和维护数据库,简称 DBMS。它对数据库进行统一的管理和控制,以保证数据库的安全性和完整性。用户通过 DBMS 访问数据库中的数据,数据库管理员也通过 DBMS 进行数据库的维护工作。它可以支持多个应用程序和用户用不同的方法在同时或不同时刻去建立、修改和询问数据库。大部分 DBMS 提供数据定义语言 DDL(data definition language)和数据操作语言 DML(data manipulation language),供用户定义数据库的模式结构与权限约束,实现对数据的追加、删除等操作。

数据库系统由数据库、数据库管理系统及相应的应用程序组成。数据库系统不但能够存放大量的数据,还能快速、自动地对数据进行增加、删除、检索、修改、统计、排序、合并等操作,为用户提供有用的数据。

2.5.2　应用软件

应用软件运行在操作系统之上,是为了解决具体问题而编制的程序及相关文档的集合。如办公软件微软 Microsoft Office、金山 WPS Office,图像处理软件 Photoshop,三维建模软件 3ds Max,杀毒软件 360,压缩/解压缩软件 WinRAR,铁路部门的售票系统等。

思考与讨论

张老师打算组装一台台式机,主要用于满足线上会议及平时的文档处理、上网查询等需要。

张老师组装计算机的基本过程:①熟悉计算机硬件系统的几大部件、基本功能;②市场调查,上网了解不同配置的性价比,确定自己需要的配置;③采购;④组装、调试(包含软硬件)。

张老师选择的计算机配件:①主板(华硕 PRIME H510M-E),②CPU(英特尔 Core i5-10400 @ 2.90 GHz 六核),③内存条(金士顿 DDR4 2666 MHz 16 GB),④主硬盘(金士顿 SNVS/500 GB M.2 固态硬盘)、辅硬盘(希捷 ST1000DM010-2EP102 1 TB 机械硬盘),⑤显示器(飞利浦 PHLC212 PHL 241V8)、鼠标及键盘(双飞燕 套装),⑥电源(长城静音电源 300 W)、机箱(Sama)。

(1)从张老师的配置清单中可以看出,他选用了 2 块硬盘,其中有块体积较小的 SSD 固态硬盘,你认为两块硬盘各有什么功能?

(2)为满足张老师参加线上会议、文档处理和网络查询的需求,你认为他必须安装哪些软件?

(3)张老师在完成计算机硬件安装测试后,准备用他的带预安装环境(PE)的 U 盘进行软件安装的各项工作,请简述张老师安装计算机软件系统的主要流程。

第3章 Windows 10操作系统

操作系统是最重要的系统软件。Windows 10是微软公司研发的基于图形用户界面、跨平台操作系统，应用于台式计算机和平板电脑等设备的操作系统。

课程思政育人目标

通过本章的学习，培养大学生正确的信息安全意识和素养，使其能够正确应对信息安全问题，保护个人、组织和国家的利益。引导大学生思考信息泄露和信息安全问题，树立正确的职业道德和职业操守。

3.1 Windows 10操作系统概述

3.1.1 Windows 10操作系统的启动与退出

3.1.1.1 启动Windows 10

启动Windows 10操作系统时，系统将首先开机自检，自检结束后进入登录界面。

若计算机中只设置了一个账户，且没有设置启动密码（这是默认设置），在登录界面下稍等片刻即可进入Windows 10操作系统的系统界面。若计算机中添加了多个用户账户，且没有设置密码，登录界面将显示多个用户账户的图标。

单击某个账户图标，即可进入该用户的系统界面。若用户账户设置了启动密码，则要求输入密码并确认后，才可进入该用户的系统界面。

3.1.1.2 退出Windows 10

操作系统是计算机最底层的系统软件，退出操作系统后，计算机将无法工作，因此，退出操作系统其实就是关闭计算机的过程。

在关闭计算机之前，首先要保存正在做的工作并关闭所有打开的应用程序，然后单击"开始"按钮，打开"开始"菜单，在"开始"菜单的左下角有"电源"按钮，单击该按钮，弹出"电源"菜单。在该菜单中选择"关机"命令，此时，系统首先会关闭所有运行中的程序，然后关闭后台服务，退出Windows 10系统，接着切断对所有设备的供电。

3.1.2 认识 Windows 10 桌面组成

登录 Windows 10 后,展示在我们面前的画面便是它的桌面,它主要由桌面背景、桌面图标、任务栏三个部分组成。作为一个图形用户界面的操作系统,Windows 10 的所有操作都从桌面开始。

3.1.2.1 桌面背景

桌面背景是显示在桌面上的图片、颜色或图案,体现了用户个性化的工作环境。

3.1.2.2 桌面图标

图标是代表文件、文件夹、程序和其他项目的图片,每个图标代表一个对象(如文件夹、文档或应用程序)。双击桌面图标会启动或打开它所代表的项目。可以选择按"名称""大小""项目类型""修改日期"对桌面图标进行排序,也可以选择按"大图标""小图标""中等图标"查看桌面图标。

桌面图标一般分为 3 种类型:系统组件图标、文件或文件夹图标和快捷方式图标。"网络""回收站"属于系统组件图标。

3.1.2.3 任务栏

任务栏位于桌面的底部,它主要由以下 7 个部分组成。

(1)"开始"按钮　单击"开始"按钮会打开"开始"菜单,Windows 10 操作系统的所有功能设置都可以从"开始"菜单找到。

(2)搜索框　默认情况下,搜索框显示在"开始"按钮的右侧。使用组合键【Win+Q】可以快速打开搜索框。在搜索框中输入需要查找的应用,就可以快速找出对应应用,点击打开应用。比如在搜索框中输入"控制面板",点击打开"控制面板"窗口,如图 3-1 所示。

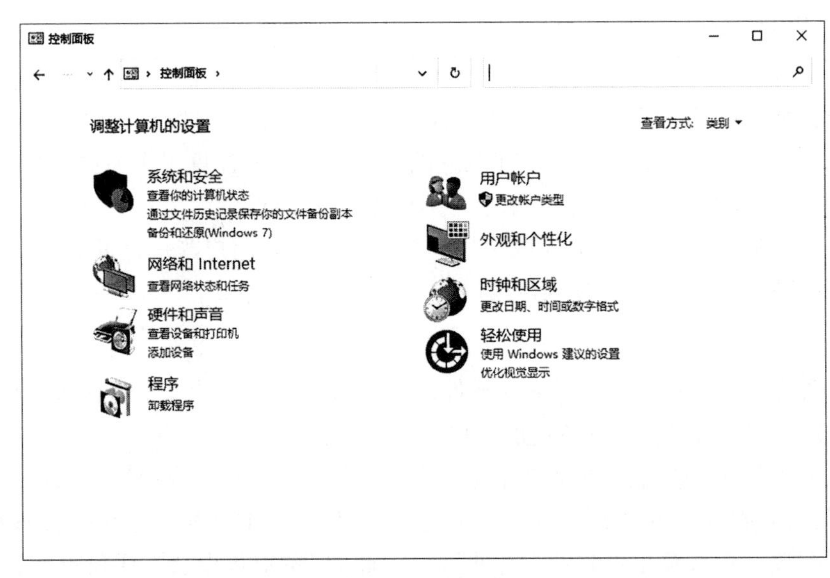

图 3-1　控制面板

(3)“任务视图”按钮　点击“任务视图”按钮,在“任务视图”界面中,点击切换到其他“虚拟桌面”(或者使用快捷键【Win+Tab】),即可完成任务视图的切换。

(4)程序显示区　该区域显示已打开的程序和文件,并可以在它们之间快速切换。

(5)通知区　默认情况下,在通知区会显示联网状态、音量大小、日期和时间等图标。

(6)输入法指示器　单击此处可以在英文及各种中文输入法之间切换。

(7)“显示桌面”按钮　它位于任务栏最右侧,其作用是快速地切换到桌面。

3.1.3 窗口和对话框

3.1.3.1 窗口

窗口是 Windows 10 的重要组成部分,它是屏幕上显示与应用程序对应的一个矩形区域,每个正在运行的应用程序都有对应的窗口,用户通过该窗口与程序进行交互。下面以“资源管理器”窗口为例,介绍 Windows 10 窗口及基本操作。

(1)窗口组成　在桌面上双击“此电脑”图标,打开“此电脑”窗口,如图 3-2 所示。Windows 10 的窗口主要由功能选项卡、标题栏、地址栏、搜索框、最小化/最大化/关闭按钮、导航窗格、工作区等部分组成。

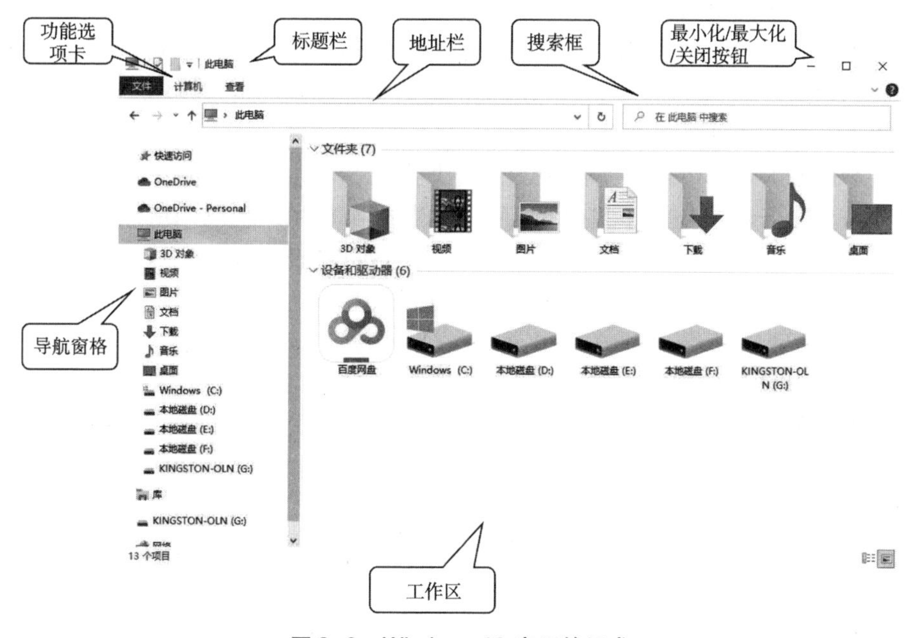

图 3-2　Windows 10 窗口的组成

(2)窗口基本操作　窗口基本操作有移动、改变尺寸、最小化、最大化/还原、关闭、切换窗口等。

①移动窗口。将鼠标指向标题栏,按下鼠标左键不放,拖动窗口到目标位置,松开鼠标即可。

②改变窗口尺寸。将鼠标移动到窗口的边框或窗口的角,当鼠标指针变成双向箭头

时，按住鼠标左键并拖动鼠标，即可改变窗口尺寸。

③最小化。最小化窗口是指单击“最小化”按钮将窗口缩小为任务栏图标。

④最大化/还原。最大化窗口是指以全屏方式显示窗口。窗口最大化之后，单击“还原”按钮，窗口还原为原来的大小。双击窗口的标题栏，也可以最大化窗口或将窗口还原为原来的大小。拖动最大化窗口的标题栏，也可以还原窗口。

⑤关闭窗口。关闭窗口即退出程序，释放程序占用的系统资源。关闭窗口的方法：单击窗口标题栏右侧的“关闭”按钮；双击窗口标题栏左侧的窗口控制图标；打开窗口的“文件”菜单，执行“关闭”或“退出”命令。按组合键【Alt+F4】关闭窗口。

⑥切换窗口。当打开多个窗口时，经常需要在窗口之间切换。在某一时刻，只有一个窗口称为活动窗口（当前窗口）。用鼠标切换窗口：单击任务栏中该窗口图标。使用键盘切换窗口：使用组合键【Win+Tab】打开任务视图，通过方向键选择窗口，按下【Enter】键即可激活窗口；按住键盘上的【Alt】键，然后重复按下【Tab】键，直到焦点切换到目标窗口缩略图时，松开【Alt】键即可。

3.1.3.2 对话框

在 Windows 10 系统中，对话框是一个辅助窗口，允许用户执行命令、向用户提问或为用户提供信息或进度反馈。

对话框和窗口的区别：首先，对话框标题栏右侧只有“关闭”按钮，窗口标题栏右侧有最小化、最大化/还原、关闭按钮；其次，对话框的大小不可以调整，窗口的大小可以调整。

常见的对话框控件描述如下。

(1)文本框(text box)：用户输入信息的矩形框。

(2)列表框(list box)：用于提供一组条目（数据项），用户可以用鼠标选择其中一个或者多个条目，但是不能直接编辑其中的数据。当列表框不能同时显示所有项目时，它将自动添加滚动条，使用户可以滚动查阅所有选项。

(3)下拉列表(dropdown list)：与文本框相似，右端有一个下拉按钮，单击该按钮会显示一个列表，在列表中选择某一条目时，该条目显示在文本框中。

(4)单选按钮(radio button)：供用户在一组相互排斥又相关的选项中做出选择。用户可以选择一个且只能选择一个选项。单选按钮之所以这样称呼，是因为它们的作用类似于收音机上预设的频道。

(5)复选框(check box)：可以选取多个选项，而且选取任何一项都不影响其他项的选取。

(6)命令按钮(command button)：当在对话框中进行各种设置后，单击命令按钮，即可执行相应命令或取消命令。

如图 3-3 所示对话框，“确定”和“取消”按钮为命令按钮。

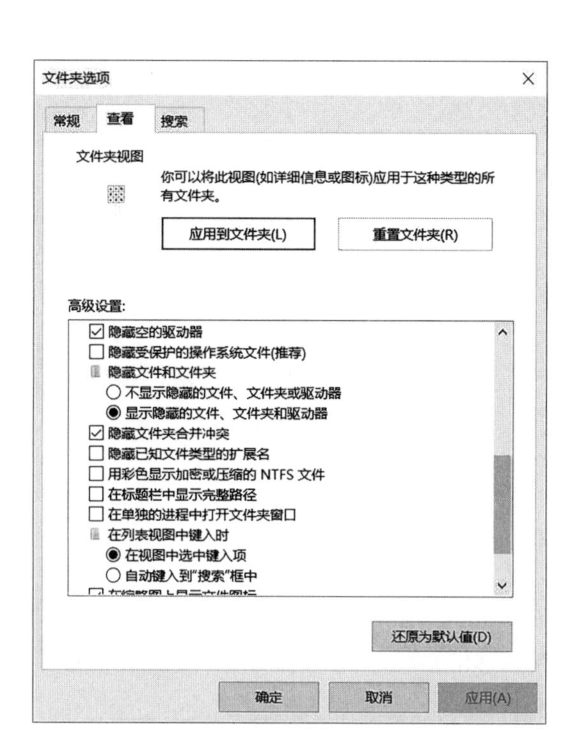

图 3-3　“文件夹选项”对话框

3.1.4　菜单

在 Windows 10 中,菜单是操作系统的一部分,用于访问不同的功能和选项。常见的菜单有开始菜单、快捷菜单、下拉菜单等。

(1)开始菜单　单击“任务栏”最左端的“开始”按钮即可打开“开始”菜单,它呈现了 Windows 10 操作系统中大部分的应用程序和系统设置工具,是启动应用程序常用的方式。

(2)快捷菜单　在某对象上右击,会弹出对应的快捷菜单(环境菜单),如图 3-4 所示。

(3)下拉菜单　单击应用程序菜单栏的某一菜单项,会打开对应的菜单(下拉菜单),如图 3-5 所示。

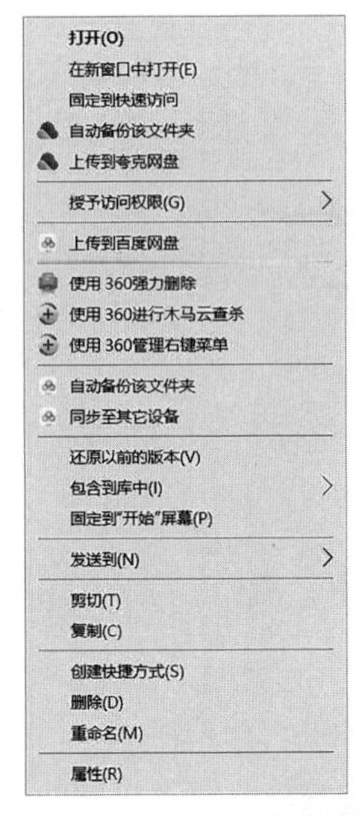

图 3-4 Windows 10 快捷菜单

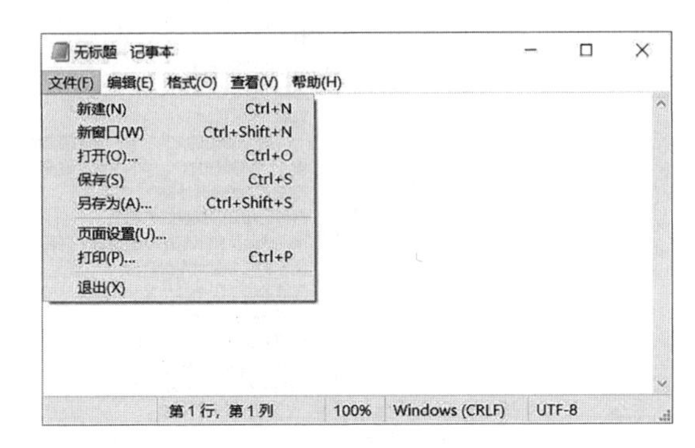

图 3-5 “文件”下拉菜单

3.1.5 中文输入

Windows 10 操作系统预装多种中文(简体,中国)输入方法,如微软拼音输入法、微软五笔输入法。除了 Windows 10 操作系统自带的中文输入法外,还有许多深受用户喜欢的输入法,如搜狗输入法、QQ 输入法、华为输入法等。一般这类中文输入法软件可以从相应企业官网免费下载,使用前需要安装。

3.1.5.1 在输入法栏中添加微软五笔输入法

具体步骤:

(1)在“开始”菜单中单击“设置”菜单项或按组合键【Win+I】,打开“Windows 设置”窗口,如图 3-6 所示。

(2)选择“时间和语言”选项,在打开的页面中选择“语言”,在“首选语言”下,选择“中文(简体,中国)”,点击下方的“选项”按钮。

(3)在“语言选项:中文(简体,中国)”页面中,点击“添加键盘”,可以添加其他输入法,如微软五笔输入法。

3.1.5.2 切换中/英文模式

使用组合键【Ctrl+Space】或【Shift】,可以切换中/英文模式。

3.1.5.3 切换输入法

(1)键盘方式:使用组合键【Ctrl+Shift】或【Win+Space】,可以在输入法之间切换。

(2)鼠标方式:单击任务栏中的输入法指示器,在弹出的输入法菜单中选择某种中文输入法。

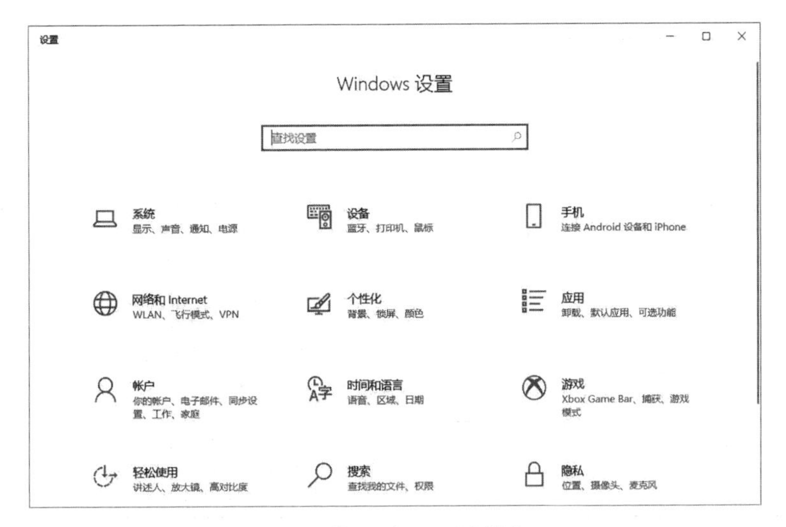

图 3-6　“Windows 设置”窗口

3.2　管理文件和文件夹

在使用计算机的过程中，经常需要对文件、文件夹进行各种管理操作，如新建、选择、重命名、删除、移动或复制文件和文件夹等。

3.2.1　认识文件、文件夹和路径

(1)文件　文件是数据在计算机中的组织形式。计算机中的任何程序和数据都是以文件的形式保存在计算机的外部存储器(如硬盘、光盘和 U 盘等)中。Windows 10 操作系统中的所有文件都是用图标和文件名来标识的，其中文件名由主文件名和扩展名两部分组成，中间由“.”分割。如文件名“合同信息.doc”中“合同信息”就是文件主名，“doc”就是文件扩展名。

文件名最长不超过 255 个字符，其中不能包含\、/、<、>、:、?、*、|、”字符，开头不能使用空格。

文件类型通过文件扩展名加以区分。在 Windows 10 操作系统中，采用不同的图标表示不同类型的文件。典型扩展名代表的文件类型见表 3-1。

表 3-1　典型扩展名代表的文件类型

扩展名	代表的文件类型
com	系统命令文件(二进制代码文件)
exe	可执行程序文件
bat	批处理文件
sys	系统设置文件

续表 3-1

扩展名	代表的文件类型
txt	文本文件
doc、docx	Word 文档文件
xls、xlsx	Excel 文档
html	HTML 网页文件
jpg	图片文件
c	C 语言源程序文件
java	Java 语言源程序文件
zip	ZIP 格式的压缩文件
rar	RAR 格式的压缩文件

(2)文件目录/文件夹　为了便于对文件的管理,Windows 10 操作系统采用树状目录结构对文件进行管理。树状目录结构像一棵倒挂的树,树根在上(该级目录称为根目录),根目录下可有若干个子目录或文件,在子目录下还可以有若干个子目录或文件,形成嵌套目录结构。

在 Windows 10 操作系统中,这些子目录称为文件夹,文件夹用于存放文件和子文件夹。用户可以根据需要,创建不同的文件夹来存放不同的文件。

(3)路径　路径在操作系统中一般指文件的路径,也就是文件的存放位置。当查找某个文件时,就需要先有这个文件的完整路径,才能快速地定位到这个文件。一个完整的文件路径一般由文件目录路径和文件名组成,文件目录路径和文件名之间由一个反斜杠隔开。比如"E:\资料\车辆\合同信息. doc"中"E:\资料\车辆"就是文件目录路径,"合同信息. doc"就是文件名,由反斜杠"\"将它们连接在一起组成了一个完整的文件路径。

如图 3-7 所示,在查看某文件夹下面的文件信息时,点击"资源管理器"窗口地址栏,显示文件的目录路径。

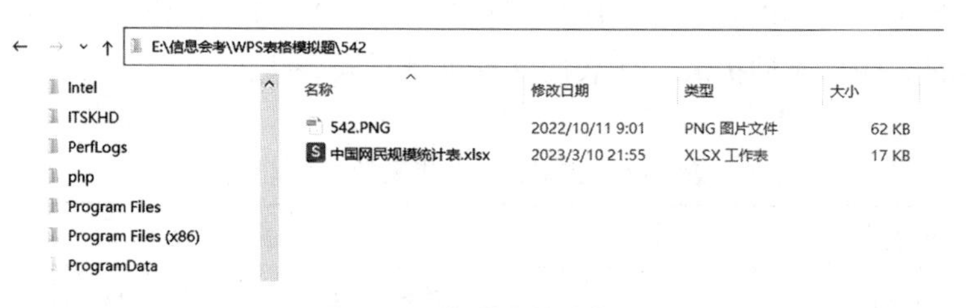

图 3-7　查看文件路径

3.2.2　Windows 10 资源管理器基本用法

资源管理器(file explorer)是 Windows 10 操作系统用于管理计算机文件和文件夹的应用程序。

3.2.2.1　启动资源管理器

启动资源管理器可以采用以下 4 种方法。

(1)在桌面上找到“此电脑”图标,双击即可打开资源管理器。

(2)在“开始”菜单中点击“此电脑”。

(3)右击“开始”按钮,选择“文件资源管理器”。

(4)按下组合键【Win+E】,即可快速打开资源管理器窗口。

3.2.2.2　8 种查看对象方式

使用资源管理器可以浏览计算机的全部资源。Windows 10 的资源管理器有超大图标、大图标、中等图标、小图标、列表、详细信息、平铺和内容 8 种查看对象方式,如图 3-8 所示。

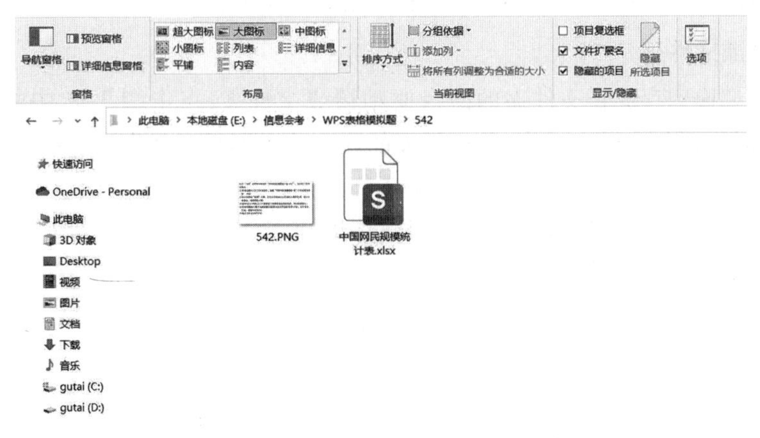

图 3-8　用“大图标”的方式查看对象

3.2.2.3　设置文件夹选项

打开资源管理器,选择“查看”选项卡中的“选项”命令,即打开“文件夹选项”对话框。切换至“查看”选项卡,如图 3-3 所示。这里重点说明两项内容:

(1)“隐藏文件和文件夹”　用于设置是否显示隐藏的对象。

(2)“隐藏已知文件类型的扩展名”　用于设置是否隐藏已知文件类型的扩展名。若取消选中该复选框,则表示显示文件的扩展名。

这两项内容,Windows 10 提供了更快捷的操作方法:使用图 3-8 中“显示/隐藏”组的“文件扩展名”“隐藏的项目”复选框进行设置。

3.2.3　文件和文件夹操作

资源管理器的“主页”选项卡中涵盖了文件操作的大部分功能,图 3-9 为 Windows 10 操作系统中资源管理器的“主页”选项卡。

图 3-9 资源管理器“主页”选项卡

3.2.3.1 创建文件

在使用计算机的过程中,用户会不断地创建或从外部获取文件。创建或获取文件的方法如下。

(1)创建文件 可利用 Windows 10 自带的记事本程序、画图程序、文字处理程序、图像处理程序等应用程序创建文件。具体方法可参照第 4 章创建 Word 文档的相关内容。

(2)获取文件 可以从 U 盘等存储介质中将文件复制到计算机中,也可以通过网络下载获取文件,比如从百度网站、网易邮箱、微信服务器下载文件。

3.2.3.2 创建文件夹

方法一:切换到存放新文件夹的磁盘驱动器或文件夹,点击图 3-9 中的“新建文件夹”按钮,此时将新建一个文件夹,且文件夹的名称处于可编辑状态,输入一个新名称,按【Enter】键确认。

方法二:右击窗口空白处,在弹出的快捷菜单中选择“新建”→“文件夹”选项(如图 3-10 所示),给文件夹取名字即可。

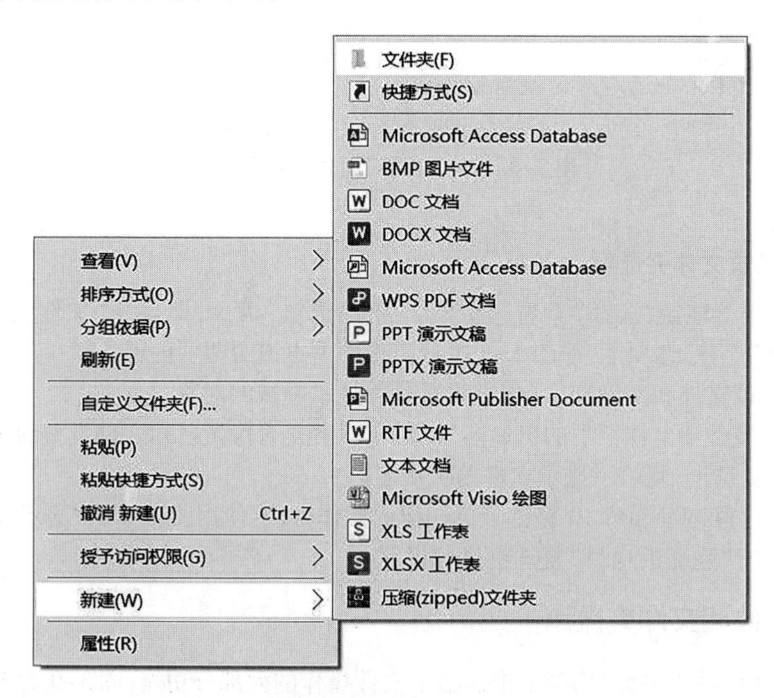

图 3-10 新建文件夹

3.2.3.3 重命名文件或文件夹

方法一:单击要重命名的对象,然后按【F2】键。

方法二:右击要重命名的对象,在弹出的快捷菜单中选择“重命名”命令。

方法三:单击要重命名的对象,然后单击图 3-9 所示“主页”选项卡的“重命名”按钮。

3.2.3.4 选定文件或文件夹

在 Windows 10 操作系统中进行对象的操作,通常需要先选定对象,再对选定的对象进行操作。下面介绍选定对象的操作。

(1)选定单个对象　单击文件或文件夹图标,则选定被单击的对象。

(2)同时选定多个对象　有以下几种方式:

①按住【Ctrl】键,依次单击要选定的文件或文件夹图标,则这些对象均被选中。

②按住鼠标左键拖动,矩形区域覆盖的文件或文件夹均被选定。

③如要选定连续排列的文件或文件夹,先单击第一个对象,然后按住【Shift】键的同时单击最后一个对象,则可以把多个连续文件或文件夹选中。

④按组合键【Ctrl+A】,则选定当前窗口中的所有对象。

3.2.3.5 复制/移动文件或文件夹

剪贴板(clipboard)是内存中一块临时区域,当用户在程序中使用了“复制”或“剪切”命令后,Windows 10 将把复制或剪切的内容暂时存储在剪贴板上,以供“粘贴”使用。剪贴板上的信息在被其他信息替换或退出 Windows 之前一直保存在剪贴板上,直到退出系统。

“剪切”命令可以将选定的对象从原始位置移动到剪贴板中,并删除原始位置的副本。“复制”命令是将选定的对象复制到剪贴板,原来的对象仍然保留。

(1)复制对象　①选中操作对象。②执行“复制”命令(右击鼠标,在弹出的快捷菜单中选择“复制”命令;或按组合键【Ctrl+C】)。③选择目标位置执行“粘贴”命令(右击鼠标,在弹出的快捷菜单中选择“粘贴”命令;或按组合键【Ctrl+V】)。

(2)移动对象　①选中操作对象。②执行“剪切”命令(右击鼠标,在弹出的快捷菜单中选择“剪切”命令;或按组合键【Ctrl+X】)。③选择目标位置执行“粘贴”命令(右击鼠标,在弹出的快捷菜单中选择“粘贴”命令;或按组合键【Ctrl+V】)。

还可以使用鼠标拖动对象的方法完成复制/移动文件或文件夹。首先选定要复制或移动的对象,然后按住鼠标左键拖动至目标位置,根据目标位置的情况,完成的操作可能是复制或移动:①在不同分区之间拖动文件或文件夹(如从 E 盘的一个位置拖动到 F 盘的一个位置),默认为“复制”。在同一个分区之间拖动文件或文件夹(如从 E 盘的一个位置拖动到 E 盘的另一个位置),默认为“移动”。②若在拖动的同时按住【Ctrl】键,则为“复制”。若在拖动的同时按住【Shift】键,则为“移动”。

3.2.3.6 删除文件或文件夹

删除对象最快捷的方法是选中对象后,按【Delete】键;也可以右击要删除的对象,从弹出的快捷菜单中执行“删除”命令;还可以选定要删除的对象后,从图 3-9 所示的“主页”选项卡中点击“删除”按钮。

一般情况下，从硬盘删除的对象会暂时移入回收站中。如果在按住【Shift】键的同时执行删除操作，则彻底删除对象。

如果希望从回收站中恢复被误删除的文件或文件夹，可打开“回收站”窗口，选中误删除的对象，单击“回收站工具”选项卡中的“还原选定的项目”按钮，如图 3-11 所示，将该文件或文件夹恢复到原来的位置。

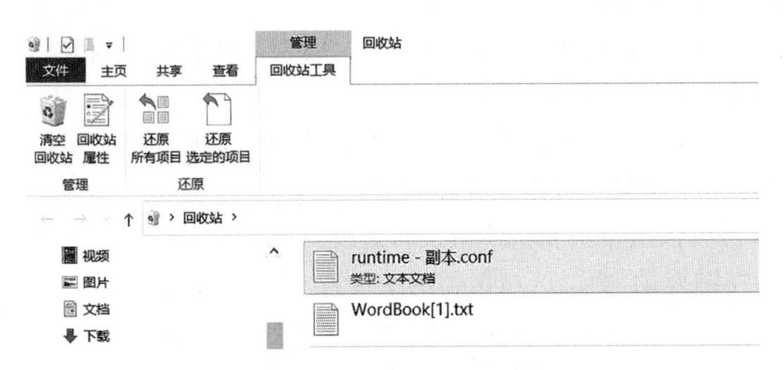

图 3-11 还原删除的文件

回收站的存储空间默认在 C 盘，因此，用户应定期检查回收站，若确认没有需要保留的内容，应及时彻底删除。为此，可在“回收站”窗口中点击“清空回收站”按钮。

3.2.4 查看和修改对象属性

使用 Windows 10 的资源管理器可查看文件、文件夹和磁盘等对象的属性，也可修改某些属性。例如，查看文件夹“WPS 表格模拟题”的类型、大小、位置、创建时间，如图 3-12 所示。对话框中对象的属性含义如下：

（1）“只读” 选中后不能对文件内容进行修改。

（2）“隐藏” 选中后默认在资源管理器窗口中看不到该对象。

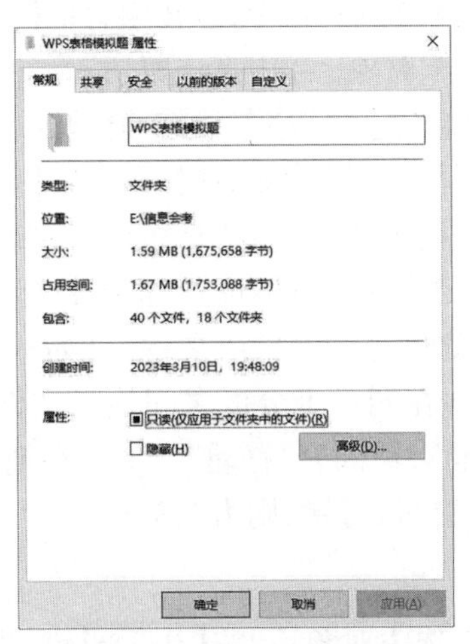

图 3-12 查看对象的属性

3.2.5　创建快捷方式

“快捷方式”是 Windows 系统的一个重要概念。它是一个文件，指向一个对象（程序、数据文件或文件夹）。快捷方式文件的扩展名是 lnk。快捷方式的图标与一般图标的区别在于它有一个箭头，如图 3-13 所示。

图 3-13　快捷方式的图标

快捷方式可以放在桌面上，也可以放在某个文件夹中。用户双击快捷方式，就可以打开对应的程序、数据文件或文件夹。

创建快捷方式的方法是右击一个对象，在弹出的快捷菜单中选择“创建快捷方式”命令，则在当前位置创建指向该对象的快捷方式；或右击一个对象，在弹出的快捷菜单中选择“发送到”→“桌面快捷方式”，如图 3-14 所示，则在桌面位置创建指向该对象的快捷方式。

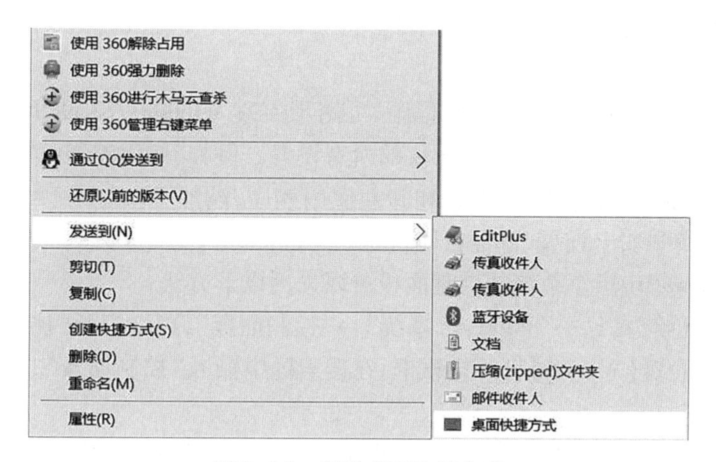

图 3-14　创建桌面快捷方式

3.2.6　检索文件

文件保存到磁盘后，我们可能会忘记文件的保存位置或文件的名称。遇到这种情况时，我们可以使用 Windows 10 的文件快速搜索功能，帮助我们找到需要的文件。具体操作步骤如下。

（1）打开资源管理器，点击要搜索的位置，如“E 盘”“F 盘”，如果不记得文件在哪个分区，就点击“此电脑”或“计算机”，然后点击窗口地址栏右侧的搜索框。

（2）在搜索框中输入关键字，如“Python”。

（3）按【Enter】键开始搜索，搜索结果将会显示在窗口中。此时，点击“搜索”选项卡中的“高级选项”按钮，如图 3-15 所示，在弹出的菜单中，若“文件内容”没有选中，就不会显示那些文件内容包含关键字的文件。

（4）右击其中的一个文件或文件夹，在弹出的快捷菜单中点击“打开文件夹位置”，就可以切换到该文件或文件夹所在的位置。

在搜索框中输入关键字时，可以使用通配符“ * ”或“?”来模糊匹配搜索文本，例如输入“ *. docx”来搜索所有扩展名为“. docx”的文件。

图 3-15 搜索文件

3.3 控制面板和系统管理

控制面板是一组重要的系统管理程序,可用于更改 Windows 10 设置,这些设置几乎控制了有关 Windows 10 外观和工作方式的所有设置。例如,使用控制面板可以查看系统软、硬件配置,添加、删除输入法,安装和卸载应用程序,添加 Windows 10 组件,添加和管理用户账户,系统和安全设置、添加打印机等。

打开 Windows 10 操作系统的控制面板可以采用以下方法:

(1)点击“开始”按钮→“Windows 系统”→“控制面板”,可以打开“控制面板”窗口。

(2)使用组合键【Win+Q】打开搜索框,在搜索框中输入“控制面板”,点击打开“控制面板”窗口。

“控制面板”窗口默认的查看方式为“类别”。点击“控制面板”窗口中查看方式的下拉按钮,选择“大图标”,可将“控制面板”窗口切换为经典视图,如图 3-16 所示。

控制面板包含的内容丰富,在此只介绍部分功能。

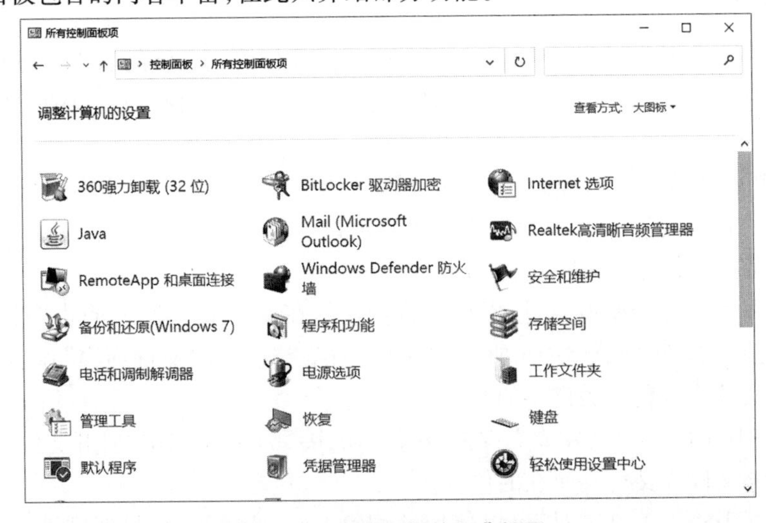

图 3-16 控制面板的经典视图

3.3.1 查看系统软、硬件配置

查看计算机软、硬件配置，可采用以下三种方法：

方法一：①打开“控制面板”窗口，切换到经典视图。②点击“系统”，可以打开“设置”窗口，在此窗口中可以看到设备（计算机）名称、处理器（CPU）型号、内存大小及操作系统的版本等信息，如图3-17所示。

方法二：右击“开始”按钮，在弹出的快捷菜单中选择“系统”，可以打开如图3-17所示的窗口。

方法三：点击“开始”按钮→“设置”→“系统”，在打开的窗口中，点击左侧导航窗格中的“关于”项。

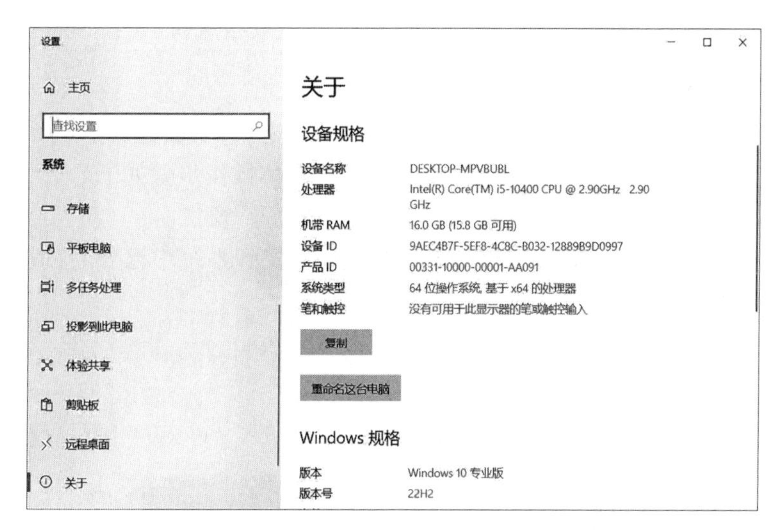

图3-17 查看计算机基本信息

3.3.2 安装和卸载应用程序

3.3.2.1 安装应用程序

应用程序必须安装（而不是复制）到 Windows 10 系统中才能使用。

下面以“阿里云盘”程序为例，说明安装应用程序的步骤。

（1）打开浏览器程序，输入百度网址“www. baidu. com”，按【Enter】键。

（2）在百度“搜索框”中输入关键字“阿里云盘”，按【Enter】键。

（3）点击阿里云盘官方链接，打开阿里云盘主页面。

（4）点击“下载桌面端”链接，即下载阿里云盘安装程序。

（5）找到已下载的阿里云盘安装程序（aDrive. exe），双击，开始安装。

（6）点击“更改”，设置阿里云盘的安装路径为“D:\Program Files (x86)\aDrive”，点击“极速安装”，如图3-18所示。至安装完毕，即在 Windows 10 系统中安装了阿里云盘应用程序。

图 3-18　设置安装路径

3.3.2.2　卸载应用程序

在计算机中安装过多的应用程序不仅占用大量的磁盘空间,还会影响系统的运行速度,所以对于不使用的应用程序,应及时将其卸载。具体操作步骤如下。

(1)点击“开始”按钮→“设置”→“应用”,打开“设置”窗口。

(2)在“应用和功能”页的搜索框中输入“阿里”,找到系统中已安装的应用程序“阿里云盘”,点击“阿里云盘”→“卸载”,如图 3-19 所示。

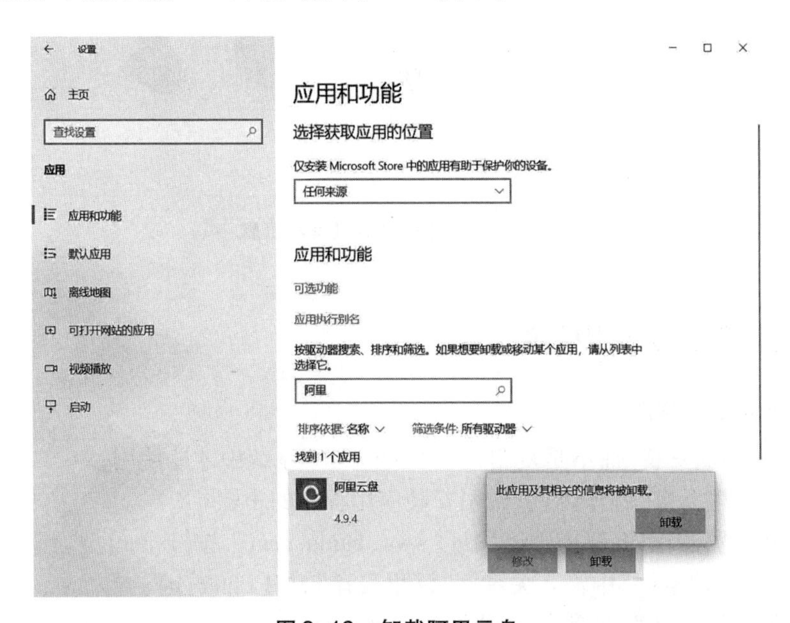

图 3-19　卸载阿里云盘

卸载应用程序时,还可以采用以下步骤:①在图 3-16 所示的控制面板窗口中,点击“程序和功能”,打开“程序和功能”窗口。②在“卸载或更改程序”列表中点击“阿里云盘”→“卸载/更改”→“卸载”,如图 3-20 所示。

图 3-20 卸载或更改程序

3.3.3 附件工具

在 Windows 10 系统中，一些重要的功能和应用程序被放在附件中，让用户可以更方便地使用，包括画图、截图工具、记事本、计算器、写字板等。

(1) 画图 画图程序是一个位图编辑器，可以对各种位图格式的图画进行编辑，用户可以自己绘制图画，也可以对图片进行编辑修改，在编辑完成后，可以以 BMP、JPG、GIF 等格式存档。

在"开始"菜单的"Windows 附件"中选择"画图"命令，打开"画图"程序窗口，如图 3-21 所示。

图 3-21 "画图"程序窗口

(2)计算器　Windows 10 的“计算器”应用是 Windows 早期版本中桌面计算器的触控版本。

可以调整“计算器”窗口的大小,可以同时打开多个计算器,还可在标准型、科学型、程序员、日期计算和转换器模式之间切换。

右击“开始”按钮→“运行”,在“运行”对话框中输入“calc”,点击“确定”按钮,打开“计算器”窗口,如图 3-22 所示。

在“计算器”窗口中,点击“打开导航”按钮来切换模式。对基本数学使用标准型模式,对高级计算使用科学型模式,对二进制代码使用程序员模式,使用日期计算模式来处理日期,而使用转换器模式来转换测量单位。

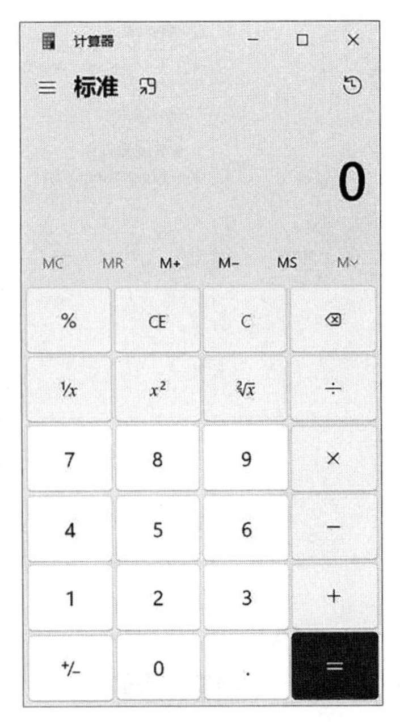

图 3-22　标准计算器

(3)记事本程序　记事本是 Windows 10 操作系统自带的一款文本编辑程序,其可以用于创建并编辑纯文本文档(扩展名为 txt)。通过记事本程序,用户可以轻松地打开和编辑 TXT、HTML 等文件,功能结构较为单一,更加具有实用性和专业性。

在“开始”菜单的“Windows 附件”中选择“记事本”命令,打开“记事本”程序窗口,如图 3-23 所示。

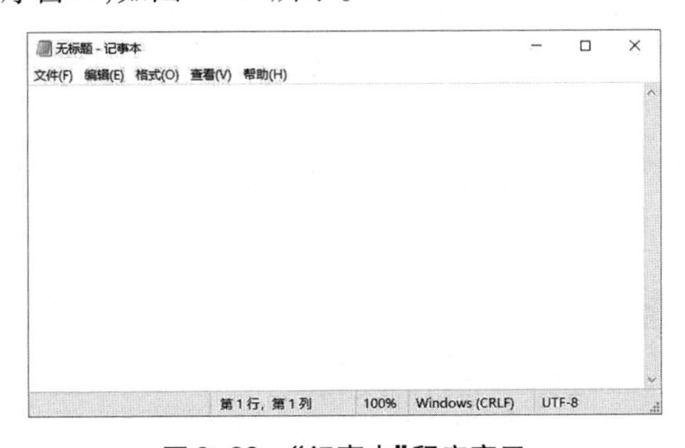

图 3-23　“记事本”程序窗口

思考与讨论

小李家里有台式电脑、手机、平板等终端设备需要上网。为了满足上网需求,他买来无线路由器,进行无线局域网搭建。

(1)目前家用无线路由器除了具备发射 2.4G 和 5G 的无线信号功能外,你认为还集成了哪些功能?

(2)目前因特网服务商(ISP)对大部分住宅都提供了光纤直接入户的服务。光纤入户需要使用光猫(光调制解调器)进行网络连接,你认为光猫的主要功能是什么?

(3)光猫和路由器怎样连接?

(4)设置完成后,小李成功用手机连接并认证了这个无线网络,但是却发现无法上网,请问小李需要排查哪些方面?

第4章　文字处理软件 Word 2021

Microsoft Office 2021 是一款由微软公司开发的办公软件套件，包括 Word、Excel、PowerPoint、Outlook、OneNote、Publisher 和 Access 等常用的办公组件，可用于处理文档、制作表格、设计幻灯片、发邮件等多种用途。以下是部分 Office 2021 的主要特点：

（1）新的界面设计　Office 2021 采用了全新的现代化设计，使其更加简洁、直观。

（2）实时协作　Office 2021 支持实时协作，可以让多个用户在同一文档上共同编辑，提高团队协作效率。

（3）模板优化　Office 2021 提供了许多新的模板，这些模板可以帮助用户更快速地创建外观专业的文档。

（4）智能查找　Office 2021 可以更快地定位到文档中的特定内容。

（5）改进的格式化选项　Office 2021 提供了更多的格式化选项，使用户能够更精确地控制文档的外观和布局。

（6）语音识别　Office 2021 具有内置的语音识别功能，可以将用户的语音转换为文本，从而提高输入速度。

（7）支持云端保存　Office 2021 与 OneDrive 等云存储服务紧密集成，允许用户在不同设备之间轻松共享和访问文档。

课程思政育人目标

姚期智，首位获得“图灵奖”亚裔学者，也是至今为止获此殊荣的唯一华裔计算机科学家。2004 年，身为美国普林斯顿大学终身教授的他，毅然辞职归国，投身于祖国计算机人才的培养。2017 年，71 岁的姚期智更是放弃美国国籍，卖掉美国的房产，正式转为中国科学院院士。为了培养中国计算机行业的专业人才，他在清华大学创建了培育出许多计算机精英的“软件科学实验班”，也就是人们口中的“姚班”。在他的努力下，清华大学计算机专业得到了全面发展。

4.1 Word 2021 基本知识

4.1.1 Word 2021 的基本功能

Word 2021 是 Microsoft Office 2021 中应用最为广泛的一个文字处理组件，主要具有如下功能：

(1)文档管理功能　文档的建立、搜索满足条件的文档、以多种格式保存、文档自动保存、文档加密和意外情况恢复等。

(2)编辑功能　通过键盘、语音和手写等多种途径输入，自动更正错误，拼写检查，中文简体繁体转换，大小写转换，查找与替换等，以提高编辑的效率。

(3)排版功能　可以对字体、段落、页面等进行丰富、美观的排版设计。

(4)表格处理　表格的建立、编辑、格式化、统计、排序以及生成统计图等。

(5)图形处理　建立、插入多种形式的图形，同时也可对图形进行简单的编辑、格式化、图文混排等。

(6)高级功能　提高对文档自动处理的功能，如建立目录、邮件合并、宏的建立和使用等。

4.1.2 Word 2021 的启动

(1)通过开始菜单启动　单击桌面左下角的“开始”按钮，在打开的“开始”菜单中选择“Word”。具体操作如图 4-1 所示。

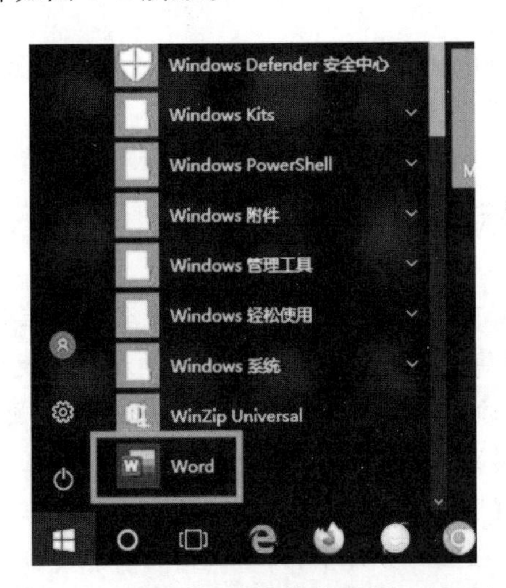

图 4-1　通过“开始”菜单启动 Word 2021

(2)通过任务栏图标启动　双击任务栏中的快捷启动图标可启动相应的组件。在任务栏中固定快捷启动图标和启动 Word 2021 的方法如下：在“开始”菜单中的“Word”上右击，在弹出的快捷菜单中选择“固定到任务栏”命令，单击任务栏中的 Word 图标启动 Word 2021。具体操作如图 4-2、图 4-3 所示。

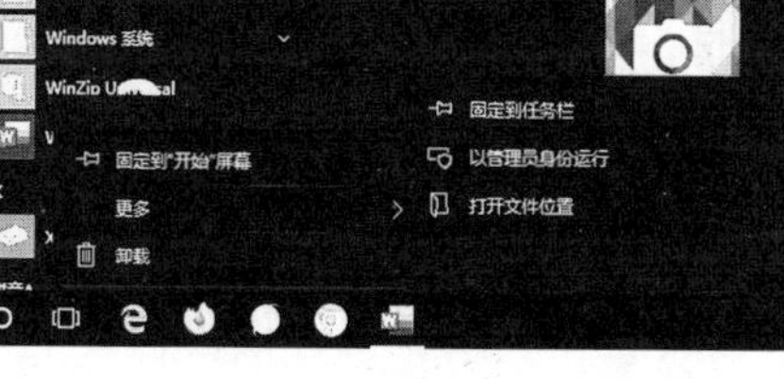

图 4-2　创建任务栏快捷启动图标

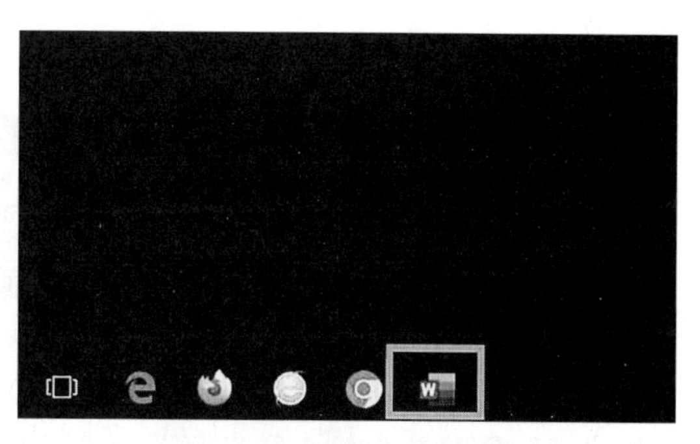

图 4-3　启动 Word 2021

(3)通过双击文档启动　若计算机中保存了某个组件生成的文档,双击该文档可以启动相应组件并打开该文档。

(4)通过双击桌面图标启动　双击桌面的 Word 2021 图标即可启动,如图 4-4 所示。

图 4-4　双击桌面图标启动 Word 2021

4.1.3　Word 2021 的窗口简介

打开 Word 2021 后就可显示工作窗口界面,其组成如图 4-5 所示。Word 2021 窗口自上而下被划分了四个区域,分别是标题栏区、功能区、编辑区和状态栏区。

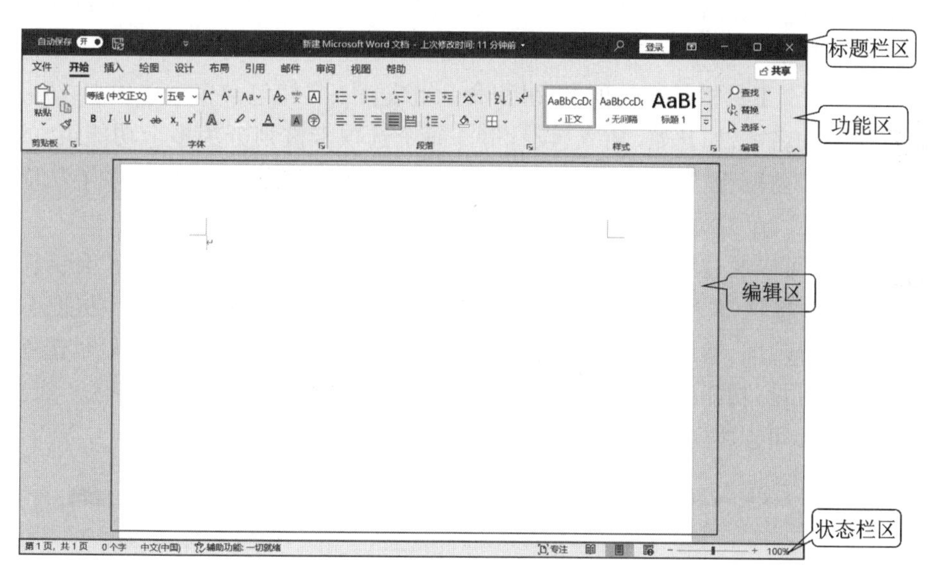

图 4-5　Word 2021 窗口的组成

4.1.3.1　标题栏区

最顶端的区域是标题栏区,包含标题栏、快速访问工具栏、最大化/最小化/关闭按钮等,见图 4-6。

图 4-6 标题栏区

(1)标题栏 标题栏位于整个界面的最顶端中间部分,显示当前文档的文档名称和文档格式。

(2)快速访问工具栏 默认位于整个界面的左上方,默认只有五个按钮:自动保存的开关、保存、撤销、重复键入和自定义快速访问工具栏。

(3)最大化/最小化/关闭按钮 点击 一 按钮可以将窗口最小化,点击 按钮可以将窗口最大化,点击 按钮可以关闭窗口。

4.1.3.2 功能区

位于标题栏区的下方,它只包含"文件"选项卡和工具栏,见图 4-7。

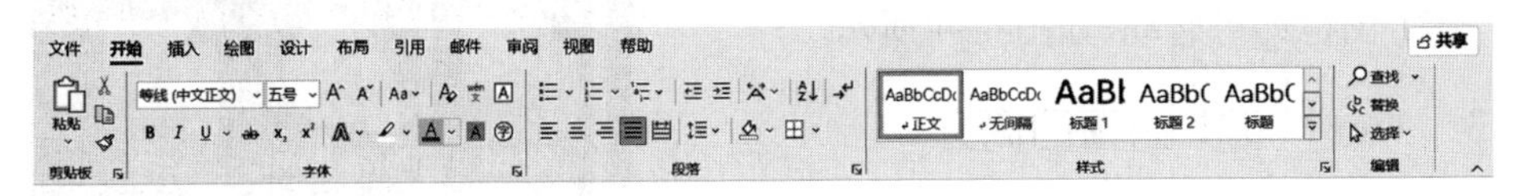

图 4-7 功能区

(1)"文件"选项卡 单击"文件"选项卡可打开其下拉列表,该列表中包含对文件的一些基本操作命令,例如"新建""打开""信息""保存""另存为""历史记录""打印""共享""导出""转换""关闭""账户""反馈""选项"等命令。使用"选项"命令可对一些常规选项进行设置。

(2)工具栏 工具栏是由选项卡、组和命令组成。工具栏包含多个选项卡,每一个选项卡都有独立的名字,如开始、插入、设计等。每个选项卡被划分为多个功能组,如开始选项卡中包含了剪贴板、字体和段落等五个功能组。每个功能组又包含多个功能按钮(也就是"命令"),点击对应的功能按钮即可调用此命令。

另外,我们可以通过图 4-8 的方式来显示/隐藏选项卡和功能区。点击"全屏模式",整个选项卡和功能区都会被自动隐藏,整个编辑区变大。如果要调用某个功能,只需要将鼠标移动至最顶部,然后单击,即可显示整个选项卡和功能区。点击"仅显示选项卡",可以将选项卡可见,功能区不可见。点击选项卡名称才能显示对应的功能区。点击"始终显示功能区",可以将选项卡和功能区都处于可见状态。

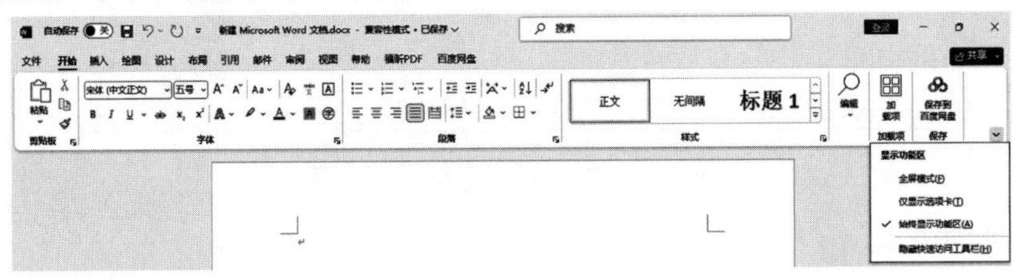

图 4-8 显示/隐藏选项卡和功能区

4.1.3.3　编辑区

编辑区由导航栏、主编辑区、标注区、水平标尺、垂直标尺、水平滚动条和垂直滚动条组成，见图 4-9。

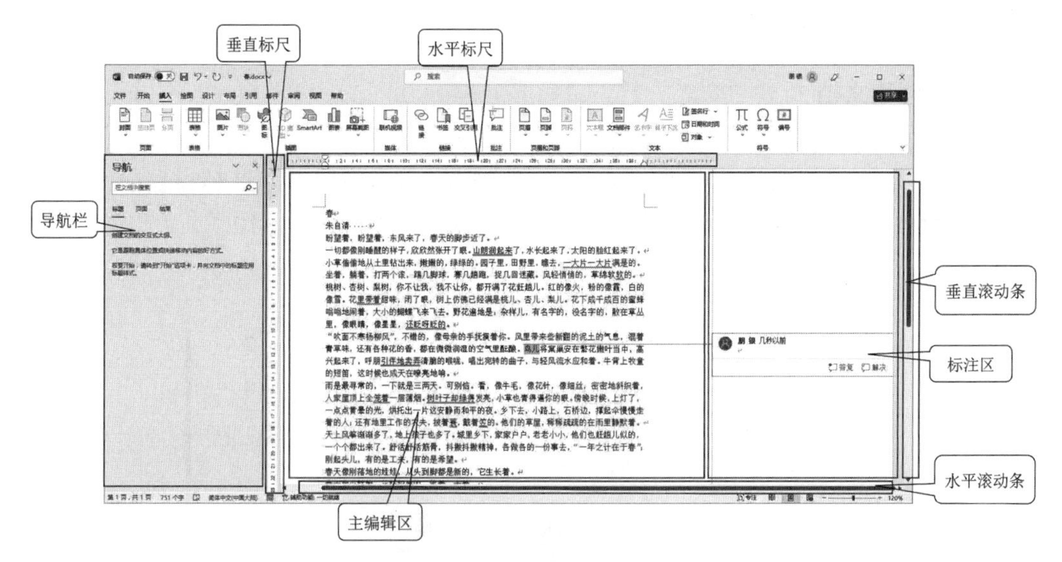

图 4-9　编辑区

(1)导航栏　依次点击【视图】-【导航窗格】，即可开启/关闭导航栏。

(2)主编辑区　中间的一大块区域被称为主编辑区(简称"编辑区")，是文字输入和编辑的主要区域，它包含页眉、正文和页脚三个部分。

(3)水平/垂直标尺　依次点击【视图】-【标尺】，即可开启/关闭标尺。

(4)标注区　标注区是用来显示批注内容的区域，依次点击【插入】-【批注】，即可插入一条批注。批注是对主编辑区内容的解释说明，插入批注后就会自动显示标注区。删除所有批注后，批注区就会自动隐藏；或者依次点击【审阅】-【显示批注】，也可以显示/隐藏标注区。

(5)水平/垂直滚动条　如果页面过大而 Word 界面过小，在编辑区右侧和下方就会分别自动显示水平滚动条和垂直滚动条。拖动滚动条上的滑块就可以快速浏览文档内容。

4.1.3.4　状态栏区

最底部的区域被称为状态栏区，只包含一个状态栏。状态栏左侧显示了当前文档的一些基本信息，如页数、字数等。状态栏右侧是调整窗口显示比例的控件，拖动滑块可以快速地放大/缩小页面；另外控件左侧还有四个视图按钮，分别是专注模式、选取模式、打印布局和 Web 版式，可以帮助我们选择合适的编辑或阅读模式。

4.2 Word 2021 基本操作

4.2.1 文档的创建、输入及保存

4.2.1.1 创建文档

创建 Word 文档有多种方式，常用的有以下三种方式。

（1）启动 Word 2021 应用程序，单击“新建”选项，右边窗口显示各种模板的文档，点击“空白文档”后自动创建一个文件名为“文档 1”的新文档，见图 4-10。

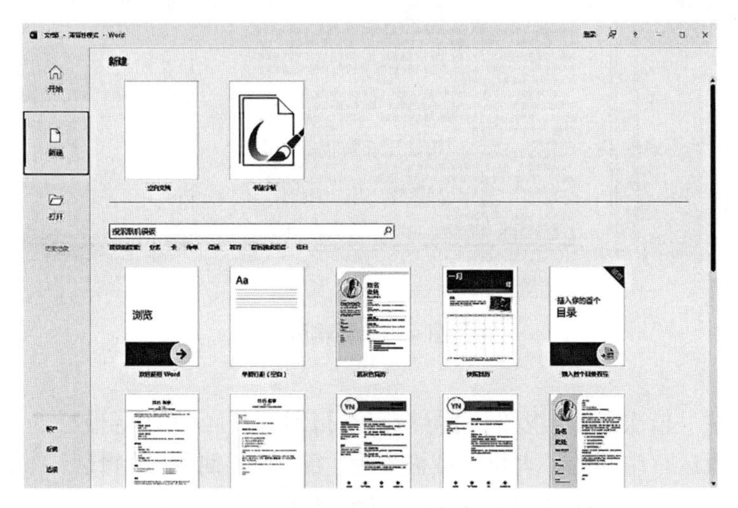

图 4-10 启动 Word 2021 应用程序新建文档

（2）通过“文件”按钮，在菜单中选择“新建”选项，右边窗口显示各种模板的文档，点击“空白文档”后自动创建一个文件名为“文档 1”的新文档，见图 4-11。

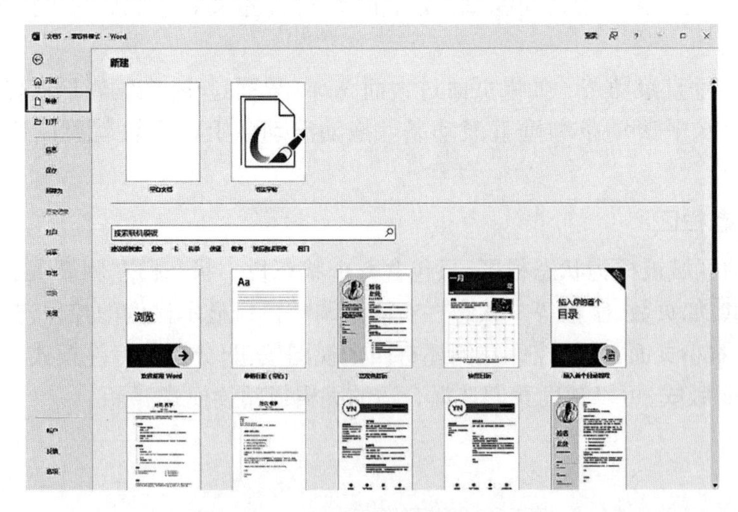

图 4-11 通过“文件”按钮新建文档

（3）在 Windows 桌面空白处右键，单击“新建”，选择“Microsoft Word 文档”，桌面就会生成一个名为“新建 Microsoft Word 文档”文件，双击打开，用户就可以输入和编辑文档，见图 4-12。

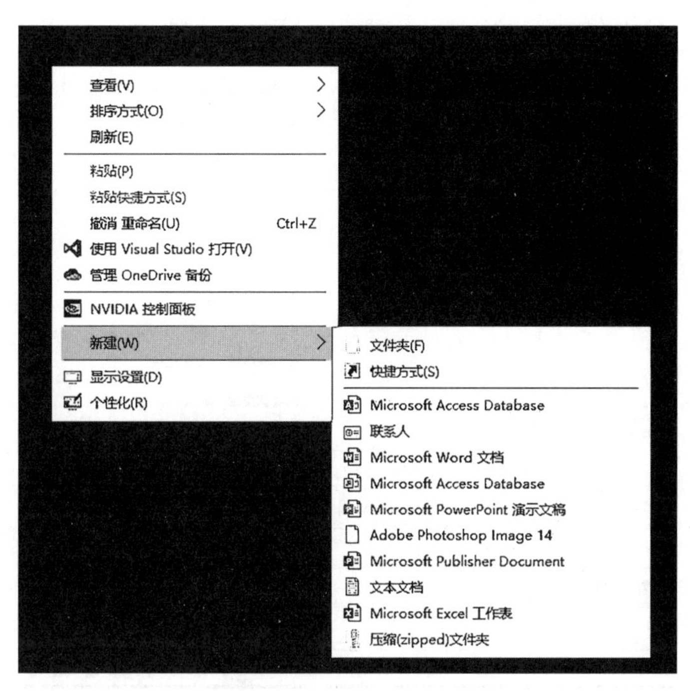

图 4-12 在桌面新建文档

4.2.1.2 文档的输入

在 Word 2021 中，文档输入的途径有多种：通过键盘输入、联机手写体输入、语音输入、扫描输入等。本节主要介绍键盘输入。

键盘输入是最常用的输入设备，用户可以方便地输入各种中英文、数字和其他字符等。特别是汉字输入时用户可以根据个人习惯选择不同的输入法。

文档输入主要有两种模式。第一种是插入模式，也是我们最常用的模式，输入的文本内容会以新内容插入到文档中。第二种是改写模式，在这种模式下，输入的文本会替换原来的内容。按【Insert】键可以切换输入模式和插入模式。

对于各种符号的输入方法如下：

（1）常用的中文标点符号，只要切换到中文输入法，直接按键盘的标点符号。

（2）其他符号，如各种数字序号、希腊字母等，可通过输入法打开软键盘（以搜狗输入法为例），如图 4-13 所示，选择所需的符号；也可在输入法中选择符号大全，在对话框中左侧选择切换符号分类，即可显示各类符号，如图 4-14 所示。

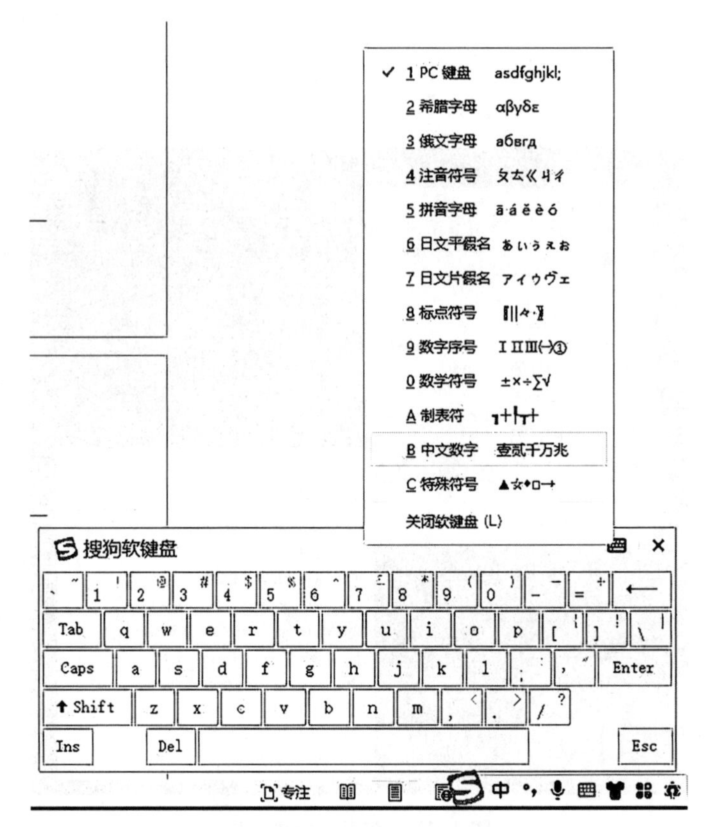

图 4-13　软键盘的快捷菜单

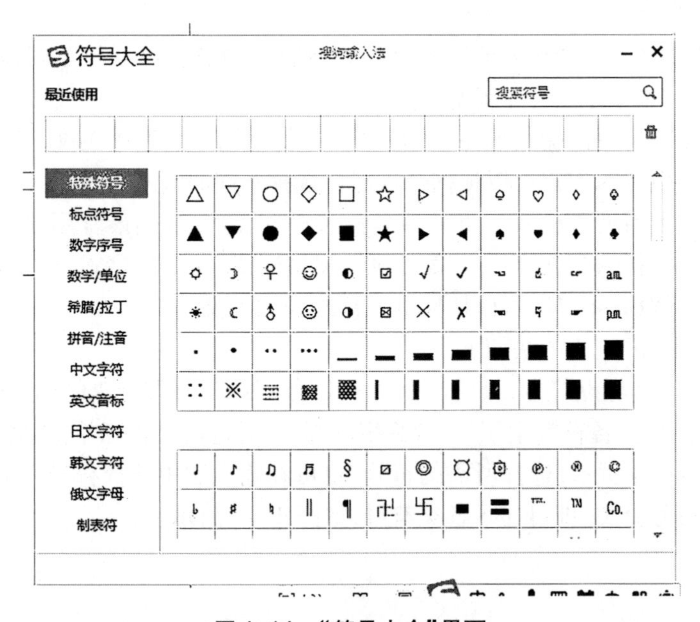

图 4-14　“符号大全”界面

（3）特殊符号。在 Word 2021 中选择“插入”选项，单击“符号”，再单击“其他符号”选项，即可弹出“符号”对话框，如图 4-15 所示。可插入符号的类型与字体有关，在“符号”对话框的“字体”下拉列表中选择所需的字体，而后在下面的列表框中可选择要插入的符号，单击“插入”按钮即可将该符号插入文档中。

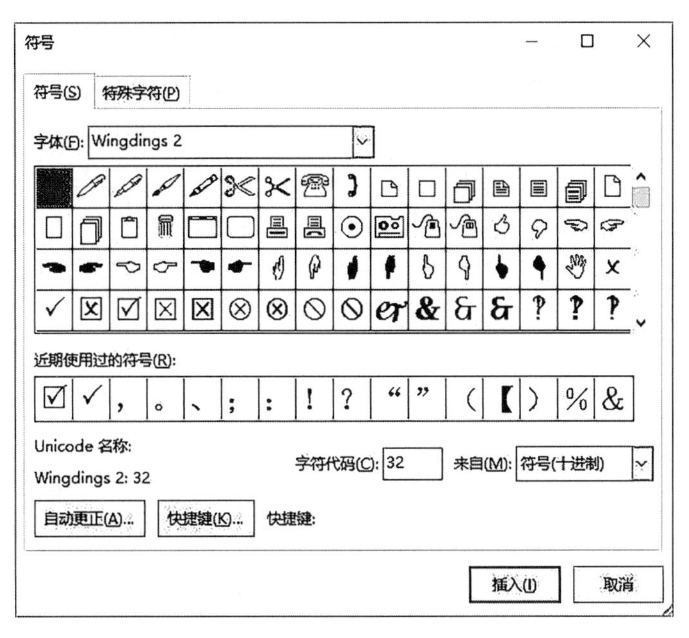

图 4-15　“符号”对话框界面

4.2.1.3　文档的保存

新文档的建立以及老文档的任何编辑都只是暂存在计算机的内存中，一旦发生断电、死机等意外情况，所编辑的文档内容就会丢失。所以，我们在文档编辑的过程中和编辑完成后都要及时保存，以避免由于误操作或计算机故障造成文档内容丢失。

（1）单击快速访问工具栏的“保存”按钮或者直接按【Ctrl+S】组合键保存文件。如果是新文件会弹出一个保存文档的界面，需要输入文件名和存储位置才可以保存文件，Word 2021 默认保存的格式为. docx，如果想更换文档格式，可点击文件名输入框尾部的“. docx”按钮，选择想要保存的文档格式，如图 4-16 所示。如果是编辑已存在的文件可直接保存。

（2）单击“文件”选项中的“另存为”按钮，在弹出的界面中单击“浏览”选择文件存储位置。选定位置后用户可以修改文件名和格式，默认为“. docx”文档格式，如图 4-17 所示。单击“保存”按钮后即可保存，保存之后返回编辑状态，用户可以继续进行编辑。

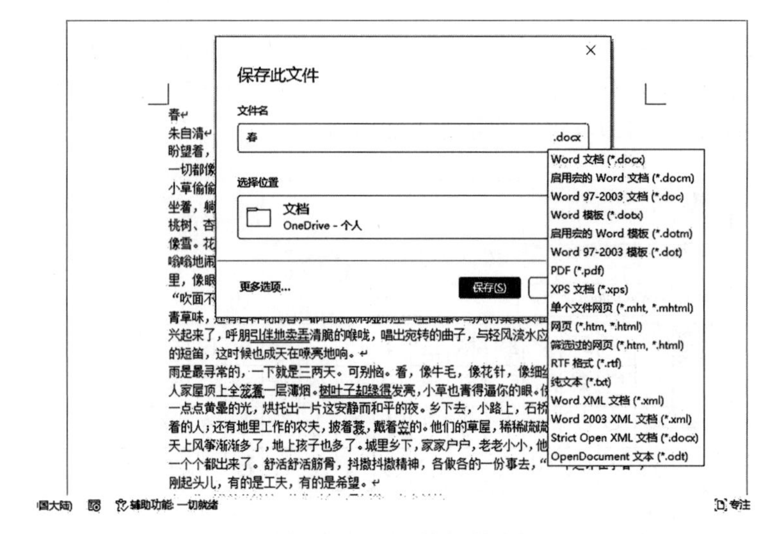

图 4-16 新文档保存界面

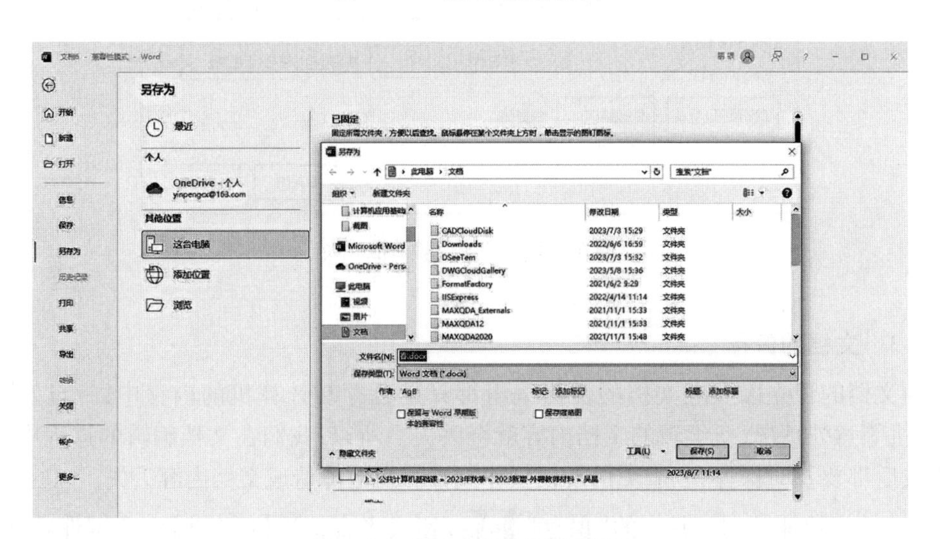

图 4-17 “另存为”对话框界面

(3) Word 2021 支持文档自动保存,我们可以单击左上角“自动保存”右边的开关按钮,将状态设置为开,便可开启自动保存。这里要注意,我们需要登录账户并将文件存储到 OneDrive 云上才能开启自动保存功能。另外,我们也可以使用“自动恢复”功能定期保存文档的临时副本,从而避免出现意外情况时丢失文档数据。用户可以点击“文件”→“选项”→“保存”选项,在弹出的对话框中选中“保存自动恢复信息时间间隔”复选框,在右侧的数值框中设置自动保存的时间间隔,如 5 min,完成后点击“确定”按钮就设置成功了。如图 4-18 所示。

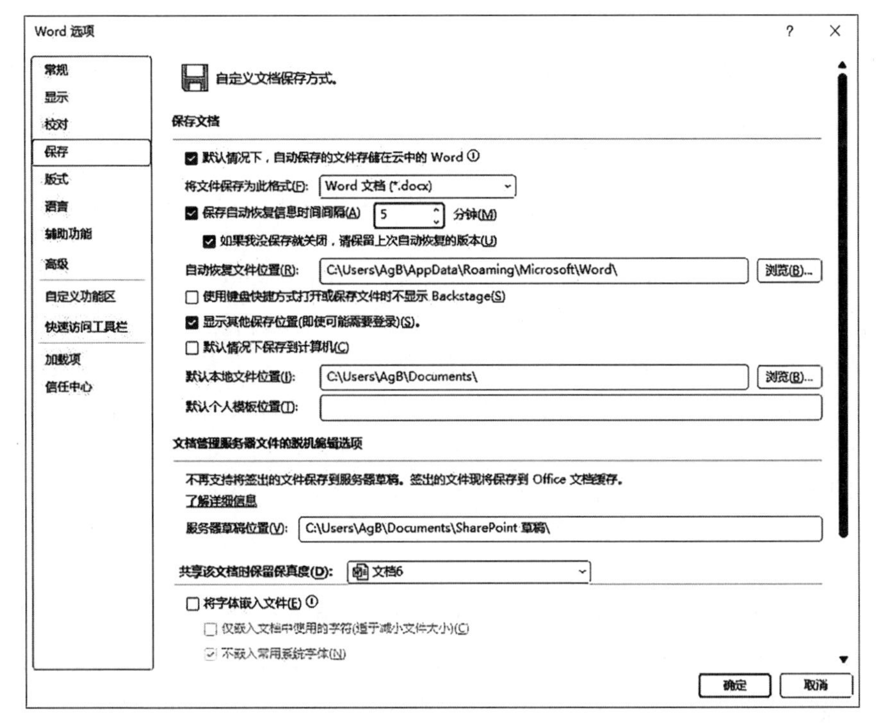

图 4–18　设置自动保存文档时间间隔

(4)当文档编辑完成后,关闭文档时 Word 2021 会自动检查当前文档是否保存,如果未保存,会弹出一个对话框并提示“保存对此文件所做的修改?”,单击“保存”按钮,便会保存修改过的文档,单击“不保存”按钮,文档会返回上一次保存时的状态,如图 4–19 所示。

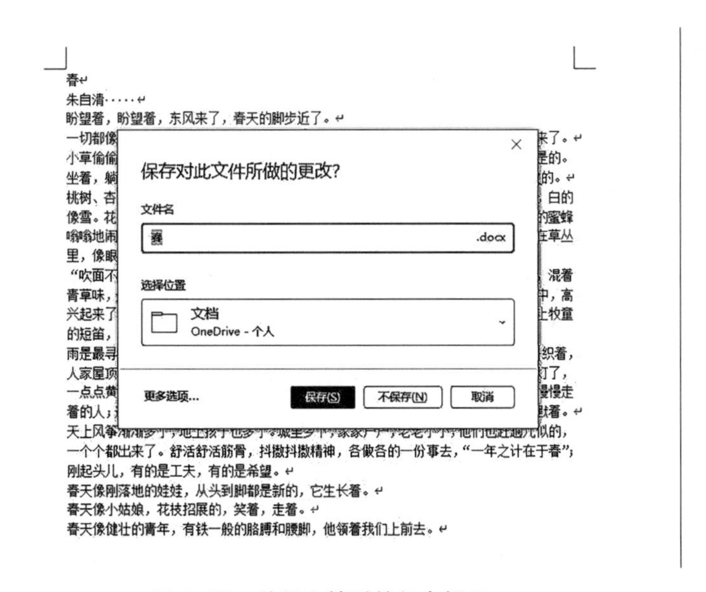

图 4–19　关闭文档时的保存提示

特别提醒:在文档编辑的过程中一定要养成随手保存文档的习惯,特别是要养成随时按【Ctrl+S】组合键保存文件的习惯,否则可能会造成数据丢失等不可挽回的后果。

4.2.2 文档的视图方式与视图功能

Word 2021 提供了多种视图方式和视图功能,可以让用户更加方便地编辑和管理文档。

(1)页面视图　页面视图是最基本的视图方式,用于查看整个文档页面布局,也是默认的编辑视图。在页面视图下,用户可以对文档进行各种编辑操作,如插入图片、设置字体、段落格式等,用户可以查看文档的页边距、页眉、页脚等元素,并对这些元素进行编辑。此外,页面视图还提供了一些实用的功能,如查找和替换、拼写和语法检查等。此外,页面视图还可以显示文档的缩略图,方便用户快速定位到指定页面。

(2)阅读视图　阅读视图是一种适合于屏幕阅读器的视图模式。在阅读视图下,用户可以查看文档的主要部分,如标题、正文和列表。阅读视图还支持文本转语音功能,可以将文档内容朗读出来,方便视力障碍者使用。

(3)Web 版视图　Web 版视图是一种用于预览和编辑在线文档的视图方式。在 Web 版视图下,用户可以直接在浏览器中查看和编辑 Word 文档的内容,而无须安装任何插件或软件。此外,Web 版视图还支持多人协作功能,可以让多个用户同时编辑同一个文档。

(4)大纲视图　大纲视图是一种用于查看文档结构的视图方式。在大纲视图下,用户可以看到文档的标题和子标题层次结构。此外,大纲视图还支持分级显示功能,可以让用户更加清晰地组织文档内容。

(5)草稿视图　草稿视图是一种用于保存对文档的修改的视图方式。在草稿视图下,用户可以随时保存对文档的修改,而不会影响到其他已保存的版本。此外,草稿视图还支持自动保存功能,可以在一定时间间隔后自动保存文档内容。

4.2.3 文本的选定及操作

4.2.3.1 选择文本

对文本进行编辑时,需要先选择文本后才能进行操作,主要分为以下几种情况:

(1)选择任意文本　将光标放在需要选择的文本前面,点击鼠标左键不动,拖动到文本结束,此时选中的文本会被刷黑。

(2)选择单行文本　将鼠标移动到某行左边的空白位置,当光标箭头变成指向右上角 ↗ 时,单击即可选中单行文本。

(3)选择整段文本　将鼠标放在某段左边的空白位置,当光标箭头变成指向右上角 ↗ 时,双击即可选中当前段落。或者将光标放在某段的任意位置,连续点击 3 次即可选择该段文本。

(4)选择矩形文本　按住键盘上的【Alt】键不放,长按鼠标左键并拖动光标即可选择整个矩形文本。

(5)选择不连续的文本　按住键盘上的【Ctrl】键不放,长按鼠标左键并拖动光标即可选择任意文本，松开鼠标左键后再次长按可以继续选择其他文本。

（6）选择连续的文本　将光标放在需要选中的连续文本前，单击鼠标左键，按住键盘上的【Shift】键不放，将光标移动到连续的文本尾部，再次单击鼠标左键可以选择连续的文本。

（7）选择整篇文本　按住【Ctrl+A】组合键可以选择整篇文档。

4.2.3.2　复制与粘贴

复制与粘贴是用户使用较为频繁的操作，其操作可以用鼠标完成，也可以用键盘实现。

复制文本是指将原文本创建一个副本，通常与粘贴文本结合使用，将复制的文本粘贴在某一位置，此时两个位置的文本内容相同。复制文本的主要方式如下：

（1）使用光标选中复制的文本，按【Ctrl+C】组合键即可完成复制操作。

（2）使用光标选中复制的文本，单击鼠标右键，在弹出的菜单中选择“复制”。

（3）使用光标选中复制的文本，点击“开始”选项卡的“剪贴板”，单击“复制” 复制 。

（4）使用光标选中复制的文本，按住【Ctrl】键不放，将鼠标放在选中的文本上并按住鼠标左键不放，当光标变成 时，拖动鼠标到目标位置后松开左键，选中的文本会被复制到目标位置。

复制文本的操作完成，可以执行粘贴操作。粘贴文本的主要方式如下：

（1）将光标放在目标位置，按【Ctrl+V】组合键即可完成粘贴操作。

（2）将光标放在目标位置，单击鼠标右键，在弹出的菜单中会显示“粘贴”的 4 个选项。“保留源格式”是指粘贴后的文本内容保留原始内容的格式；“合并格式”是指粘贴后的内容保留原始内容的格式并合并目标位置的格式；“图片”是指将粘贴的内容转换成图片的格式；“只保留文本”表示将清除原始内容的格式，只保留文字内容进行粘贴。

（3）将光标放在目标位置，点击“开始”选项卡的“剪贴板”，单击“粘贴” 粘贴 。

4.2.3.3　移动与删除

在编辑文档过程中需要经常移动文本内容，移动文本主要有以下三种方式：

（1）选中需要移动文本的内容，按住鼠标左键不放，拖动鼠标到目标位置，松开鼠标左键即可实现文本的移动。

（2）选中需要移动文本的内容，按【Ctrl+X】组合键，将光标移动到目标位置，按【Ctrl+V】组合键即可实现文本的移动。

（3）选中需要移动文本的内容，点击“开始”选项卡的“剪贴板”，单击“剪切” 剪切 ，将光标移动到目标位置，在剪贴板中单击“粘贴” 粘贴 即可实现文本的移动。

删除文本内容最常用的有以下两种方式：

（1）选中需要删除的内容，按键盘的【Backspace】键即可删除选中的文本。或者将光标放在文本中，每点击一次【BackSpace】键就可以删除光标前面的一个字符。

（2）选中需要删除的内容，按键盘的【Delete】键即可删除选中的文本。或者将光标放在文本中,每点击一次【Delete】键就可以删除光标后面的一个字符。

4.2.3.4 撤销与恢复

在编辑文档过程中经常会遇到误操作的情况,此时我们就可以执行"撤销"命令,返回到上一步的内容,撤销操作可以连续执行多次。主要有以下两种方式。

(1)使用【Ctrl+Z】组合键恢复至上一步的内容。

(2)单击"快速访问工具栏"的"撤销"按钮 ,即可恢复至上一步的内容。

在多次执行"撤销"操作时容易发生多执行了几次的情况,此时就要恢复操作前的内容。主要有以下两种方式。

(1)使用【Ctrl+Y】组合键恢复"撤销"操作前的内容。

(2)单击"快速访问工具栏"的"重复键入"按钮 ,即可恢复"撤销"操作前的内容。

4.2.4 文本的查找与替换

用户可以使用查找功能快速地找到目标内容,提高操作效率,其操作也比较简单。点击"开始"选项卡,单击"编辑"中的"查找"按钮 查找 ,或者使用【Ctrl+F】组合键触发查找操作,左侧会弹出导航栏,在导航栏的输入框中输入需要查找的内容,单击键盘中的【Enter】键或者单击输入框右侧的搜索键 即可查找目标内容。我们也可以点击"剪贴板"中"查找"按钮右侧的下拉箭头,点击"高级查找",在弹出的页面中输入查找内容,单击"查找下一处"也可以查找目标内容,见图 4-20。

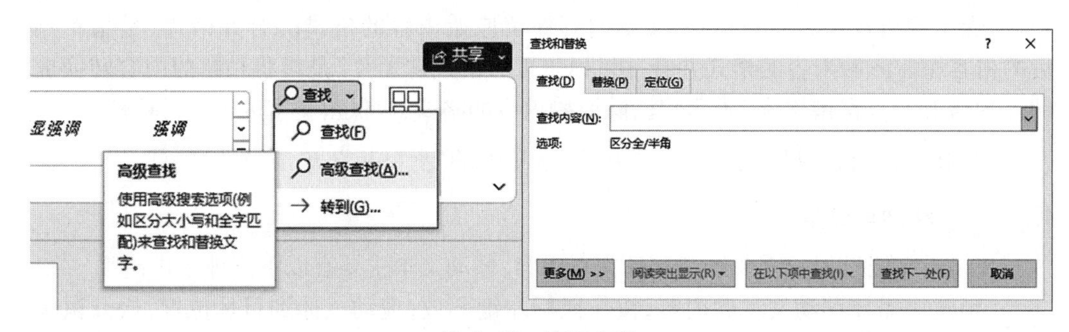

图 4-20 高级查找

替换的目的主要是使用新内容替换掉目标内容,这也是使用较多的操作。用户可以点击"开始"选项卡,单击"编辑"中的"替换"按钮 替换 ,或者使用【Ctrl+H】组合键触发替换操作。在弹出的页面中"查找内容"右侧的输入框输入将要替换的目标内容,在下面的"替换为"右侧的输入框中输入替换的新内容。单击"查找下一处"按钮即可查找替换的目标内容并标黑,如果确定是目标内容即可点击"替换"按钮执行替换操作,同时我们也可以根据实际情况选择"替换"或者"全部替换"按钮,见图 4-21。

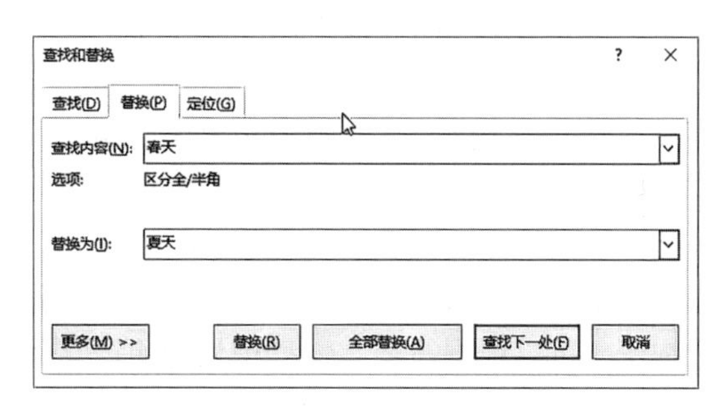

图 4–21　替换操作

4.2.5　公式操作

将光标放在需要插入公式的文本后，在“插入”选项卡下，单击“符号”中的“公式”按钮即可在文本中插入公式框并弹出“公式”选项卡，如图 4–22 所示。通过其中的各个选项可以输入数学公式。

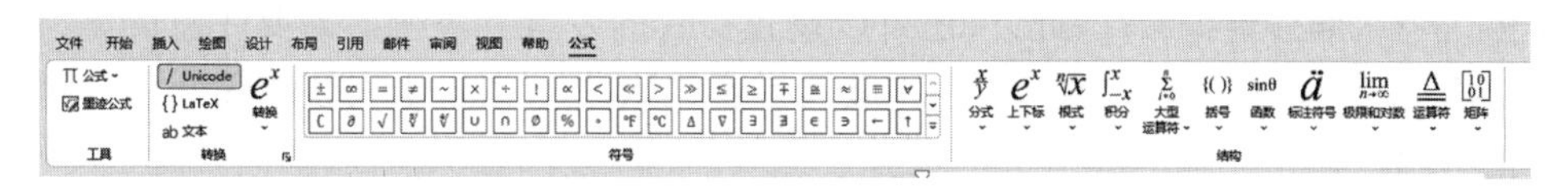

图 4–22　“公式”选项卡

4.3　文档排版

文档的排版主要有三种操作：设置字符格式、设置段落格式和设置页面格式等。

4.3.1　设置字符格式

Word 2021 支持对文本内容的字体、字号、字体颜色、加粗、倾斜、下划线、底纹、上标、下标、字符间距和位置等进行设置。如果想设置字符格式，可以使用“开始”选项卡的“字体”功能组中的按钮，或者选中文本后单击鼠标右键，在弹出的“字体”页面设置。

4.3.1.1　使用“字体”功能组

通过“字体”功能组可以对字体进行设计和调整，如图 4–23 所示。

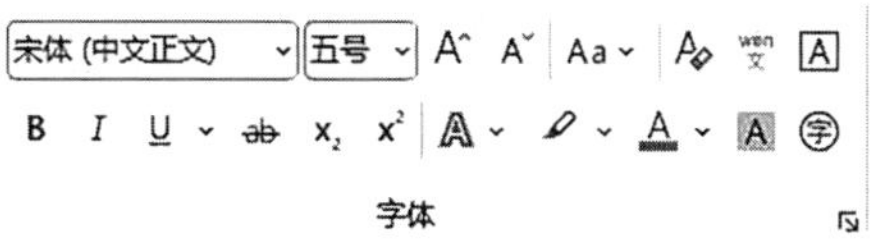

图 4–23　“字体”功能组

（1）“字体”下拉按钮　单击该按钮，可以弹出字体下拉列表，其中包含各种字体选项，可以在其中选择所需的字体。

（2）“字号”下拉按钮　单击该按钮，可以弹出字号下拉列表，其中包含各种字号选项，可以在其中选择所需的字号。

（3）“增大字号”按钮　单击该按钮，可以将所选文本的字号增大一号。

（4）“减小字号”按钮　单击该按钮，可以将所选文本的字号减小一号。

（5）“更改大小写”按钮　可以根据需要在文档中快速更改字母的大小写格式。单击右侧的下拉列表可以看到七种选项，用户可以根据需要进行选择和调整。

（6）“清除所有格式”按钮　单击该按钮，可以一键去除文档中所有格式。需要注意的是，这个按钮只能清除文档中已设置的格式，无法清除字体的字形和字号等基本格式。如果需要调整这些基本格式，需要选择相应的选项并进行设置。同时，清除格式的操作是不可逆的，所以在使用这个按钮之前，最好先备份一份原始文档，以防止误操作导致格式丢失。

（7）“拼音指南”按钮　单击该按钮，可以打开“拼音指南”对话框为选中的汉字添加拼音。拼音可以按照默认的样式直接添加到选中的汉字上方或下方，也可以自定义拼音的字体、字号、偏移量等属性，此外，还可以设置拼音的发音和声调。需要注意的是，使用拼音指南功能需要系统中已经安装了“微软拼音输入法”，如果未安装该输入法，将无法使用该功能。

（8）“字符边框”按钮　单击该按钮，可以为选定的字符或段落添加边框，也可以自定义样式、颜色和宽度等属性。需要注意的是，这个功能只能为字符或段落添加简单的边框，无法实现更复杂的边框样式。如果需要更高级的边框样式，可以使用 Word 2021 中的其他功能或插件来实现。

（9）“加粗”按钮　单击该按钮，或者使用【Ctrl+B】组合键可以将所选文本加粗。

（10）“斜体”按钮　单击该按钮，或者使用【Ctrl+I】组合键可以将所选文本以斜体显示。

（11）“下划线”按钮　单击该按钮，或者使用【Ctrl+U】组合键可以为所选文本添加下划线，点击旁边的下拉箭头可以选择下划线的样式和粗细。

（12）“删除线”按钮　单击该按钮，可以为所选文本添加删除线。

（13）“下标”按钮　单击该按钮，可以将所选文本设置为下标格式，即将其放在文本的右下角。

（14）“上标”按钮　单击该按钮，可以将所选文本设置为上标格式，即将其放在文本的右上角。

（15）“文字效果和版式”按钮　单击该按钮，可以为选定的文本添加特殊的效果，例如“阴影”“发光”“三维”等。

（16）“文本突出显示颜色”按钮　单击该按钮，可以将选定的文本高亮显示，点击右侧的下拉箭头可以自行设置颜色。

（17）“字体颜色”按钮　单击该按钮，可以在弹出的颜色板中选择所需的字体颜色。

（18）“字符底纹”按钮　单击该按钮，可以为选定的字符或段落添加底纹。

（19）“带圈字符”按钮　单击该按钮，在弹出的“带圈字符”窗口中，可以看到“圈号”“样式”“文字”等选项。选择不同的“样式”选项，可以为字符添加不同的圈号形状，例如圆形、方形、三角形等。在“文字”的文本框中输入需要添加的字符，然后点击“确定”按钮即可完成操作。

4.3.1.2　使用“字体”页面

选中需要调整的文本内容，单击“字体”组右下角的按钮 ，或者单击鼠标右键即可弹出“字体”页面，见图 4-24。其功能与上述内容类似，这里只介绍没有提到的设置。

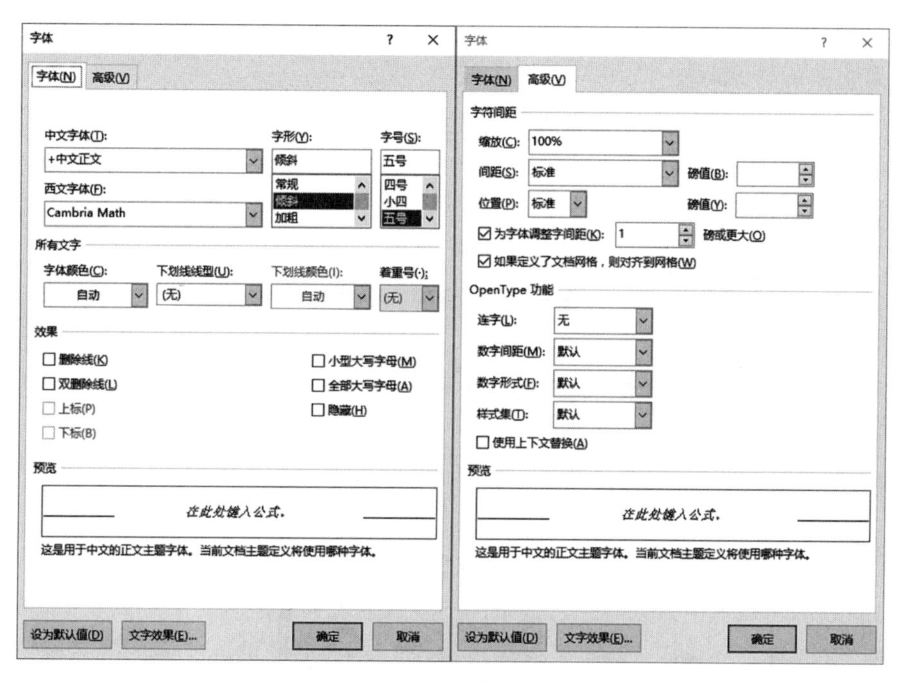

图 4-24　“字体”页面

在“字体”页面中，单击“高级”选项，可以看到以下几个设置。

（1）“字符间距”的功能主要用于调整选定文本的字符间距。点击“字符间距”下面的菜单，选择“间距：加宽”或“间距：紧缩”，可以微调字符间距。然后，根据需要设置磅值（例如“加宽:5 磅”，即将字符间距增加 5 磅），并单击“确定”按钮。

（2）“OpenType”是 Microsoft 和 Adobe 根据 TrueType 字体合作创建的可缩放字体。其中“连字”用于合并两个或多个字符，“连字”中的多个字符在视觉上连接在一起，它们之间没有间隔；“数字间距”确定是否垂直对齐数字；“数字形式”可以在数字大小和对齐方式上发挥创意。“样式集”介绍的 OpenType 字体具有许多备用字符，为方便起见，这些备用字符被组织成具有相似变体的集合，下拉列表中有 20 个样式集可供选择，但很少能找到拥有超过 6 个样式集的 OpenType 字体。

（3）“预览”可以在下面的窗口中预览所选择的字符格式选项的效果。

4.3.2 设置段落格式

段落的格式包括段落的缩进、对齐、段落间距和行距等，可以使用“开始”选项卡的“段落”功能组中的按钮，或者单击鼠标右键，在弹出的“段落”页面设置。用户可以对单个段落或者多个段落进行设置，如果是单个段落，只需要将光标放在段落中的任一位置；如果是多个段落则需要把全部段落选中。

4.3.2.1 使用“段落”功能组

“段落”功能组包含多个按钮，主要用于格式化文档中的段落，如图 4-25 所示。以下是这些按钮的功能介绍。

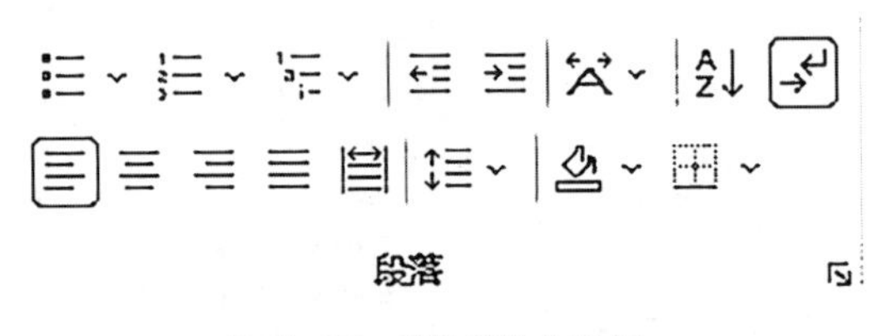

图 4-25 “段落”功能组

(1)“项目符号”按钮　单击按钮并从下拉菜单中选择所需的符号选项，可以为段落添加项目符号。

(2)“编号”按钮　单击按钮并从下拉菜单中选择所需的编号选项，可以为段落添加编号。

(3)“多级列表”按钮　用于创建多级列表，以便在文档中组织并编号嵌套的列表内容。单击按钮，可以从下拉菜单中选择不同的多级列表样式。

(4)“段落缩进”按钮　包括“减少缩进量”和“增加缩进量”。“减少缩进量”按钮的功能是将选定段落的左边界减少一个制表位或一个字符，点击该按钮，选定的段落将向左移动，以减少其与左侧文本或其他元素的间距；“增加缩进量”按钮的功能是将选定段落的左边界增加一个制表位或一个字符，点击该按钮，选定的段落将向右移动，以增加其与左侧文本或其他元素的间距。通过使用这两个按钮可以方便地调整段落的缩进，以实现所需的文本排版效果。

(5)“中文版式”按钮　该按钮包含多个子功能，主要用于处理中文文本的排版和格式化。“纵横混排”用于将选定文本进行纵横混排；“合并字符”用于将选定的多个字符合并为一个较长的字符；“双行合一”用于将选定的文本显示为双行合一的效果；“调整宽度”用于调整选定文本的字符宽度；“字符缩放”用于将选定文本进行缩放。

(6)“排序”按钮　该按钮可以根据段落中的某个属性(如段落的首字或标题)对段落进行排序，可以按照特定的顺序组织文档内容，使其更加易于阅读和理解。点击“排序”按钮，在弹出的页面中选择要用于排序的属性，例如可以选择“段落数”或“标题”，选择升序或降序，点击“确定”按钮，Word 2021 将按照您选择的属性对段落进行排序。

(7)“显示/隐藏编辑标记”按钮　单击按钮，可以显示或隐藏非打印字符，包括空格、制表符、回车符等。

(8)“对齐方式”按钮　这个按钮组包括“左对齐”“居中对齐”“右对齐”“两端对齐”和“分散对齐”等选项，主要用于设置段落中的文本对齐方式。

(9)“行和段落间距”按钮　用于设置段落之间的行距和段间距。单击按钮，会展开一个下拉菜单，可以选择“行距选项”，会弹出一个对话框，进一步设置行距和段间距的具体数值。也可以直接在下拉菜单中选择预设的行距值选项，如“1.0”“1.5”“2”等。单击“增加段落前的间距”或“增加段落后的间距”按钮，选定的段落将与前一段落或后一段落的间距将增大，再次点击会恢复。

(10)“底纹”按钮　用于为选定的段落添加底纹。单击按钮，会弹出底纹颜色选择页面，可以选择所需要的底纹颜色，为段落添加背景色。通过设置底纹，可以突出显示某个段落，或者使文档更美观、易于阅读。

(11)“边框”按钮　用于为选定的段落添加边框。单击按钮右侧的下拉箭头会展开一个下拉菜单，用户可以选择预设的边框样式，或者选择“边框和底纹”来创建自己的边框样式。通过点击菜单中的不同选项，用户可以设置边框的颜色、线型和宽度等属性。

4.3.2.2　使用“段落”页面

使用段落页面可以设置更多的段落格式，并且可以精确地控制和调整段落的缩进方式、段落间距以及行距等，见图 4-26。

(1)“常规”区域　主要分为“对齐方式”和“大纲级别”选项。

“对齐方式”选项可以选择段落的水平对齐方式，包括左对齐、居中、右对齐、两端对齐和分散对齐。

“大纲级别”选项是一个重要的设置选项。它用于指定段落在大纲视图中显示的程度。通过设置不同段落的大纲级别，可以在大纲视图中对这些段落进行组织和展示。“大纲级别”选项允许在 9 个不同的级别中进行选择，从级别 1 到级别 9。级别 1 是最高级别，表示该段落是最高层级的标题，而级别 9 是最低级别，表示该段落是详细的文本内容。以下是“大纲级别”选项的几个重要功能：

自动编号：当段落的大纲级别设置为大于等于 2 时，Word 2021 会自动为该段落添加编号。当文档中创建新段落并选择相应的大纲级别时，Word 2021 将自动应用相应的编号。

创建目录：通过将文档中的标题和章节设

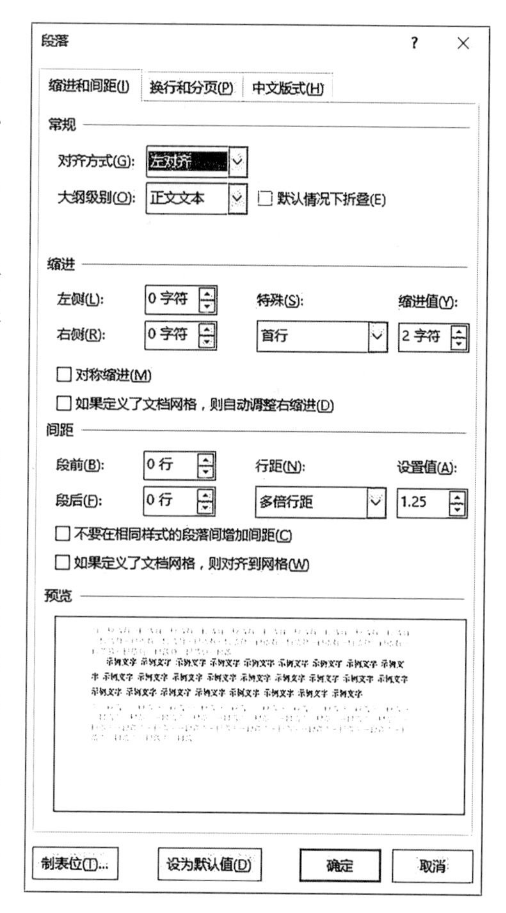

图 4-26　“段落”页面

置为不同的大纲级别,并在"引用"选项卡中选择"目录",可以自动创建文档的目录列表。Word 2021 将根据设置的大纲级别自动生成目录,并根据需要添加章节和标题。

显示标题:当段落的大纲级别设置为大于等于 1 时,该段落将在大纲视图中显示为标题。根据选择的大纲级别,标题将显示为不同级别的缩进和字体样式。

折叠和展开:在大纲视图中,可以单击标题左侧的符号来折叠或展开相应的内容。通过折叠低级别的标题,可以仅显示文档的高级结构,而隐藏详细内容。

(2)"缩进"区域　这个区域允许设置段落的首行缩进量以及左右两侧的缩进量。通过调整这些设置,可以改变段落在页面上的显示方式,以适应不同的排版需求。

"左侧"和"右侧"缩进选项用于设置段落的左右边界到页面边缘的距离。"特殊"下面分为"首行"缩进和"悬挂"缩进,"首行"缩进可以将段落的第一行从左向右缩进一定的距离;"悬挂缩进"可以设置段落的右侧和左侧边缘与悬挂式文本框边缘的距离。

(3)"间距"区域　这个区域可以设置段落之间的间距。该区域包括以下三个选项:

"段前"用于设置当前段落与上一个段落之间的间距。通过输入数值可以选择适当的间距。

"段后"用于设置当前段落与下一个段落之间的间距。同样,通过输入数值可以指定所需的间距。

"行距"用于设置段落内各行之间的距离。可以选择单倍行距、1.5 倍行距、2 倍行距,如果选择了最小值、固定值和多倍行距,可以在右侧的"设置值"框内输入具体的值。

4.3.2.3　使用格式刷复制格式

在编辑文档时,如果文档中有多处内容要使用相同的格式,可使用"格式刷"工具来进行格式的复制。步骤如下:

(1)选中需要复制格式的段落。

(2)单击"开始"选项卡,单击"剪贴板"中的"格式刷"按钮,鼠标会变成一个刷子形状()。

(3)将光标移动到需要应用格式段落的起始位置,点击鼠标左键不放,将光标移动到需要应用格式的位置,松开鼠标左键即可完成操作。

如果要复制多个格式,可以在第一次点击格式刷按钮后,再次点击该按钮,就可以继续复制格式。需要注意的是,如果同时选中了多个段落,那么格式刷会将所有选中的文本或段落的格式复制到目标位置。

4.3.3　设置页面格式

Word 2021 页面格式设置包括页边距、纸张方向、纸张大小、分栏、分隔符、装订线、文字方向、页眉、页脚、页码、水印、颜色、边框、打印预览和打印等。

4.3.3.1　页面设置

打开"布局"选项卡,可以在"页面设置"功能组中对页面进行设置,如图 4-27 所示。

图 4-27　“页面”功能组

（1）页边距　“页面设置”功能组的“页边距”选项可以用来设置文档的页边距，即页面上下边缘与文字之间的距离以及页面左右边缘与文字之间的距离，单击“页边距”按钮可以根据预设的边距进行快速调整，同时也支持自定义边距。在设置页边距的时候，可以添加装订边便于后期装订。另外也可以设置纸张方向等，如图 4-28、图 4-29 所示。

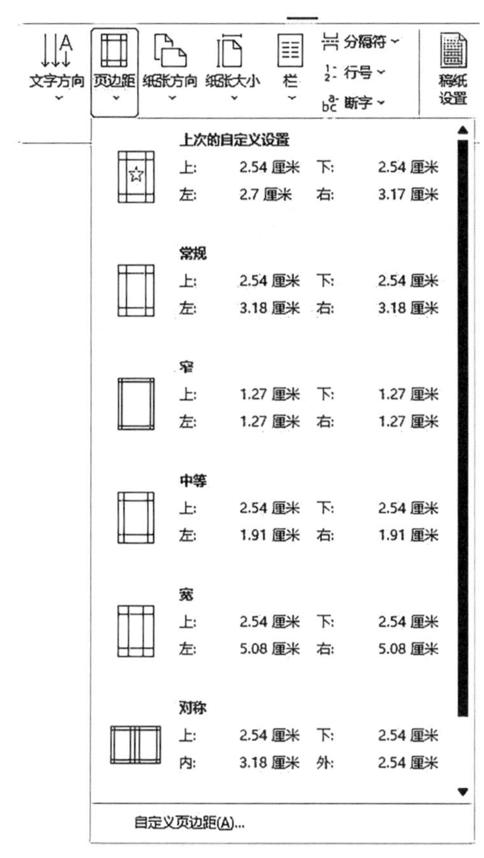

图 4-28　页边距的预设值

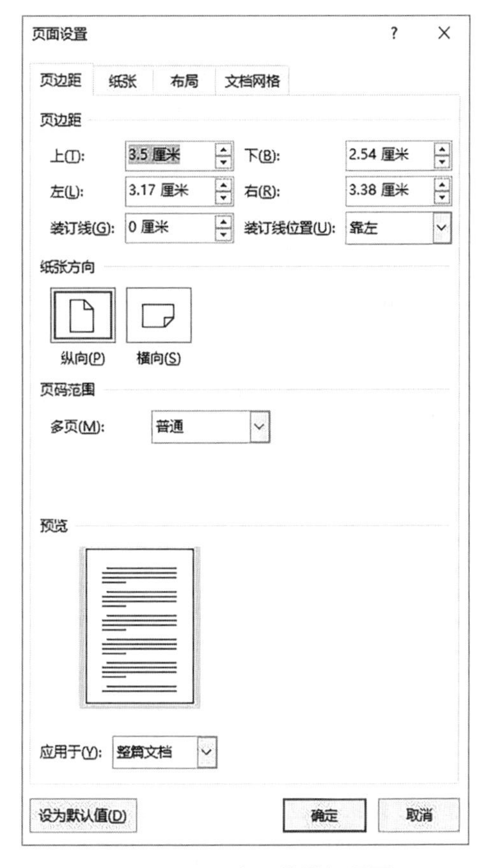

图 4-29　页边距的详细设置

（2）纸张　选择打印纸的大小，同时用户也可以自定义纸张大小，如图 4-30 所示。

（3）页眉、页脚和页码　编辑文本内容时，有时需要在页眉、页脚位置添加一些醒目的文字或者一些笔记，有时还需要页码来帮助我们迅速定位内容。有两种方式进行设置：第一种是单击“插入”选项卡，在“页眉和页脚”功能组中找到这三个设置，见图 4-31。第二种是直接将光标放在页眉或页脚的位置，双击即可以设置。

（4）文档网格　文档网格可以设置每行、每页打印的字数、行数、文字排列的方向，以及行、列网格线是否需要打印等格式。单击“页面设置”功能组右下角的按钮 ，单击“文档网格”即可设置，如图 4-32 所示。

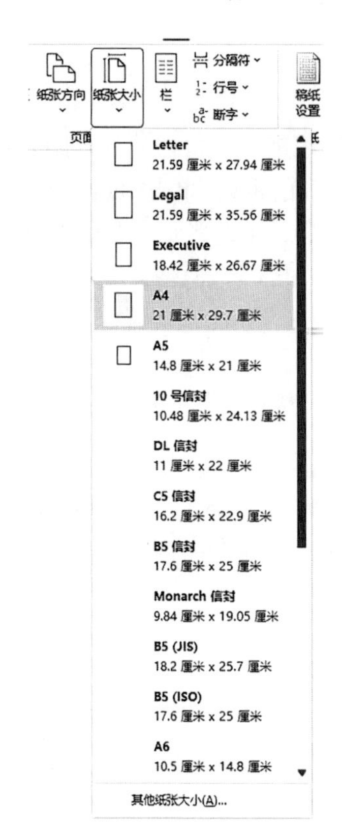

图 4-30 设置纸张大小

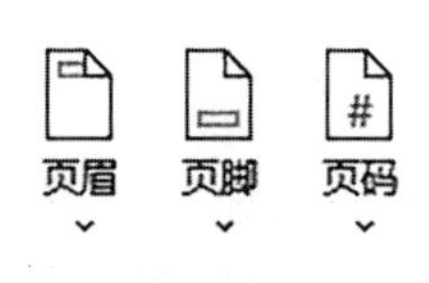

图 4-31 “页眉和页脚”功能组

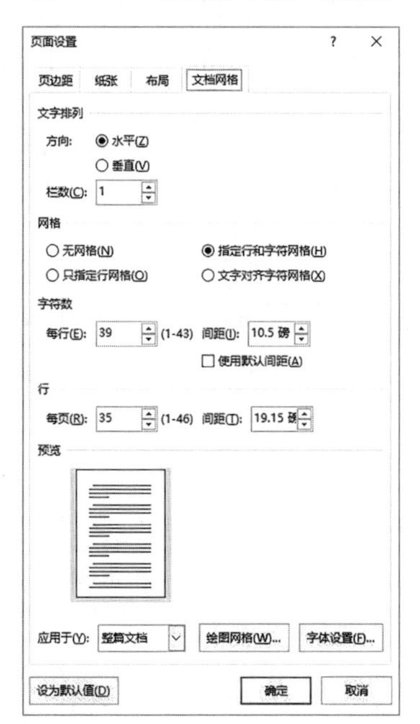

图 4-32 “文档网格”选项卡

4.3.3.2 **分栏**

分栏是 Word 2021 中一种将页面分为多个部分的技术，它可以将文本、图片等内容分为多个列，以提供更丰富的版面效果。

单击“页面设置”功能组的“栏”按钮，选择需要的分栏数目，例如两栏、三栏等。如果需要更详细的设置，可以选择“更多栏”，在“更多栏”对话框中可以设置更多的选项，例如宽度、间距、栏数、分隔线等，如图 4-33 所示。

4.3.3.3 **分隔符**

分隔符是一个符号，用于分隔由该符号分隔开的内容。在 Word 2021 中，分隔符分为分页符和分节符，使用分隔符可以在文档中改变页面的版式，将表格转换为文本，以及创建不同的页眉和页脚等。分页符有分页符、分栏符、自动换行符等，分页符表示的是后续内容显示在下一页，但仍属于同一节内，基本的格式不会变（如页眉、页脚、字体格式等）；分节符有下一页、连续、偶数页和奇数页等，分节符表示的是后续内容属于另一节，格式会改变（如页眉、页脚），字体会继承默认的正文字体。

单击“页面设置”功能组的“分隔符”按钮即可选择合适的分页符或分节符，如图 4-34 所示。

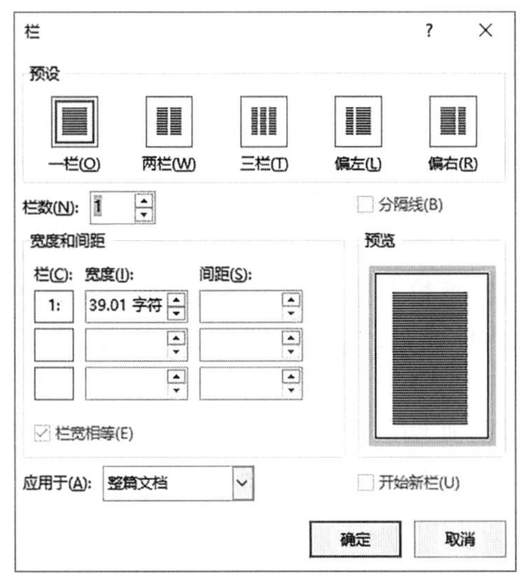

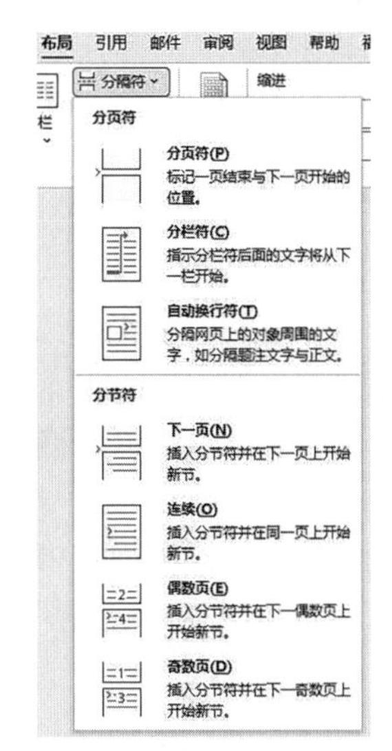

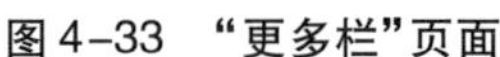
图 4-33　“更多栏”页面　　　图 4-34　“分页符”和“分节符”

4.3.3.4　页面水印

页面水印是指在 Word 文档的页面背景中添加一个透明的文字或图像，以提高文档的保密性或美观性。在“设计”选项卡中，找到“水印”选项，在“水印”选项的下拉菜单中，选择预设的水印样式或自定义水印，见图 4-35。如果选择预设水印样式，可以直接单击选中该样式即可添加水印。如果选择自定义水印，则需要点击“自定义水印”选项，在弹出的“水印”页面中可以编辑水印文字、设置字体、颜色、版式等参数，如图 4-36 所示。设置完成后点击“确定”按钮即可添加水印。

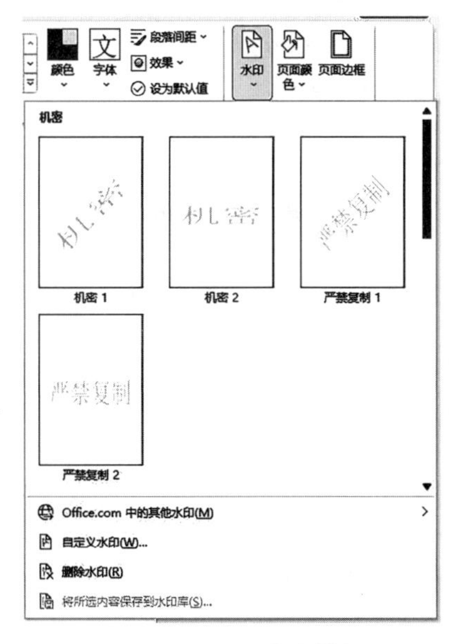

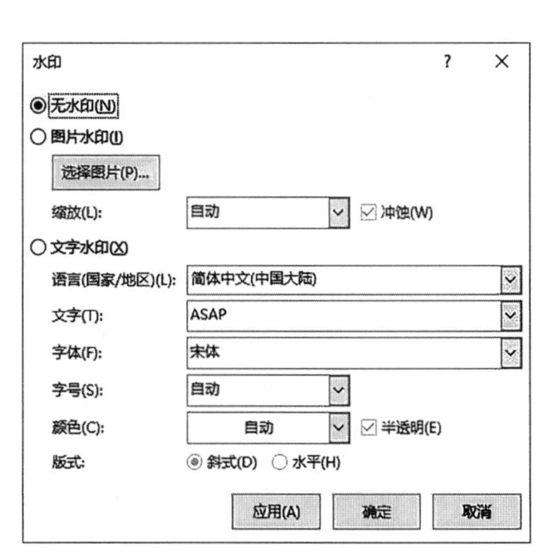

图 4-35　预设水印模板　　　图 4-36　自定义水印

4.4 表格处理

Word 2021 的表格处理包括创建表格、编辑表格、调整表格和设置表格属性等操作。

4.4.1 创建表格

有两种方法创建表格。

(1)快速插入表格　如果插入的表格在 10×8 以内,可以选择快速插入表格的方法创建表格。单击“插入”选项卡的“表格”按钮,在下拉菜单页面中将光标移动到某个表格上,此时呈深色边框显示的单元格为要插入的单元格,如图 4-37 所示,单击即可完成插入操作。

(2)使用“插入表格”页面　单击“插入”选项卡的表格按钮,在下拉菜单页面中单击“插入表格”,在弹出的“插入表格”页面中设置表格尺寸和单元格宽度后,单击“确定”即可完成插入,如图 4-38 所示。

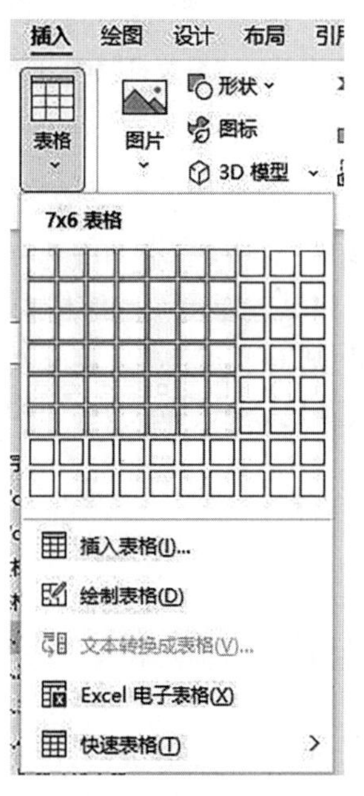

图 4-37　快速插入表格

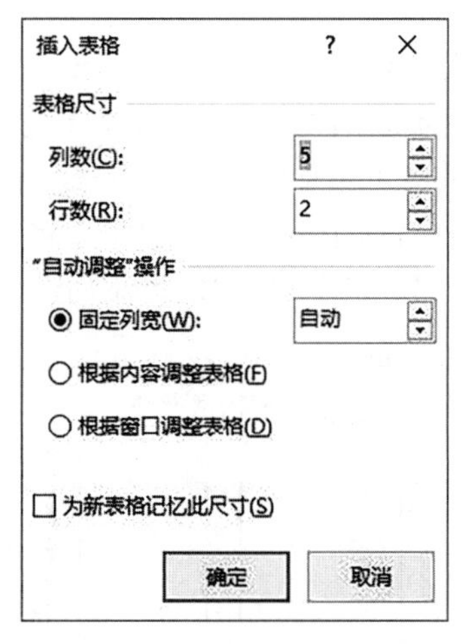

图 4-38　“插入表格”页面

(3)绘制表格　如果创建表格的行和列不是简单的数量关系,而是需要按照特定的规律或不规则的方式排列,这时就需要手动绘制表格。单击“插入”选项卡的“表格”按钮,在下拉菜单页面中单击“绘制表格”,光标会变成 形状,此时用户就可以在文档中拖动鼠标绘制表格了。首先需要点击鼠标左键不松并拖动鼠标绘制表格外边框,然后在边框内绘制行和列,绘制完成后,按键盘的【Esc】退出绘制状态。

4.4.2　编辑表格

表格创建完成后，如果表格不符合自己的要求可以继续编辑表格。

（1）选中单元格　使用鼠标点击需要编辑的单元格即可选中，或者使用键盘方向键进行单元格的选择。除了选择单个单元格外，用户也可以选择连续的多个单元格、选择不连续的多个单元格、选择行或列、选择整个表格等。

（2）添加行或列　在需要添加行或列的位置点击鼠标右键，在弹出的右键菜单中选择“插入行”或“插入列”选项即可，如图 4-39 所示。也可以选中表格后，在“表设计”右侧的“布局”选项卡中选择添加行或列即可，如图 4-40 所示。

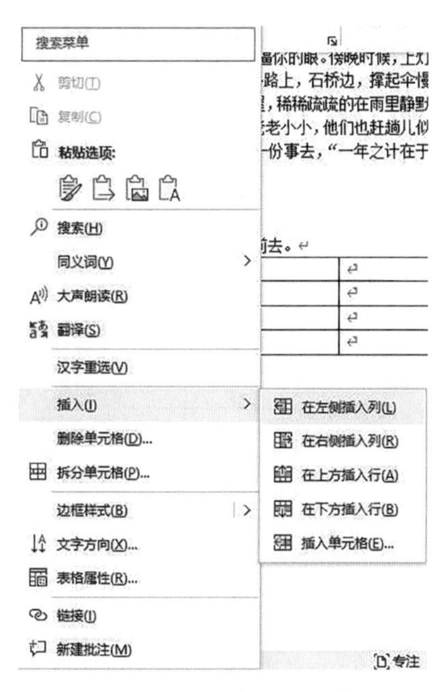

图 4-39　单击右键插入选项

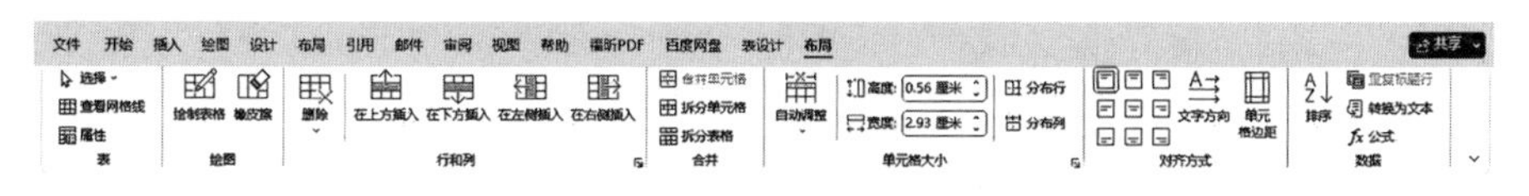

图 4-40　表格的“布局”选项卡

（3）删除行或列　在需要删除行或列的任一单元格位置点击鼠标右键，在弹出的右键菜单中选择“删除单元格”，此时会弹出“删除单元格”页面，选择删除整行或整列即可，如图 4-41 所示。也可以选中表格后，在“表设计”右侧的“布局”选项卡中单击删除按钮，选择需要删除的行、列、单元格或表格等，见图 4-42。

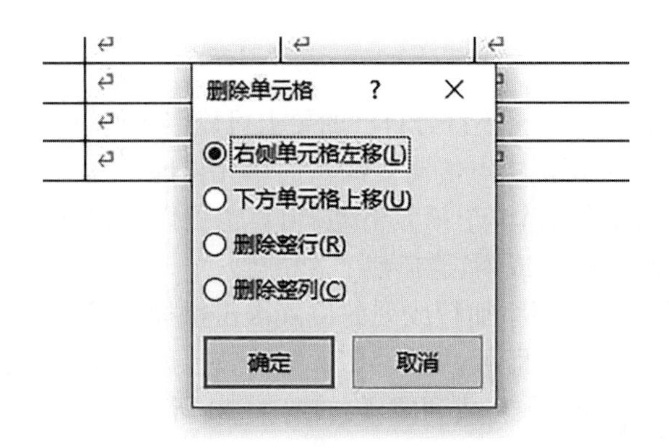

图 4-41 “删除单元格”页面

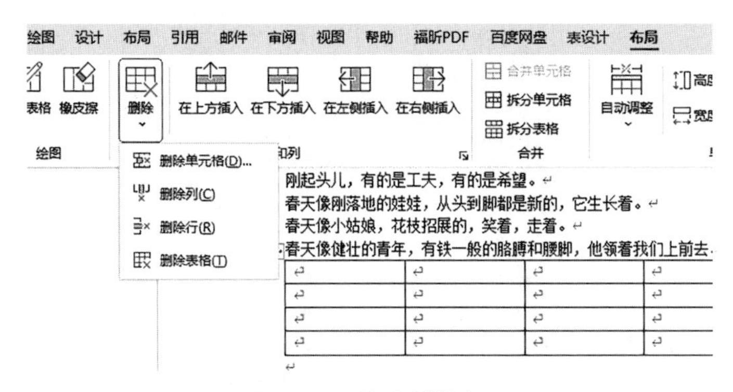

图 4-42 “删除”按钮

(4)合并单元格 选中需要合并的单元格，在“表设计”右侧的“布局”选项卡中单击“合并单元格”选项即可，如图 4-43 所示。也可以单击鼠标右键，在右键菜单中选择“合并单元格”。使用同样的方法可以拆分单元格，步骤相似。

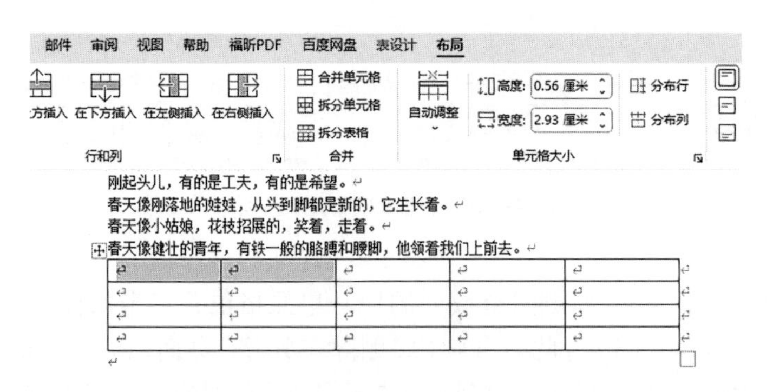

图 4-43 “合并单元格”按钮

4.4.3　调整表格

调整表格的宽度和高度是表格处理中经常使用的操作，其方法有多种，以下是其中两种常用的方法。

（1）鼠标拖动　将光标悬停在表格的边框上，当光标变成双向箭头时，竖边框为，横边框为，单击鼠标并拖动即可调整表格的大小。释放鼠标左键，表格大小即被调整。

（2）“布局”选项卡　选中需要调整的单元格，在“表设计”右侧的“布局”选项卡可以看到“单元格大小”功能组，见图 4-44。通过该功能组可以精确设置表格的宽度和高度。

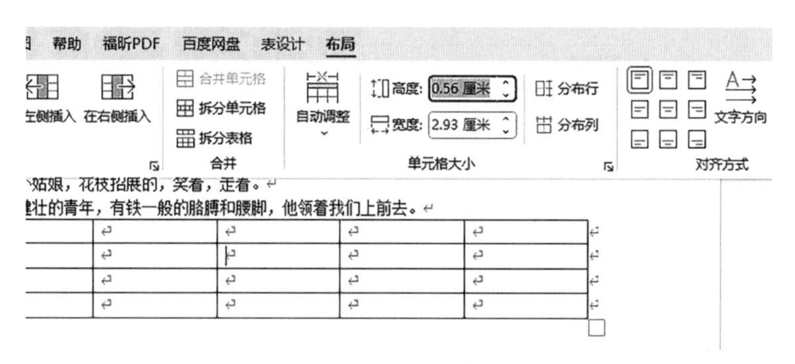

图 4-44　“单元格大小”功能组

4.4.4　设置表格属性

（1）设置单元格对齐方式　选中需要调整对齐方式的单元格，在“表设计”右侧的“布局”选项卡中选择“对齐方式”功能组。通过该功能组选择需要的对齐方式，例如“水平居中”“靠上左对齐”等。

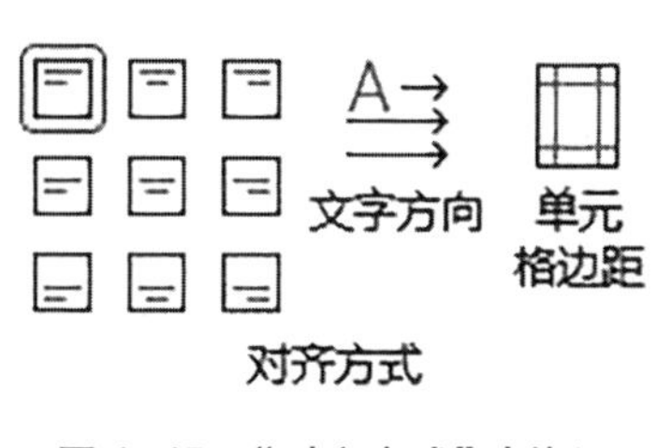

图 4-45　“对齐方式”功能组

（2）设置边框和底纹　选中需要设置边框和底纹的表格或单元格。在“表设计”选项卡单击“边框”选项组，可以选择需要的边框样式和颜色等，见图 4-46。单击“表设计”选项卡中的“底纹”按钮，可以选择需要的底纹颜色等。

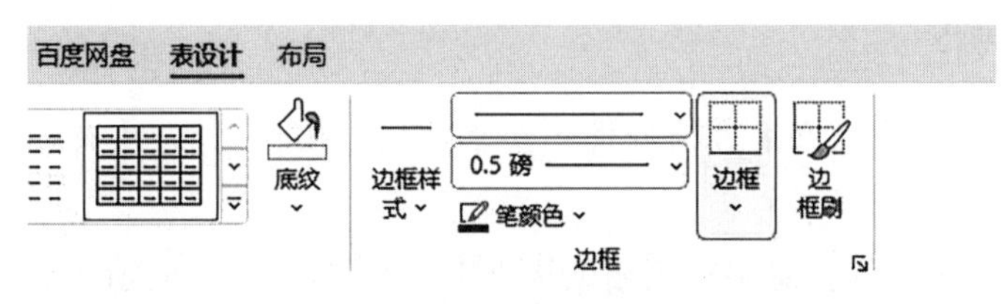

图 4-46 “表设计”选项卡

(3)设置跨页断行　选中表格或单元格,单击鼠标右键,在右键菜单中单击“表格属性”,在“表格属性”页面中,选择“行”选项,然后勾选“允许跨页断行”选项,如图 4-47 所示。该选项可以使表格跨页时自动断开行,避免出现空白行。

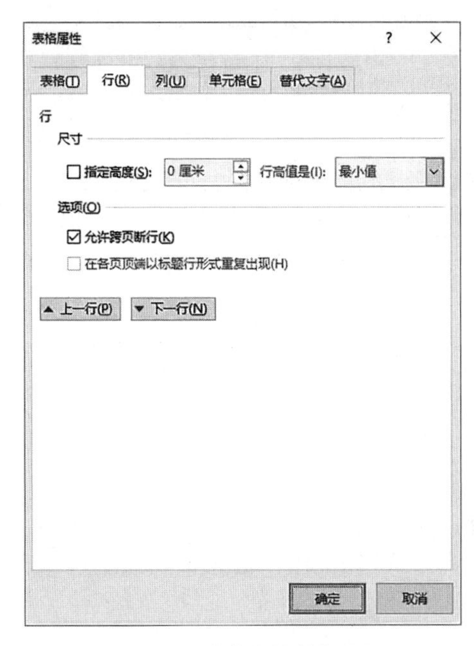

图 4-47 “表格属性”页面

4.4.5 计算和统计

Word 2021 的表格还支持基本的计算和统计功能,可以在单元格中使用公式进行计算和统计。以下是一些常用的计算和统计函数:

(1)SUM 函数　求和函数,用于计算一组数值的总和。

(2)AVERAGE 函数　平均值函数,用于计算一组数值的平均值。

(3)MAX 函数和 MIN 函数　最大值和最小值函数,用于找出给定数据集的最大值和最小值。

(4)COUNT 函数　计数函数,用于统计给定范围内符合条件的数值个数。

以 SUM 函数为例,介绍一下函数的用法。

选中需要放置求和后值的单元格，在“表设计”右侧的“布局”选项卡中找到“数据”功能组，单击“公式”按钮。在“公式”栏中输入 SUM 函数，并在括号中输入要求和的区域，例如：“=SUM(ABOVE)”表示对当前单元格上方所有数字进行求和；或者“=SUM(LEFT)”表示对当前单元格左方所有数字进行求和，如图 4-48 所示。

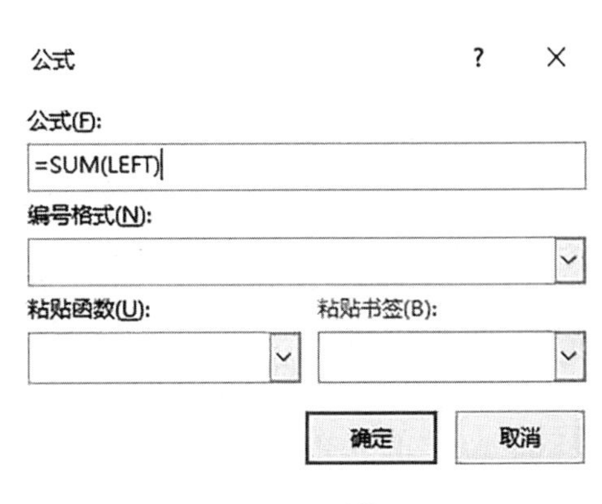

图 4-48　“公式”页面

4.4.6　排序和筛选

在 Word 2021 中，排序功能可以用于对表格中的数据进行排序。选中需要排序的表格或单元格区域，在“表设计”右侧的“布局”选项卡中找到“数据”功能组，单击“排序”按钮，弹出“排序”页面。在“排序”页面中，选择需要排序的列，以及排序的方式（升序或降序），如图 4-49 所示。点击“确定”按钮即可完成排序操作。

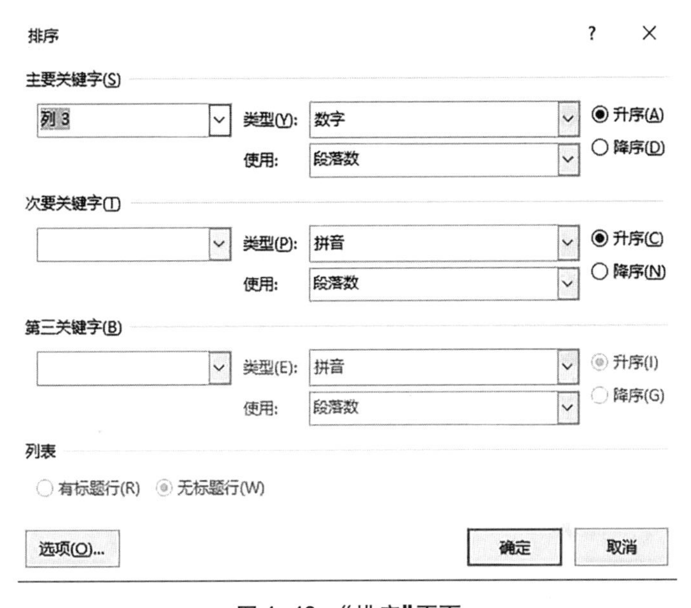

图 4-49　“排序”页面

4.5　图文混排

Word 2021 除了对文本和表格进行处理外，也支持对图片进行处理并进行图文混排，包括插入图片、编辑图片、绘制自选图形、文本框操作和艺术字等。

4.5.1 插入图片

Word 2021 插入图片主要有四种方式，用户可以根据实际情况进行选择。

（1）插入本地图片　可以通过以下步骤插入本地图片：

①将光标放置在想要插入图片的位置。

②单击"插入"选项卡，在"插图"功能组中单击"图片"按钮，在下拉菜单中选择"此设备"，如图 4-50 所示。

③在弹出的文件选择器中，浏览电脑文件系统，找到想要插入的图片文件，支持 JPEG、PNG、GIF、BMP、TIFF 等多种格式，如图 4-51 所示。

④选中图片文件，单击"插入"按钮。

图 4-50　"图片"功能组

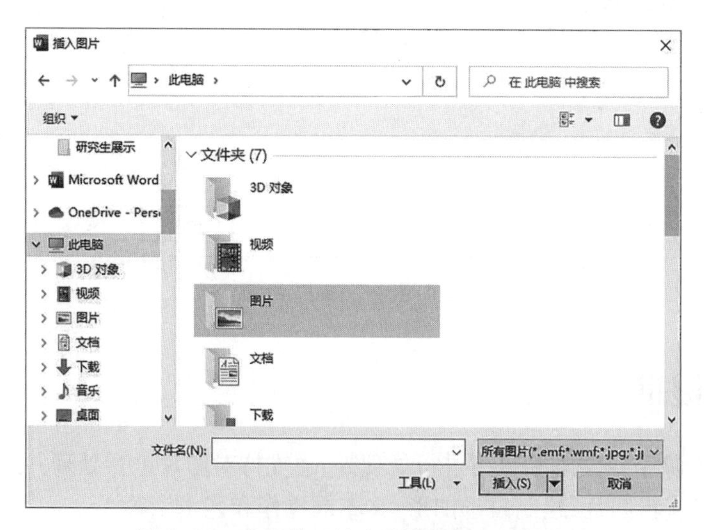

图 4-51　在文件系统中选择要插入的图片

（2）插入图像集图片　Word 2021 支持插入图像集中的图片。图像集是一种在线图片库，用户可以在其中搜索并选择需要的图片，如图 4-52 所示。以下是插入图像集图片的步骤：

①将光标放置在想要插入图片的位置。

②单击“插入”选项卡，在“插图”功能组中单击“图片”按钮，在下拉菜单中选择“图像集”。

③在弹出的“图像集”页面中，可以在搜索框中输入关键词来搜索想要的图片，或者浏览推荐的图片。

④选择需要插入的图片，点击“插入”按钮，就可以将图片插入到 Word 文档中。

图 4-52　“图像集”页面

（3）插入联机图片　Word 2021 支持插入联机图片。联机图片是指从互联网上搜索并插入的图片，而不是存储在本地电脑中的图片，如图 4-53 所示。以下是插入联机图片的步骤：

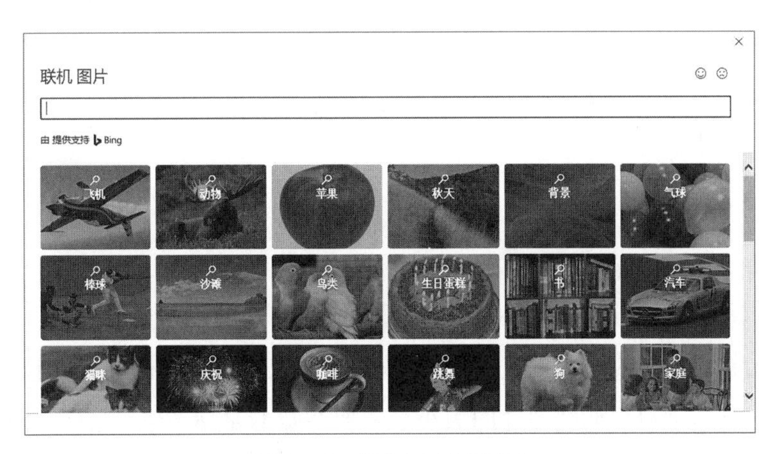

图 4-53　“联机图片”页面

①将光标放置在想要插入图片的位置。

②单击“插入”选项卡,在“插图”功能组中单击“图片”按钮,在下拉菜单中选择“联机图片”。

③在弹出的“联机图片”页面中,可以在搜索框中输入关键词来搜索需要的图片。

④在搜索结果中选择需要插入的图片,点击“插入”按钮,就可以将图片插入到 Word 文档中。

(4)插入屏幕截图　上述三种插入图片的形式都只能插入整张图片,不能对图片的部分区域进行选择。Word 2021 的插入屏幕截图可以解决该问题。以下是插入屏幕截图的步骤:

①将光标放置在想要插入图片的位置。

②单击“插入”选项卡,在“插图”功能组中单击“屏幕截图”按钮 屏幕截图 ,如图 4-54 所示。在下拉菜单中可以选择当前计算机部分窗口的预览图片,选中某个窗口图片即可将该图片插入文档中。

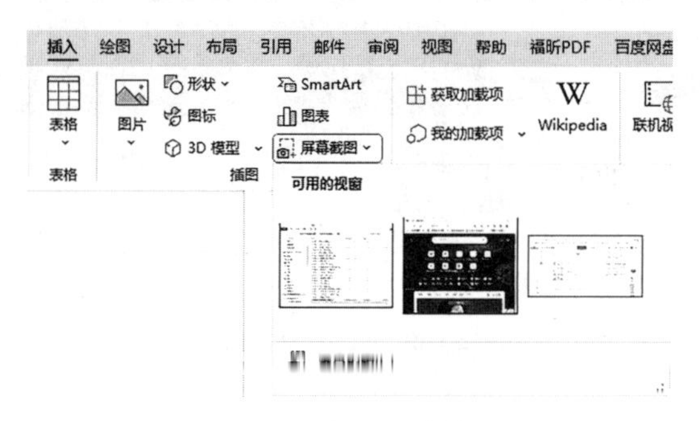

图 4-54　插入屏幕截图

③也可以点击“屏幕剪辑”按钮 屏幕剪辑(C) ,会自动隐藏当前文档,同时光标会变成十字 ┼ 形状。

④找到需要截取的图片,在左上角长按鼠标左键并框选所需部分,松开鼠标即可将截图插入到文档中。

4.5.2　图片的编辑

插入图片后可以对图片进一步编辑。

(1)调整图片大小　图片插入后,可以通过拖动图片的边角来调整图片的大小。选中图片后其边框会出现 8 个控制点,将光标放在任一控制点上光标会变成 形状,长按鼠标左键不松并拖动可以调整图片的大小。需要注意的是,8 个控制点中拖动位于 4 个角上的可以等比例调整,拖动其余 4 个控制点会导致图片变形。

选中图片,用户也可以通过“图片格式”选项卡中的“大小”功能组对图片进行精确调整,如图 4-55 所示。在输入框中输入合适高度值,宽度会等比例调整,输入宽度值高

度也会等比例调整。

(2)调整位置　将光标放在需要拖动的图片上,长按鼠标左键并拖动即可把图片放置在其他位置。

(3)旋转图片　选中图片,图片上方会出现按钮,将光标放在该按钮上长按鼠标左键并拖动即可旋转图片。或者单击"图片格式"选项卡中"排列"功能组的"旋转"按钮,在图 4-56 的下拉菜单中选择旋转角度。

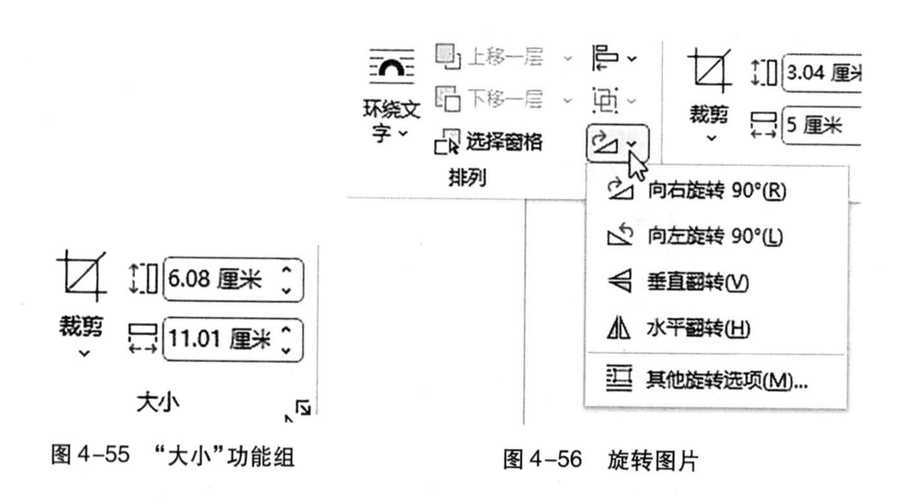

图 4-55　"大小"功能组　　图 4-56　旋转图片

(4)剪裁图片　可以通过以下步骤来剪裁图片:

①选中要剪裁的图片,点击"图片格式"选项卡"大小"功能组中的"裁剪"按钮。

②在弹出的"裁剪"下拉菜单中,可以单击"裁剪"按钮,此时会进入裁剪模式,图片的周围会出现黑色的边框。

③可以通过拖动黑色边框的锚点来调整裁剪的位置。也可以在"裁剪"下拉菜单中选择不同的裁剪形状,例如"裁剪为形状""纵横比""填充"和"适合"等,如图 4-57 所示。

④调整完成后,再次点击"裁剪"按钮或按【Enter】键,图片就会被剪裁成选择的形状或比例。

(5)排列图片　对于一些特殊的排版需求,例如让文字在图片周围环绕。可以选中图片,单击"图片格式"选项卡的"位置"按钮,单击"文字环绕",选择需要的环绕方式。或者选择"环绕文字",选择需要的环绕方式,见图 4-58。

"文字环绕"与"环绕文字"主要区别为环绕的主体不同,"文字环绕"是文字不动,图片围绕文字进行调整;"环绕文字"是图片不动,文字围绕图片进行调整。

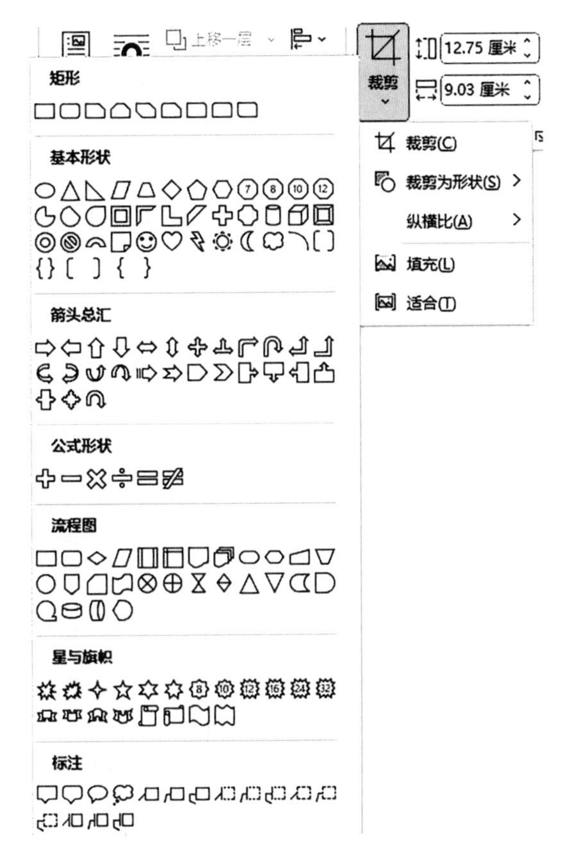

图 4-57 “裁剪”下拉菜单

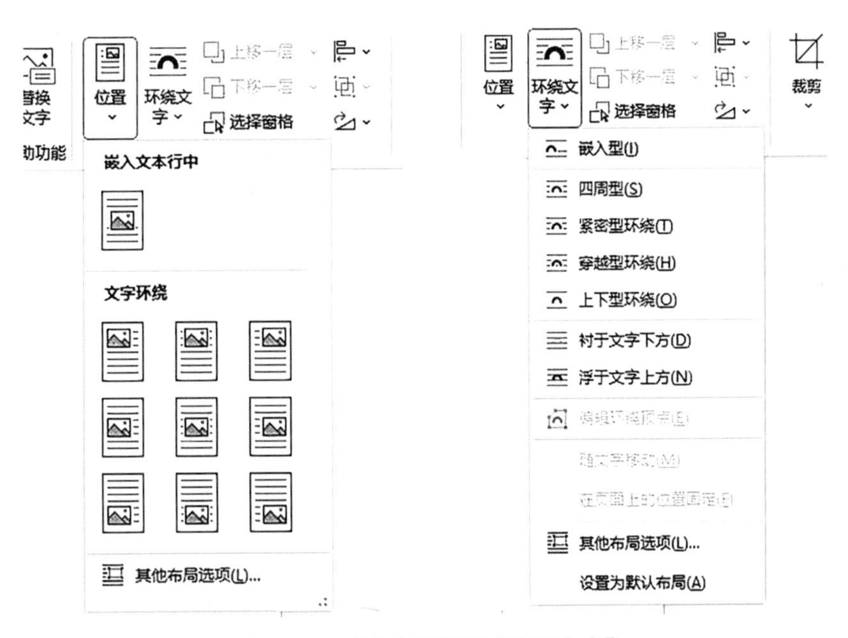

图 4-58 “文字环绕”与“环绕文字”

（6）美化图片　用户可以通过“图片格式”选项卡的“调整”功能组和“图片样式”功能组来美化图片，如图 4–59 所示。

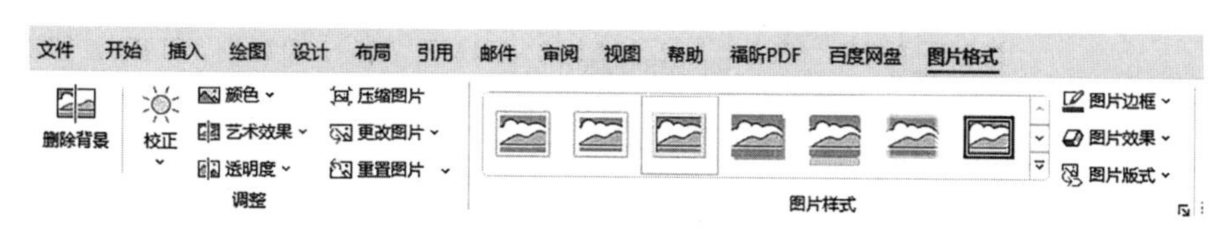

图 4–59　“调整”功能组与“图片样式”功能组

例如，点击“图片样式”功能组，可以在菜单中选择多种预设的图片样式，例如“简单框架”“矩形投影”“柔化边缘矩形”“双框架”等。选择一个合适的样式后，图片会自动应用该样式。

除了预设的样式，还可以自定义图片的样式。单击“图片样式”功能组的“图片边框”“图片效果”和“图片版式”等选项，可以创建一个新的图片样式，通过设置不同的格式选项或参数来定制新的图片样式。

如果想要对图片进行更详细地编辑和美化，可以单击“图片格式”右下角的 按钮，界面右侧会弹出“设置图片格式”页面，如图 4–60 所示。通过该页面可以对图片进行各种编辑操作，例如调整图片的亮度、对比度、色温、色调等，也可以添加阴影、映像、发光等来丰富图片的内容和样式。

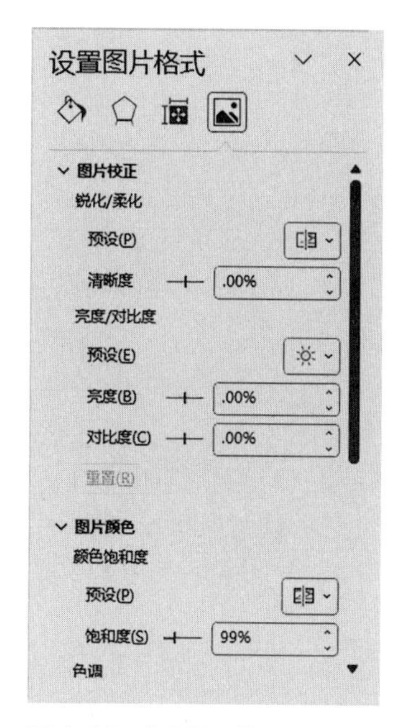

图 4–60　“设置图片格式”页面

4.5.3　绘制自选图形

Word 2021 支持通过“形状”工具栏来绘制自选图形。以下是绘制自选图形的步骤：

（1）单击“插入”选项卡中“插图”功能组的“形状”按钮 形状，在弹出的下拉菜单中可以选择不同的自选图形，例如矩形、圆形、三角形、箭头等，如图 4–61 所示。

（2）选定所需图形，光标会变成十字 形状，在文档中长按鼠标左键并拖动鼠标来绘制自选图形。可以在“形状”选项卡中设置自选图形的颜色、线条粗细、编辑形状、形状效果等属性。

（3）如果想要调整自选图形的大小和位置，可以选中自选图形，拖动自选图形的控制点来调整大小。单击“形状格式”选项卡下的“位置”按钮，可以选择不同的位置。

（4）如果想要对自选图形进行更详细地编辑和美化，可以单击自选图形，选择“形状格式”选项卡下的“形状样式”功能组。在“形状样式”功能组中，可以选择不同的预设样式，也可以自定义样式来满足需求。

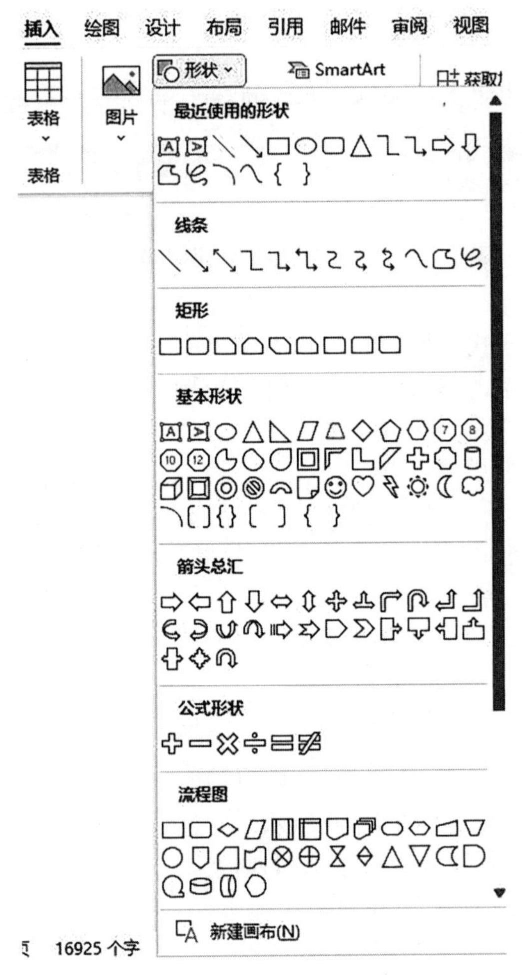

图 4-61 各式各样的形状

4.5.4 绘图操作

Word 2021 可以在支持触摸的设备上,使用手指、数字笔或鼠标进行绘图。如果设备已启用触摸,“绘图”选项卡将自动打开,如图 4-62 所示;如果工具栏中无“绘图”选项卡,可以依次选择“文件→选项→自定义功能区→绘图”将其打开。

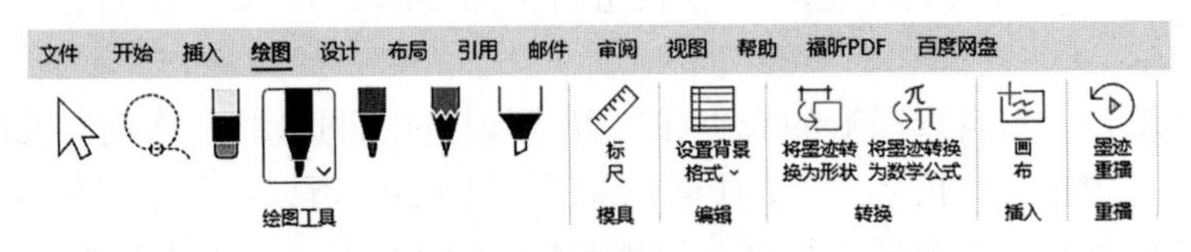

图 4-62 “绘图”选项卡

（1）在功能区的“绘图”选项卡上，单击以选择不同的笔型。

（2）单击笔右下角的下拉菜单，可以选择笔的“粗细”和“颜色”选项。共有从 0.25 mm 至 3.5 mm 的 6 种粗细，用户可以选择粗细或使用加号或减号调节粗细。菜单上提供 16 种纯色，可以点击“其他颜色”查看更多。还提供 8 种效果：“彩虹出岫”“银河”“熔岩”“海洋”“玫瑰金”“金色”“银色”和“青铜色”。

（3）在触摸屏上或者使用鼠标开始书写或绘制。绘制好墨迹形状后，其操作与绘制的自选图形相同。可以选择形状，然后进行移动或复制、更改其颜色、转换其方向等。

（4）按【Esc】键退出绘制。

Word 2021 支持将墨迹转换为形状以及将墨迹转换为数学公式。例如，点击“绘图”选项卡的“将墨迹转换为数学公式”按钮，会弹出“数学输入控件”页面，在中间的手写框中书写数学公式，上部的显示栏会自动将墨迹转换为数学公式，如图 4-63 所示。点击“插入”按钮即可插入到文档中。

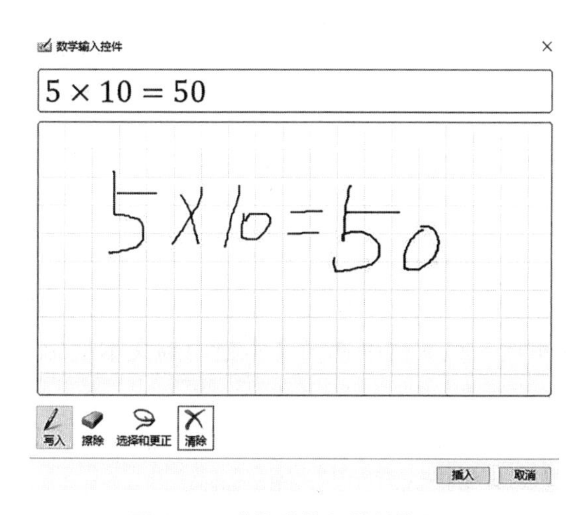

图 4-63　“数学输入控件”页面

4.5.5　文本框操作

文本框可以作为一种图形放置于文档中，用户可在文本框中插入文字或图形并支持对文本框进行编辑。以下是文本框的基本操作：

（1）插入文本框　在“插入”选项卡中单击“文本框”按钮，可以选择预设的文本框样式，也可以点击“绘制横排文本框”或“绘制竖排文本框”选项来自定义文本框，如图 4-64 所示。单击任意一个，此时光标会变成十字 ＋ 形状，在文档中长按鼠标左键并拖动鼠标来绘制文本框。

（2）调整文本框大小和位置　选中要调整的文本框，拖动文本框的控制点来调整大小。

单击“形状格式”选项卡下的“位置”按钮，可以选择不同的位置选项。

图 4-64 “文本框”下拉菜单

(3)设置文本框格式　选中要设置的文本框,单击“形状格式”菜单下的“形状样式”功能组选择合适的样式,也可以设置文本框的填充、线条、阴影、三维等效果。

(4)添加文本到文本框　在文档中选中文本拖动到文本框中,也可以在文本框中直接输入文本。

(5)调整文本框中文本的格式　选中文本框中的文本,在“开始”选项卡下的“字体”和“段落”功能组中设置文本的格式。

(6)链接多个文本框　如果你想要让文本从一个文本框链接到另一个文本框,可以选中要链接的文本框,然后在“形状格式”选项卡中的“创建链接”按钮,选择要链接的另一个文本框。此时要注意必须选中一个空的文本框才可以链接成功。

(7)取消文本框链接　如果要取消链接,可以选中已链接的文本框,然后在“形状格式”选项卡中单击“断开链接”即可。

4.5.6 艺术字

艺术字本质上也是图形对象,与普通的文字不同,具有很多特殊效果。以下是艺术字的基本操作:

(1)插入艺术字　在“插入”选项卡中单击“艺术字”按钮 艺术字 ,可以选择预设的艺术字样式,如图 4-65 所示。单击任意一个,文档中会插入一个“请在此放置您的文字”的文本框,可以删除默认文字并输入新的内容。

(2)调整艺术字的字体与字号　选中艺术字,在“开始”选项卡下的“字体”和“段落”功能组中艺术字的“字体”和“字号”等格式。

图 4-65　“艺术字”下拉菜单

（3）修改艺术字的样式　如果需要修改艺术字的样式，可以选中艺术字文本框，在“形状格式”选项卡中选择“艺术字样式”功能组，然后在菜单中选择新的样式。或者单击“艺术字样式”功能组右侧的“文字效果”按钮 A 选择更多的样式，包括阴影、映像、发光、棱台、三维旋转和转换等效果。例如选择“转换”效果，用户可以在弹出的下拉菜单中对艺术字进行变形，如“不规则圆”和“弯按钮”等，如图 4-66 所示。

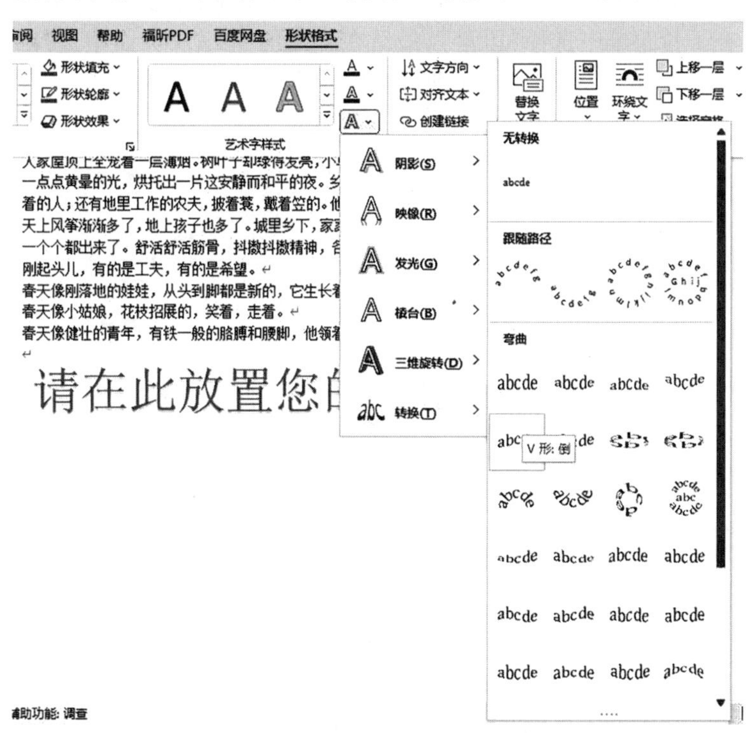

图 4-66　“转换”的下拉菜单

艺术字也是一种文本框，艺术字文本框的形状样式和大小的调整与文本框操作类似。

4.6 高效自动化功能

Word 2021 支持高效自动化的功能，可以提高用户的工作效率。本节介绍自动生成目录和邮件合并两个常用的功能。

4.6.1 自动生成目录

Word 2021 的自动生成目录功能可以让用户快速创建文档的目录，便于阅读文档的整体结构和主要内容。以下是自动生成目录的基本操作。

（1）准备工作　要想自动生成目录，必须要为文档设置不同大纲级别的标题形式。通常情况下目录分为 3 级，选中标题后，在“开始”选项卡的“样式”功能组中选择“标题 1”或“标题 2”。但是 Word 2021 中仅支持快速设置两级标题，如果想设置 3 级标题，有三种方式：

①在“开始”选项卡的“样式”功能组中单击右下角的 ↘ 按钮，在下拉菜单中的底部单击“新建样式”按钮 A+，会弹出“根据格式化创建新样式”页面，在该页面中可以设计标题的字体大小、字号等，并把名称修改为“标题 3”或者自定义文字，然后单击左下角的“格式”按钮，在下拉菜单中选择“段落”，最后在弹出的“段落”页面中选择大纲级别为 3 级，如图 4-67 所示。单击“确定”按钮即可设置成功。

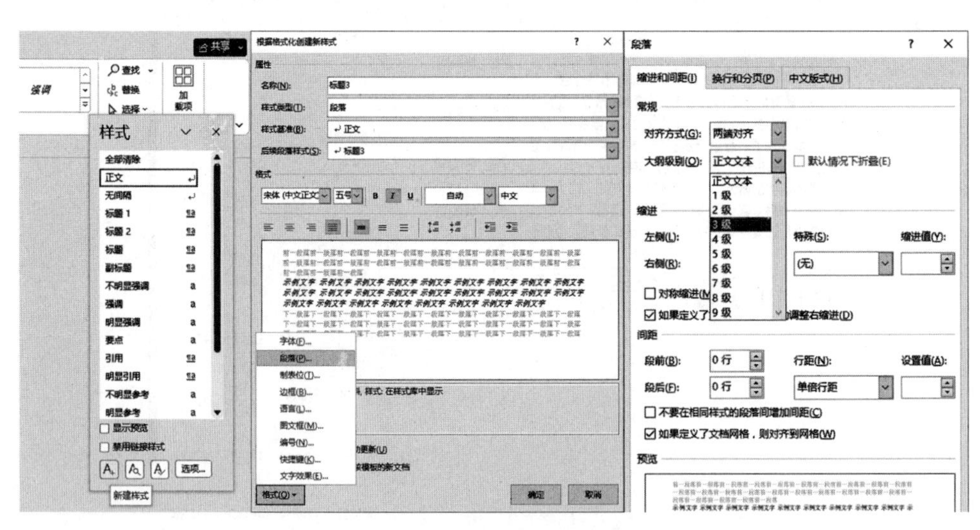

图 4-67　通过“样式”功能组设置大纲级别

②选中标题，在“段落”功能组中的大纲级别修改为 3 级。

③选中标题，单击鼠标右键，在右键菜单中选择“段落”，在弹出的页面中将大纲级别

修改为 3 级。此方法同样适用于新增或修改其他的大纲级别。

(2)生成目录 大纲级别设置完成后,即可生成目录。

①将光标放在需要插入目录的位置。

②点击“引用”选项卡,在“目录”功能组中选择“目录”按钮。

③在弹出的“目录”页面中选择适合的内置目录样式,如图 4-68 所示。

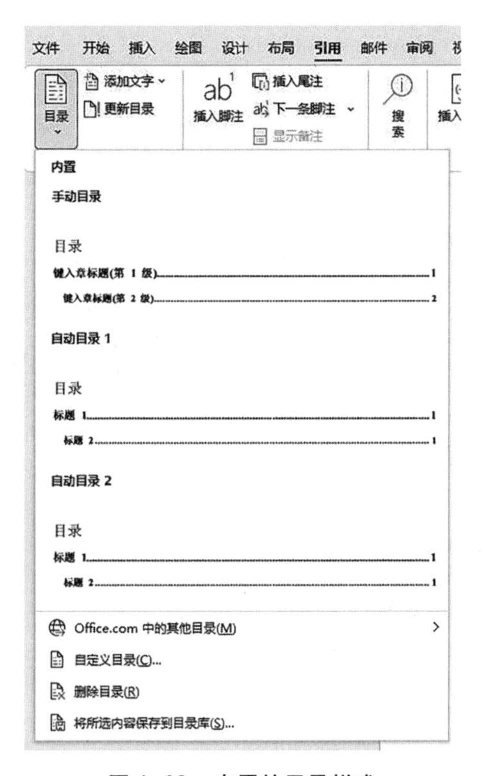

图 4-68 内置的目录样式

④Word 2021 会自动扫描文档中的标题,并生成相应的目录。如果文档中有使用不同样式的标题,可以在“目录”页面中选择“自定义目录”选项,如图 4-69 所示。在弹出的对话框中进行设置。

⑤如果在文档中添加、删除或修改了标题,或者修改了页码,可以点击“目录”菜单中的“更新目录”按钮,根据实际需求选择“只更新页码”或者“更新整个目录”,Word 2021 将自动更新目录中的内容,如图 4-70 所示。

图 4–69　自定义目录

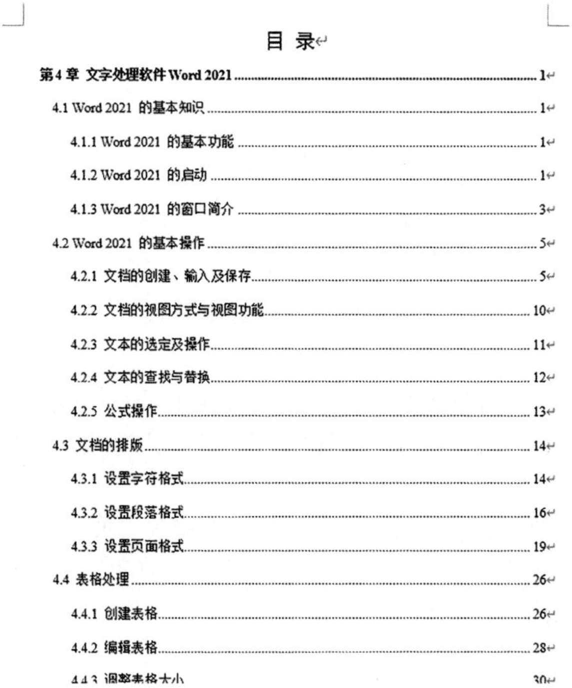

目 录

第 4 章 文字处理软件 Word 2021 1
4.1 Word 2021 的基本知识 1
4.1.1 Word 2021 的基本功能 1
4.1.2 Word 2021 的启动 1
4.1.3 Word 2021 的窗口简介 3
4.2 Word 2021 的基本操作 5
4.2.1 文档的创建、输入及保存 5
4.2.2 文档的视图方式与视图功能 10
4.2.3 文本的选定及操作 11
4.2.4 文本的查找与替换 12
4.2.5 公式操作 13
4.3 文档的排版 14
4.3.1 设置字符格式 14
4.3.2 设置段落格式 16
4.3.3 设置页面格式 19
4.4 表格处理 26
4.4.1 创建表格 26
4.4.2 编辑表格 28
4.4.3 调整表格大小 30

图 4–70　自动生成目录示例

4.6.2　邮件合并

邮件合并功能可以将主文档和数据源合并在一起，批量生成个性化的文档。通过使用 Word 的邮件合并功能，可以大大提高批量生成文档的效率。本节以制作“荣誉证书”

为例介绍邮件合并的基本操作。

(1)准备工作　要想顺利实现邮件合并，必须先准备好主文档和数据源。

①准备主文档：创建一个新的 Word 文档，将其设计成一个“荣誉证书”模板，如图 4-71 所示，它将成为邮件合并的主文档。

图 4-71　“荣誉证书”示例文档

②准备数据源：创建一个数据源，可以通过 Word、Excel 或 Access 等创建二维表的数据源并保存文件，图 4-72 是使用 Excel 创建的示例数据。

(2)邮件合并操作　主文档和数据源准备完成后可以进行邮件合并操作。

①启动邮件合并：单击“邮件”选项卡，在“开始邮件合并”功能组中选择“选择收件人”。

②在弹出的下拉菜单中，单击“使用现有列表”，如图 4-73 所示。

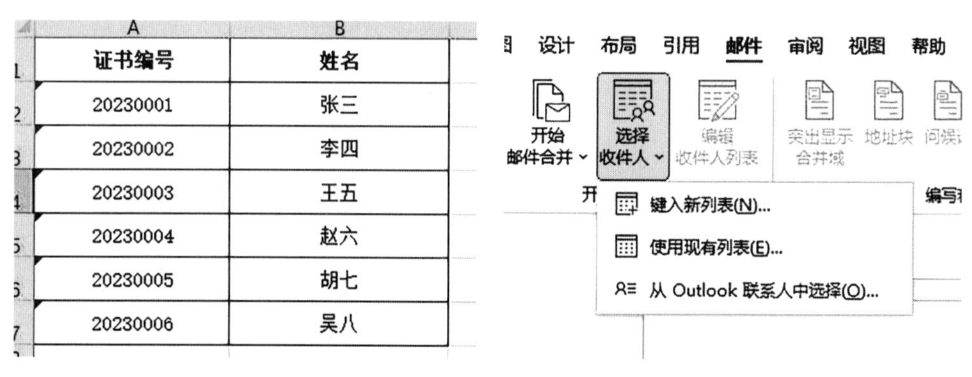

证书编号	姓名
20230001	张三
20230002	李四
20230003	王五
20230004	赵六
20230005	胡七
20230006	吴八

图 4-72　Excel 创建的数据源示例数据　　图 4-73　“选择收件人”

③选择数据源：在弹出的“选取数据源”页面中，选择准备好的数据源文件，如图 4-74 所示。

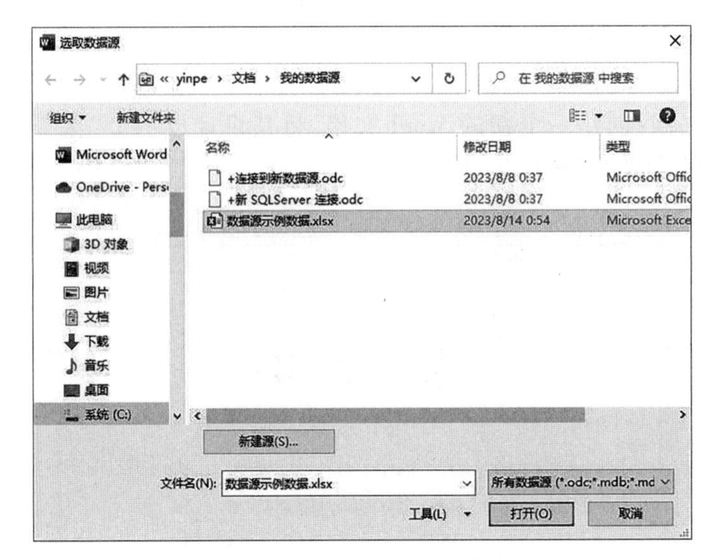

图 4-74 “选取数据源”

④插入合并域:在主文档中,将光标定位到要插入数据的位置,单击“插入合并域”,如图 4-75 所示,选择对应的字段名,在相应的位置插入合并域。例如在“同学:”前选择“姓名”,在“证书编号:”后面选择“证书编号”,设置完成的效果如图 4-76 所示。

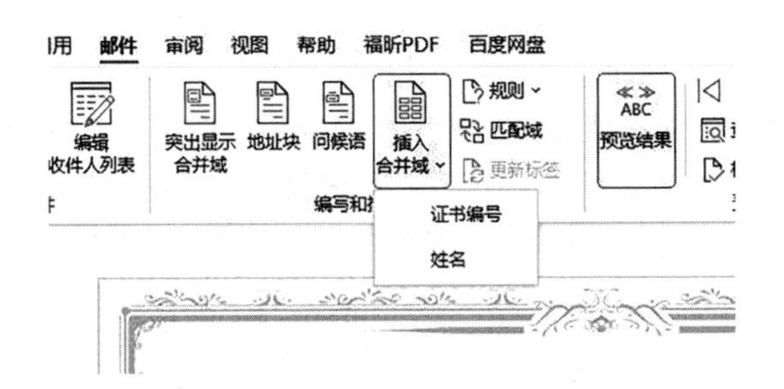

图 4-75 插入合并域

图 4-76 主文档中插入各合并域

⑤预览结果：完成上述步骤后，点击“预览结果”按钮，可以看到生成的一个预览的文档。如果与预期不符，可以再进行相应的调整。

⑥完成邮件合并：如果对预览结果满意，可以点击“完成并合并”按钮，会自动将主文档和数据源合并，生成一个包含个性化信息的目录文档，最终效果图见 4-77。

图 4-77　完成邮件合并的最终效果

思考与讨论

1. 如果想完成 4.6.2 节邮件合并中的主文档，都需要什么操作？

2. 对于 4.6.2 节邮件合并中的主文档，请继续实现以下操作：

(1) 使用文本的替换功能将“学习标兵”修改为“进步之星”。

(2) 使用艺术字功能将印章替换为“计算机应用基础教研室”。

(3) 请插入“河南财政金融学院”校徽，删除背景，并放在左上角合适的位置。

第5章　电子表格处理软件 Excel 2021

Excel 2021 是自动化套装软件 Mircosoft Office 2021 中的一个主要应用软件，它的数据处理能力非常强，可以进行数据的输入、计算、格式化、图表制作、数据分析和数据可视化等操作。

课程思政育人目标

培养大学生持之以恒、久久为功的品质，提升自我教育意识和自我完善能力，激发社会责任感和使命感，具备远大的理想和坚定的信念，为实现中国梦而奋斗。

5.1　Excel 基本知识

Excel 的工作窗口包括功能区、标题栏、快速访问工具栏、文件选项卡、状态栏、工作区、滚动条、活动单元格等，以及行标签、列标签、工作表标签、名称框、编辑栏和拆分窗口等特有的窗口元素，如图 5-1 所示。

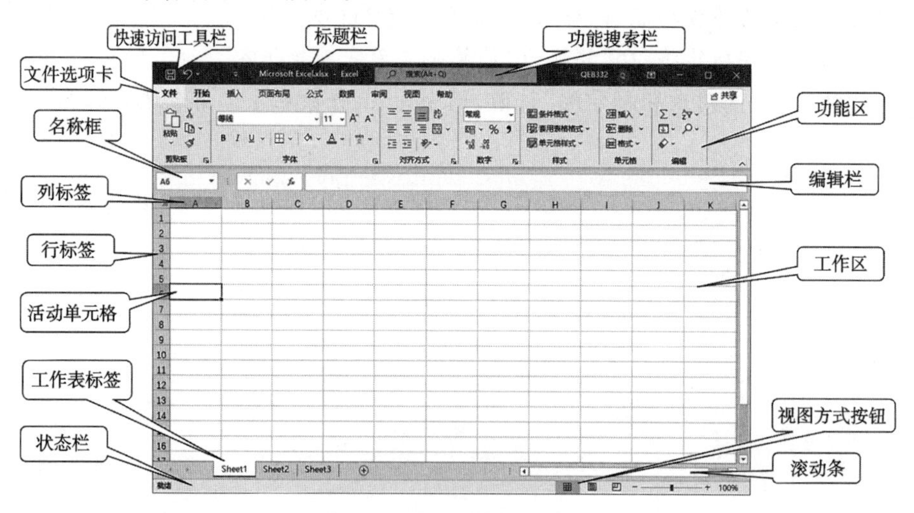

图 5-1　Excel 窗口的组成

（1）功能区　功能区由选项卡、选项组和命令按钮组成，默认显示的选项卡有开始、插入、页面布局、公式、数据、审阅和视图。默认情况下打开的是开始选项卡，包括剪贴板、字体、对齐方式、数字、样式、单元格、编辑等选项组。各个选项组中的命令按钮用来完成各种任务。

（2）活动单元格　活动单元格是指鼠标点击或使用方向键来选中的单元格，也称为当前单元格。活动单元格的边框会呈现黑色粗线的样式，行号和列号会突出显示，并在名称框中显示该单元格的名称。

（3）名称框与编辑栏　名称框会显示当前活动单元格的名称，比如光标位于 B 列 7 行，则名称框中显示 B7。

编辑栏显示当前活动单元格中的具体内容，例如公式或文本等。如果单元格中的内容比较长，在单元格中无法完全显示，鼠标点击该单元格，在编辑栏中即可看到完整内容。

（4）工作表行标签和列标签　工作表的行标签显示在工作表中每一行的行首，用数字表示。列标签显示在工作表中每一列的列首，用字母表示。行标签和列标签用来确定单元格的位置。

（5）工作表标签　工作表标签又称为页标签，每一个标签用来代表一个独立的工作表，在 Excel 中，默认情况下新建一个工作簿后会自动创建一个空白工作表，并使用默认名称“Sheet1”。用户可以根据需求进行工作表的添加或重命名。

（6）状态栏　状态栏位于窗口最下方，鼠标右击状态栏，将弹出如图 5-2 所示的快捷菜单，从中可选择常用 Excel 函数。这样，当单元格中输入一些数值后，用鼠标批量选中这些单元格，状态栏中就会立即以上述快捷菜单中默认的计算方法给出计算结果。

图 5-2　“状态栏”快捷菜单

（7）拆分窗口　Excel 中的“拆分窗口”功能，可将工作表分隔成多个部分，用来在同一窗口对多个不同的区域进行操作。如图 5-3 所示，首先选择要分割的位置，在“视图”中鼠标点击“拆分”按钮。Excel 将会在该位置上方和左侧各绘制一条粗黑线。这样，就把活动窗口一分为四，被拆分的窗口都有着独立的滚动条，这在操作较多内容的工作表时是极其便捷的。图 5-4 展示了水平和垂直分隔后的窗口。

无论是水平分隔线还是垂直分隔线，都可以通过鼠标拖动的方式来改变窗口的拆分比例，双击分隔线即可取消拆分状态，对水平和垂直的分隔线的交叉处双击可同时取消水平和垂直拆分状态；将水平分隔线向顶部列标签方向或向底部的水平滚动条方向拖动，将垂直分隔线向左侧行标签方向或右侧滚动条方向拖动，到达工作区域的边缘后，也可隐藏分隔线。

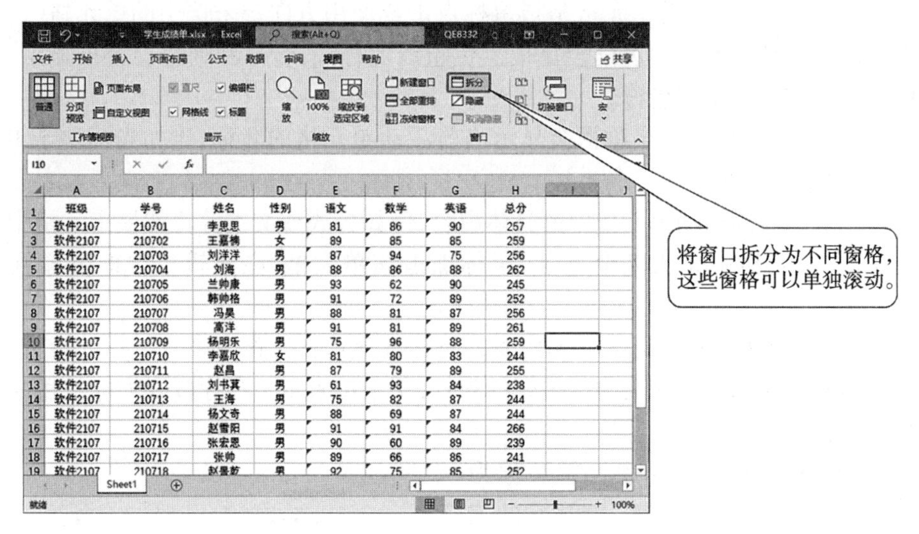

图 5–3　拆分窗口

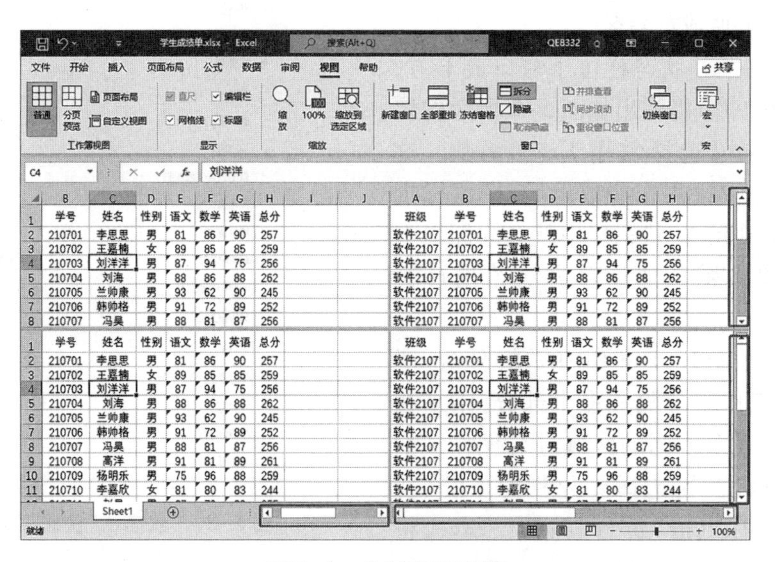

图 5–4　分割窗口示例

5.2　Excel 基本操作

5.2.1　工作簿的新建、打开与保存

5.2.1.1　工作簿的新建

方法一：Excel 启动后，将会默认新建一个空白的工作簿，工作簿的默认名称为“Book1. xlsx”。

方法二：如果已经启动 Excel，鼠标点击“文件”中的“新建”，右侧打开的任务窗口中“可用模板”下选择“空白工作簿”，如图 5-5 所示，鼠标点击“创建”，即可创建一个新的工作簿。

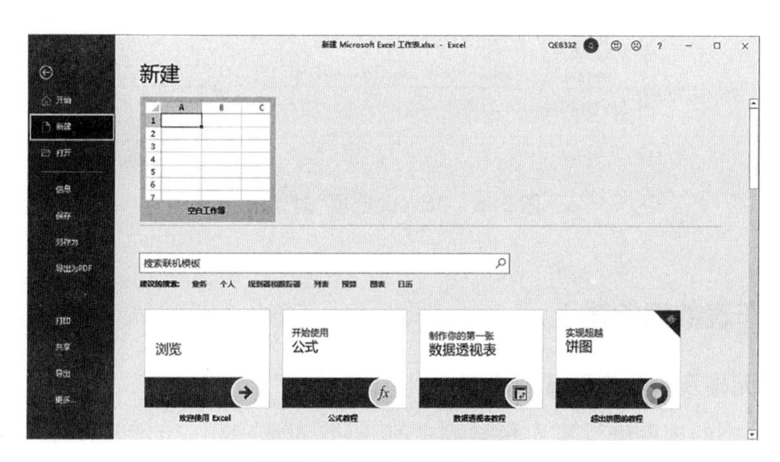

图 5-5　“新建”任务窗口

5.2.1.2　工作簿的打开

方法一：在“资源管理器”中找到要打开的 Excel 文档，双击该文件，即可打开 Excel 工作簿。

方法二：选择“文件”选项卡中的“文件”命令，弹出“打开”对话框，选择需要打开的文件，然后鼠标点击“打开”按钮即可打开该工作簿。

5.2.1.3　工作簿的保存

方法一：在快速访问工具栏中鼠标点击“保存”按钮，或者可以选择“文件”选择卡中的“保存”按钮，或者按【Ctrl+S】组合键，都可以对已打开的工作簿进行保存。

方法二：如果是新建的工作簿，执行上述操作，默认会打开“另存为”，然后指定保存文件的路径和文件名，再点击“保存”按钮，即可保存新建的工作簿。

方法三：设置工作簿的默认保存位置，在“文件”中选择“选项”按钮，打开“Excel 选项”对话框，如图 5-6 所示，选择“保存”选项，可以对工作簿的默认保存位置进行编辑。

图 5-6 “Excel 选项”对话框

5.2.2 工作表数据的输入

5.2.2.1 单元格及单元格区域的选定

在对单元格的内容进行输入和编辑之前，需要先选中相应的单元格，被选中的单元格称为活动单元格。常用的选定操作如表 5-1 所示。

表 5-1 选定操作

选定内容	操作
单个单元格	鼠标点击单个单元格，或用方向键移动到相应的单元格
连续单元格区城	鼠标点击选定的第一个单元格，拖动鼠标到选定的最后一个单元格
工作表中所有单元格	鼠标点击“全选”按钮，或鼠标点击第一列列号上面的矩形框，或鼠标点击【Ctrl+A】组合键
不相邻的单元格或单元格区域	选定第一个单元格或单元格区域，按住【Ctrl】键再选定其他的单元格或单元格区域
较大的单元格区域	选定第一个单元格，按住【Shift】键再鼠标点击区城中最后一个单元格
整行	鼠标点击行号
整列	鼠标点击列号

5.2.2.2　数据的输入

选择需要输入数据的单元格,然后输入数据并按下【Enter】键或【Tab】键即可完成数据的输入。

数据显示格式:Excel 为展示不同类型的数据提供常规、数值、分数、文本等不同类型的数据格式。每个单元格的数据显示格式默认是“常规”,所以工作表会根据输入的数据自动应用适当的显示格式,例如,如果输入“ ¥26.15”,工作表将会自动使用货币格式,并使用相应的货币精度来展示数值。

数字的输入:直接输入 0、1、2、…、9 以及符号+、-、*、/、.、$、% 等时,默认的情况下会将其作为数值进行处理,但是有一些特殊情况需要注意,避免将输入的分数误判为日期。如果要输入分数,建议在分数前加上一个零和一个空格,例如“0 5/6”,这样就能正确地将其识别为分数,而不是日期。当在单元格中输入数值时,所有数字默认会右对齐显示。想改变数字的对齐方式,可以选择窗口上的“开始”选项卡,在“对齐方式”组中选择相应的方式来进行调节。

文本的输入:在 Excel 中,如果输入非数字字符或汉字,那么在默认的“常规”格式下,Excel 会将其作为文本来处理,并将所有文本左对齐显示。

如果想输入以数字形式组成的文本,例如学号等数据,在数字前加一个半角单引号(′),例如输入“′090803”,Excel 会将该文本识别为纯文本,而非数值,并保留输入的格式。

日期与时间的输入:在单元格中输入日期时,年、月和日之间的分隔可以使用斜杠(/)或连字符(-)来表示。

5.2.2.3　有规律的数据输入

表格处理过程中,经常会遇到要输入大量的、连续性的、有规律的数据,若靠人工输入,这些机械操作既烦琐又容易出错,效率非常低,使用 Excel 的自动填充功能,可以极大地提高工作效率。

方法一:鼠标左键拖动输入序列数据。在单元格中输入某个数据后,用鼠标左键按住填充柄,向需要自动填充的方向拖动,则鼠标经过的单元格中就会以原单元格中相同的数据填充,如图 5-7(a)中 B 列所示。

按住【Ctrl】键的同时,按住鼠标左键拖动填充柄进行填充,如果原单元格中的内容是数值则 Excel 会自动以递增的方式进行填充,如图 5-7(a)中 C 列所示;如果原单元格中的内容是普通文本,则 Excel 只会在拖动的目标单元格中复制原单元格里的内容。

方法二:鼠标右键拖动输入序列数据。鼠标点击用来填充的原单元格,并确保该单元格中已经输入了需要填充的内容。按住鼠标右键拖动填充柄,拖动经过若干单元格后松开鼠标右键,此时会弹出如图 5-7(b)所示的快捷菜单,该菜单中列出了多种填充方式。

①复制单元格,即简单地复制原单元格内容,其效果与上述用鼠标左键拖动填充的效果相同。

②填充序列,即按一定的规律进行填充。比如原单元格是数字 1,则选中此方式填充后,

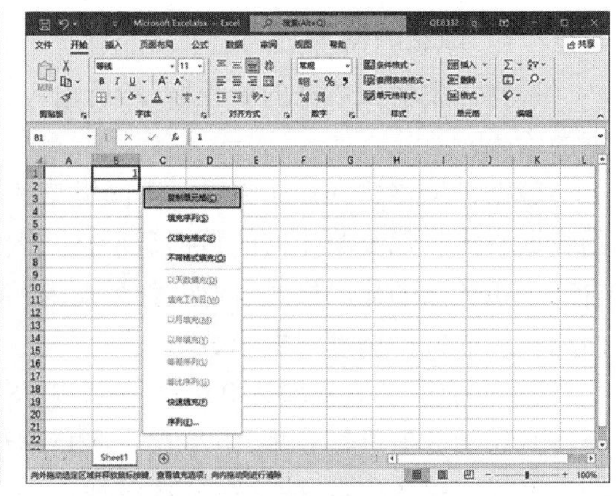

（a）相同数据的填充　　　　（b）填充时的快捷菜单

图 5-7　自动填充

可依次填充为 1、2、3、…；如果原单元格为“四”，则填充内容是“四、五、六、日、一、二、三、…”；如果是其他无规律的普通文本，则“以序列方式填充”的快捷菜单为灰色的不可用状态。

③在只填充格式的单元格中，不会出现原单元格中的数据，而只会将原单元格中的格式复制到目标单元格中。

④使用鼠标右键拖动填充柄进行不带格式的填充时，被填充的单元格中仅会填充数据，而原单元格中的各种格式设置不会被复制到目标单元格。

⑤填充等差序列和等比序列的方式要求在开始填充之前首先选择至少两个有数据的单元格。

⑥序列：如果原单元格中的内容为数值，还可以用鼠标右键拖动填充柄后选择“序列”命令，然后会弹出一个名为“序列”的对话框，如图 5-8 所示。

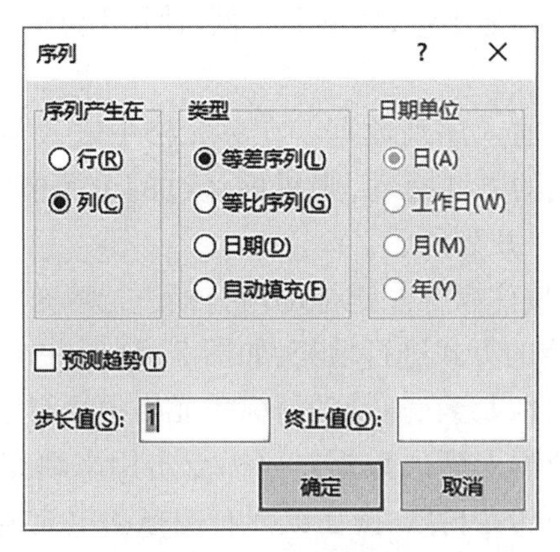

图 5-8　“序列”对话框

这个对话框中，可以自由选择多种序列填充方式，以满足不同的需求和要求。

方法三：使用填充命令填充数据。

选择“开始”，在“编辑”中鼠标点击“填充”命令，此时会打开下拉列表，该列表中有

“向上”“向下”“向左”“向右”及“序列”等命令，不同的命令可以将内容填充到不同位置的单元格，比如，如果选择列表中的“系列”，则会打开“序列”对话框。

5.2.3　工作表的编辑操作

5.2.3.1　单元格编辑

（1）移动单元格数据

①如果需要移动单元格或区域中的数据，可选择目标单元格或区域，将鼠标停在单元格的边缘。当鼠标指针变为 ✥ 时，按住鼠标左键并拖动，即可移动单元格数据。

②按住【Ctrl】键，鼠标指针变成 ⇖⁺ 时，拖动鼠标，即可对单元格的数据进行复制。

③按住【Shift+Ctrl】组合键，拖动鼠标，即可将选中的单元格内容插入到已有单元格中。

④按住【Alt】键，即可将所选区域的内容拖动至其他工作表中。

（2）选择性粘贴

①选定需要复制的单元格。

②鼠标点击“开始”下“剪贴板”选项组中的“复制”。

③选定粘贴区域左上角的单元格。

④鼠标点击“剪贴板”中的“粘贴”按钮下的下拉列表按钮，在打开的下拉列表中选择“选择性粘贴”命令，对话框如图 5-9 所示。

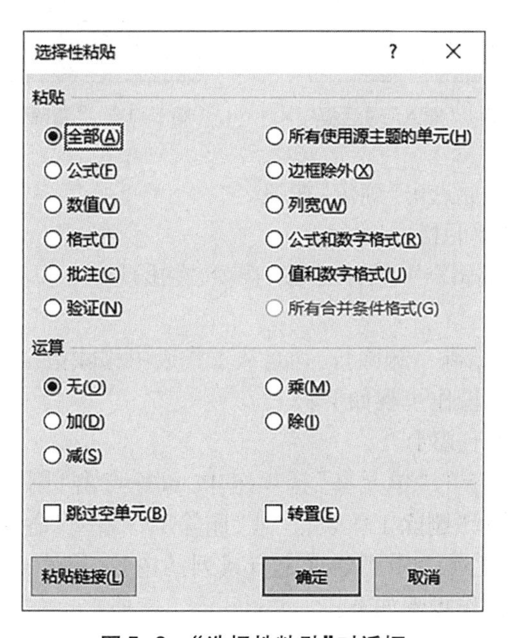

图 5-9　“选择性粘贴”对话框

⑤选择“粘贴”中所需的选项，再鼠标点击“确定”按钮。

（3）插入单元格

①在需要插入空单元格的位置，选择相应的单元格区域。

②右击对应的单元格,然后在弹出的快捷菜单中选择“插入”命令,打开“插入”对话框,如图 5-10 所示。

③在对话框中选择插入方式,鼠标点击“确定”按钮。

(4)插入行或列　要插入一行,则鼠标点击行号,然后在“开始”选项卡下的“单元格”组中,鼠标点击“插入”命令按钮;要插入一列,则在鼠标点击列号后在“开始”选项卡下的“单元格”组中,鼠标点击“插入”命令按钮,新插入的行或列出现在选定行的上面或选定列的左侧。

(5)单元格的删除与清除

①选定需要删除的单元格。

②在“开始”选项卡下的“单元格”选项组中,鼠标点击“删除”。弹出的下拉列表中选择“删除单元格”。“删除”对话框如图 5-11 所示。

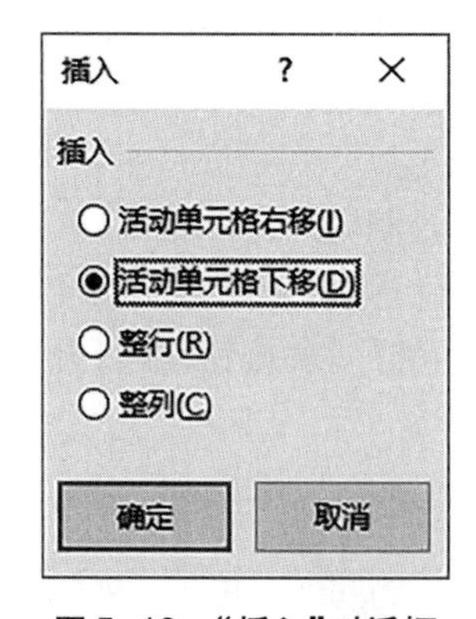

图 5-10　“插入”对话框

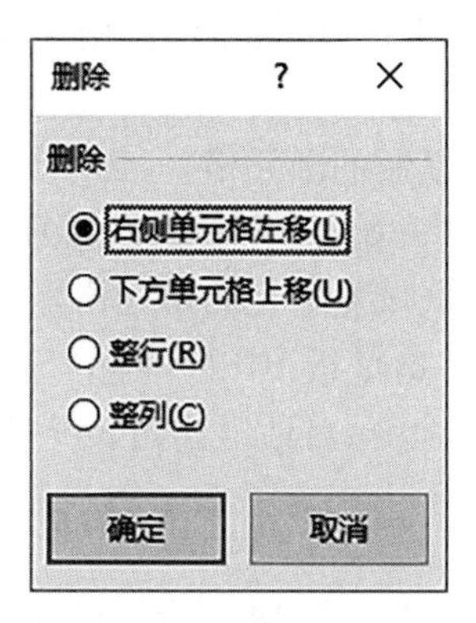

图 5-11　“删除”对话框

③选择删除方式,鼠标点击“确定”按钮。

④选定需要清除的单元格。

⑤在“开始”下的“编辑”中选择“清除”选项,在出现的下拉列表中选择相应的命令,进行单元格清除操作。

(6)行、列的删除与清除　删除行、列是从工作表中移除指定的行、列,并自动将后续的行或列填补上来,具体操作步骤如下:

①选定需要删除的行或列。

②在“开始”选项卡下的“单元格”选项组中,鼠标点击“删除”命令后的下拉按钮。在弹出的下拉列表中选择“删除工作表行”或“删除工作表列”命令即可。

清除行或列是指从工作表中删除选定行或列的内容、格式或批注等,而保留行或列本身在工作表中,具体操作步骤如下:

①选定需要清除的行或列。

②在“开始”选项卡下的“编辑”选项组中选择“清除”命令,在出现的下拉列表中选择相应的命令即可。

5.2.3.2　表格行高和列宽的设置

(1)拖动鼠标光标来改变表格的行高或列宽　将鼠标光标悬停在需要调整宽度的行

标签或列标签的边线上，鼠标指针变成上下或左右双箭头的形状，按住鼠标左键并拖动即可调整行高或者列宽。

(2)通过使用菜单选项设置改变表格的行高或列宽

①选中需要调整的行或列，在“开始”选项卡的“单元格”组中鼠标点击“格式”按钮，然后会弹出相应的下拉列表，如图5–12 所示。

②设定行高值，选择“行高”命令，并输入所需数值即可。

③设定列宽值，选择“列宽”命令，并输入所需数值即可。

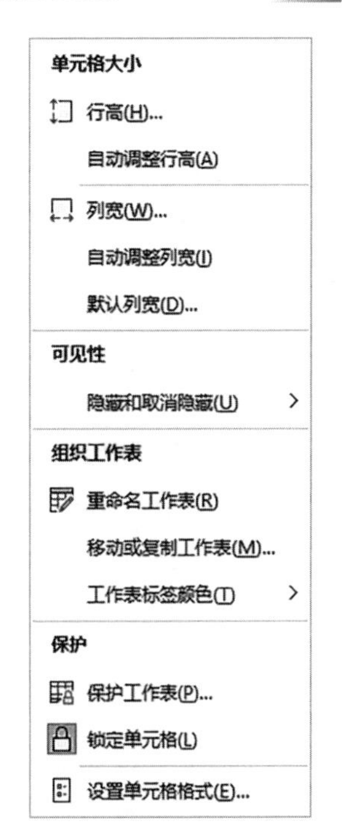

图 5–12　“格式”下拉列表

5.2.4　工作表的格式化

在“开始”选项卡下的“单元格”组中鼠标点击“格式”按钮，弹出下拉列表，如图 5–12 所示，选择“设置单元格格式”。该对话框包含了 6 个选项卡，每个选项卡都可用于完成相应内容的排版设计。

5.2.4.1　数据的格式化

“数字”选项卡，如图 5–13 所示，可用于设置单元格中数字的数据格式。在“分类”列表框中，提供了十多种不同类别的数据选项，当选择其中一种数据类别后，右侧将显示该类别下不同的数据格式列表以及相关的设置选项。可以在此处选择所需的数据格式类型。

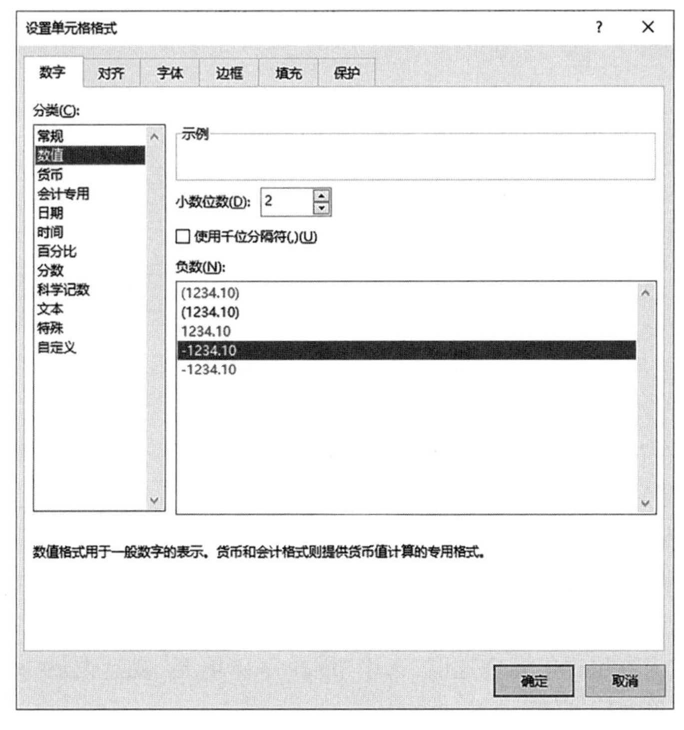

图 5–13　“数字”选项卡

5.2.4.2 单元格内容的对齐

“对齐”选项卡，如图 5-14 所示，用于设置单元格中文字的对齐方式、旋转方向等。

(1)文本对齐方式

①单元格的水平对齐方式可以在“水平对齐”下拉列表框中进行设置，默认为“常规”方式。

②在“垂直对齐”下拉列表框中可以设置单元格的垂直对齐方式，包括靠下、靠上、居中等，默认为“居中”方式。

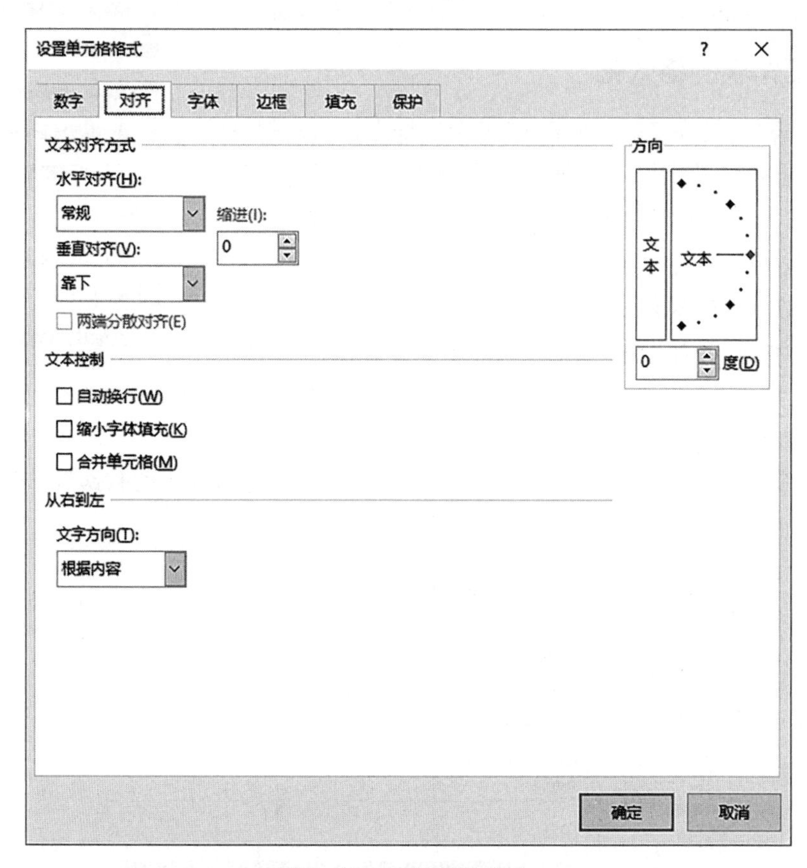

图 5-14 “对齐”选项卡

(2)方向 在“方向”选项组中使用鼠标拖动或直接输入角度值，可以对单元格的内容进行旋转，范围为-90°到+90°。

(3)文本控制

①选中“自动换行”复选框后，被设置的单元格就具备了自动换行功能，当输入的内容超过单元格宽度时会自动换行。

②单元格的内容超过单元格宽度，选中“缩小字体填充”复选框后，单元格中的内容会自动缩小并被单元格容纳。

③选择要合并的单元格后，在“对齐”选项卡中勾选“合并单元格”复选框，来实现单

元格的合并。也可以直接在“开始”选项卡的“对齐方式”选项组中鼠标点击“合并后居中”按钮,选中的单元格就会被合并,并且水平对齐方式也会被设为居中。

对于电子表格的表头文字,通常需要居中显示,如图 5-15 所示。一般可以采用两种方法:一种是选中需要操作的单元格,在“对齐方式”选项组中鼠标点击“合并后居中”来实现合并和居中设置;另一种是选中需要操作的单元格,在“对齐”选项卡的“水平对齐”下拉列表框中选择“跨列居中”。这两种方法都可以让表头文字居中显示,但前者的方法对单元格做了合并的处理,而后者虽然表头文字居中,但单元格并没有合并。

	学生成绩单						
班级	学号	姓名	性别	语文	数学	英语	总分
软件2107	210701	李思思	男	81	86	90	257
软件2107	210702	王嘉楠	女	89	85	85	259
软件2107	210703	刘洋洋	男	87	94	75	256
软件2107	210704	刘海	男	88	86	88	262
软件2107	210705	兰帅康	男	93	62	90	245
软件2107	210706	韩帅格	男	91	72	89	252
软件2107	210707	冯昊	男	88	81	87	256
软件2107	210708	高洋	男	91	81	89	261
软件2107	210709	杨明乐	男	75	96	88	259
软件2107	210710	李嘉欣	女	81	80	83	244
软件2107	210711	赵昌	男	87	79	89	255
软件2107	210712	刘书萁	男	61	93	84	238
软件2107	210713	王海	男	75	82	87	244
软件2107	210714	杨文奇	男	88	69	87	244
软件2107	210715	赵雪阳	男	91	91	84	266
软件2107	210716	张宏恩	男	90	60	89	239
软件2107	210717	张帅	男	89	66	86	241
软件2107	210718	赵景乾	男	92	75	85	252

图 5-15　表头文字居中显示

5.2.4.3　单元格字体的设置

为了让表格的内容更加醒目,可以为表格的每一部分设置不同的字体。选择要设置字体的单元格或区域,打开“设置单元格格式”对话框,选择“字体”选项卡,如图 5-16 所示。

5.2.4.4　表格边框的设置

为了使打印后的表格更加美观,需要设置适当的边框。选中所需设置边框的区域,打开“设置单元格格式”对话框的“边框”选项卡,可进行设置,如图 5-17 所示。

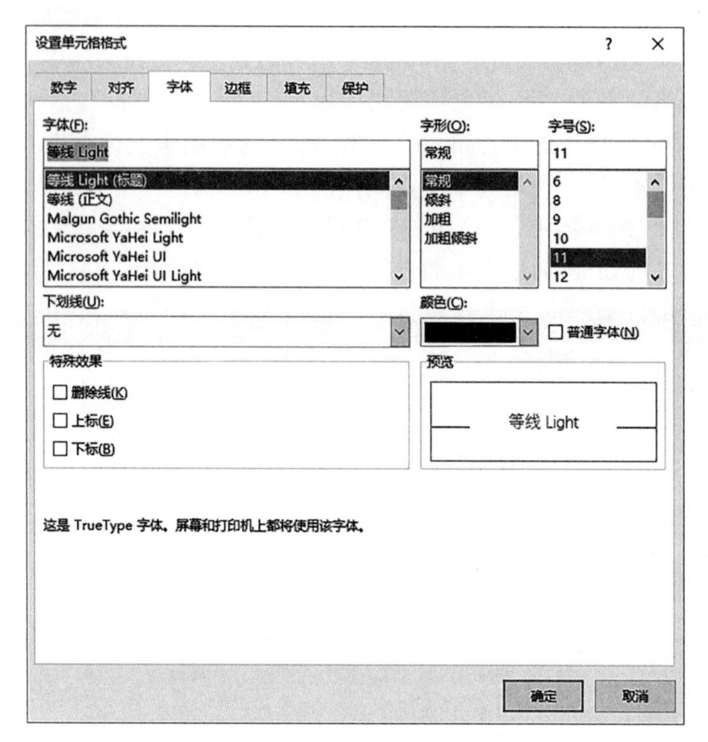

图 5-16 “字体”选项卡

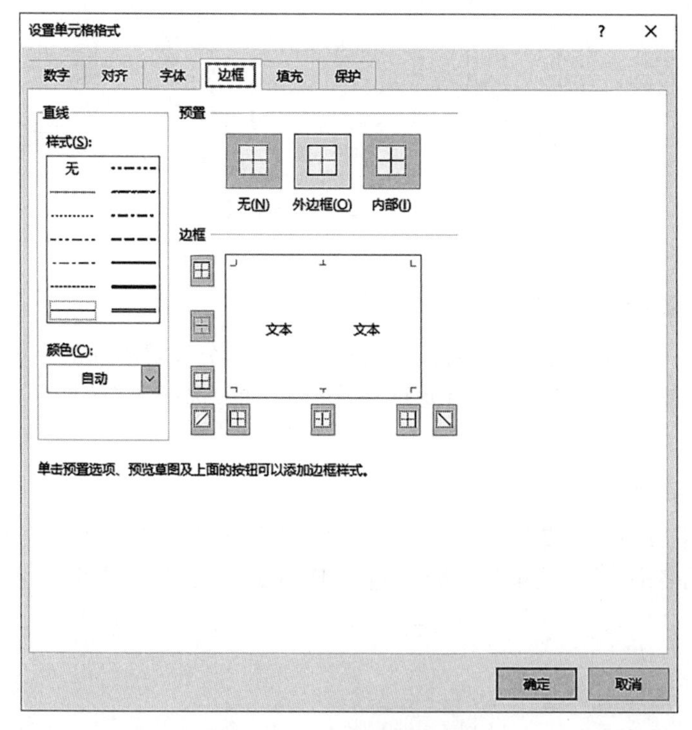

图 5-17 “边框”选项卡

5.2.4.5　底纹的设置

选中需要设置的区域，在"设置单元格格式"对话框中切换到"填充"选项卡，如图 5-18 所示。

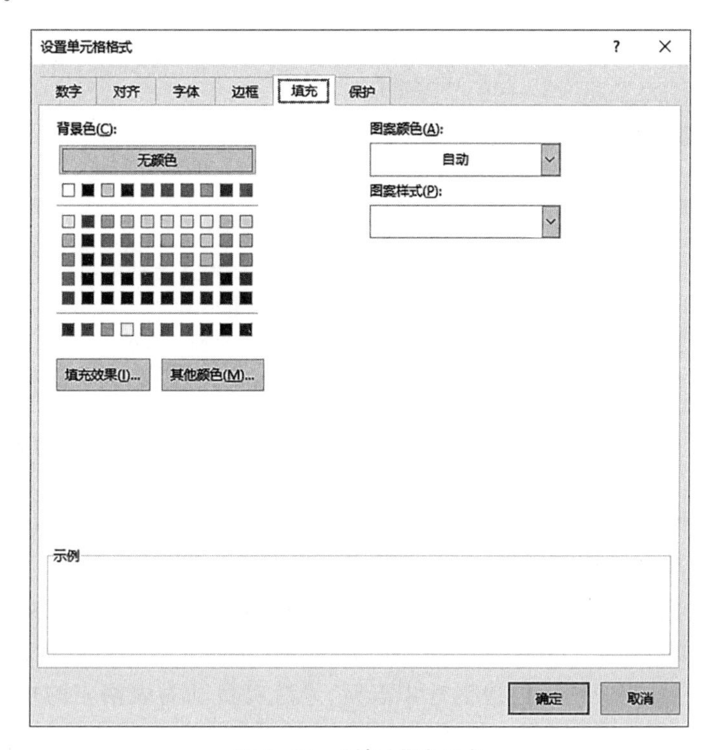

图 5-18　"填充"选项卡

5.2.5　工作表的管理操作

(1)工作表的选定与切换　当需要从一个工作表切换到其他工作表时，可鼠标点击相应工作表的标签。

(2)工作表的添加　鼠标点击工作表标签上的"插入工作表"按钮，或按【Shift+F11】组合键，即可在现有工作表后面插入一个新的工作表。

(3)工作表的重命名　选中需要重命名的工作表，然后在"开始"选项卡下的"单元格"组中鼠标点击"格式"按钮，弹出如图 5-12 所示的下拉列表，选择"重命名工作表"命令，工作表标签栏的当前工作表名称将会反白显示，此时即可修改工作表的名称。

(4)工作表的移动或复制　具体操作步骤如下：

①打开需要移动或复制的工作表，再打开图 5-12 所示的下拉列表，在该列表中选择"移动或复制工作表"命令，打开如图 5-19 所示的"移动或复制工作表"对话框。

②在"下列选定工作表之前"列表框中选择需要在其前面插入、移动或复制的工作表。

③如果只是复制工作表，则选中"建立副本"复选框即可。

(5)工作表的表格功能

①在"插入"选项卡下的"表格"组中，鼠标点击"表格"命令以打开"创建表"对话框，

如图 5-20 所示。

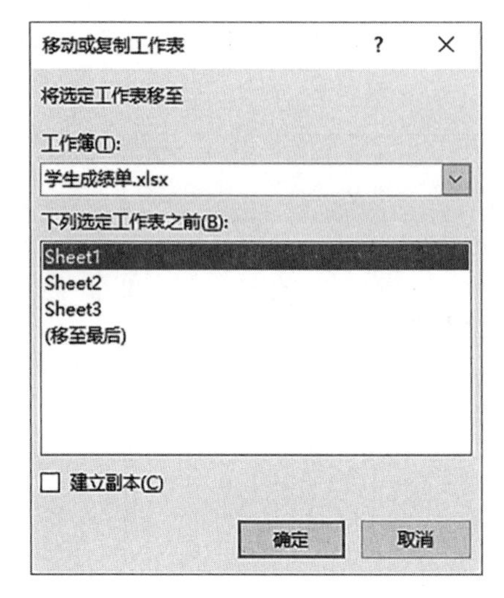

图 5-19 “移动或复制工作表”对话框

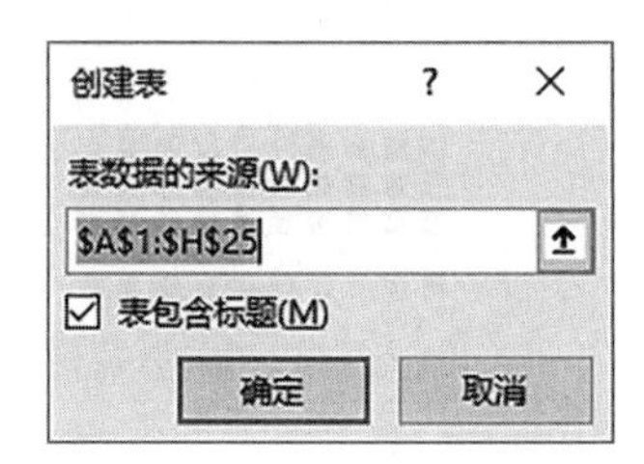

图 5-20 “创建表”对话框

②鼠标点击“表数据的来源”文本框旁边的按钮，在工作表上按住鼠标左键并拖动，以选择要创建列表的数据区域。

③所选择的数据区域使用表格标识符突出显示，此时可以使用“表格工具”，在功能区中增加了“表设计”选项卡，使用“表设计”选项卡中的各个工具可以对表格进行编辑。

④创建表格后，将使用蓝色边框标识表格，系统将自动为表格中的每一列启用自动筛选下拉列表，如图 5-21 所示。如果选中“表格样式选项”组中的“汇总行”复选框，则将在插入行下显示汇总行。

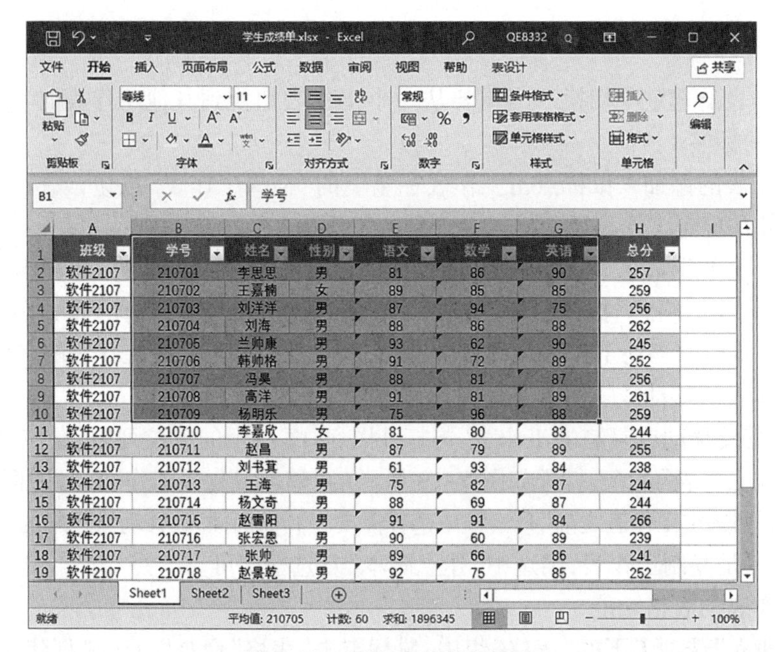

班级	学号	姓名	性别	语文	数学	英语	总分
软件2107	210701	李思思	男	81	86	90	257
软件2107	210702	王嘉楠	女	89	85	85	259
软件2107	210703	刘洋洋	男	87	94	75	256
软件2107	210704	刘海	男	88	86	88	262
软件2107	210705	兰帅康	男	93	62	90	245
软件2107	210706	韩帅格	男	91	72	89	252
软件2107	210707	冯昊	男	88	81	87	256
软件2107	210708	高洋	男	91	81	89	261
软件2107	210709	杨明乐	男	75	96	88	259
软件2107	210710	李嘉欣	女	81	80	83	244
软件2107	210711	赵昌	男	87	79	89	255
软件2107	210712	刘书茸	男	61	93	84	238
软件2107	210713	王海	男	75	82	87	244
软件2107	210714	杨文奇	男	88	69	87	244
软件2107	210715	赵雷阳	男	91	91	84	266
软件2107	210716	张宏恩	男	90	60	89	239
软件2107	210717	张帅	男	89	66	86	241
软件2107	210718	赵景乾	男	92	75	85	252

图 5-21 插入表格后的窗口

创建表格之后,若要停止处理表格数据而又不丢失所应用的所有表格样式,可以将表格转换为工作表上的常规数据区域。

5.3　公式和函数

5.3.1　公式

5.3.1.1　运算符

(1)算术运算符　算术运算符用于对数值的四则运算,计算顺序依次是乘方、乘除、加减。可以通过增加括号改变计算次序。具体含义如表 5-2 所示。

表 5-2　算术运算符及其含义

运算符号	含义	运算符号	含义	运算符号	含义
+	加	*	乘	%	百分号
-	减	/	除	^	乘方

(2)比较运算符　比较运算符可以对两个数值或字符进行比较,并生成一个逻辑值。如果比较结果为真,则逻辑值为 True;否则,逻辑值为 False。具体含义如表 5-3 所示。

表 5-3　比较运算符及其含义

运算符号	含义	运算符号	含义	运算符号	含义
>	大于	<	小于	=	等于
>=	大于等于	<=	小于等于	<>	不等于

5.3.1.2　公式的输入

公式的起始符号必须为等号("=")。要在单元格中设置公式,可以直接在单元格或编辑栏中输入等号,并输入公式的表达式。表 5-4 是输入公式及其含义的示例。

表 5-4　输入公式的含义

输入内容	含义
=153 * 32	常量运算,153 乘以 32
=D4 * 8-E5	使用单元格的地址,D4 的值乘以 8 再减去 E5 的值
=SUM(D3:D20)	使用函数,对 D3 ~ D20 单元格的值求和

在输入公式过程中,涉及使用单元格地址时,可以直接通过键盘输入地址值,也可以

直接用鼠标点击这些单元格,将单元格的地址引用到公式中。

在输入完成后,带有公式的单元格将会显示计算结果。由于公式中使用了单元格引用,如果涉及的单元格的值发生变化,计算结果将立即反映在公式所在的单元格中。(如表5-4 例子中,若被引用单元格 B3 的值发生变化,那么引用该单元格的 E3 会马上得到更新的结果)

在输入公式时要注意以下两点:

①在输入公式时,要确保以等号("=")开头,否则 Excel 会将输入的内容视为一般文本而非公式进行处理。

②公式中的运算符号必须是半角符号。

5.3.2 函数

5.3.2.1 函数的说明

在实际工作中,存在许多特殊的运算需求,这些需求无法直接使用公式表达或者使用公式表达会变得非常复杂,为了解决这个问题,Excel 提供了广泛的函数功能,这些函数有助于用户进行复杂和烦琐的计算或处理工作。

表5-5、表5-6、表5-7、表5-8 和表5-9 分别列出了常用数学函数、常用统计函数、常用文本函数、常用日期和时间函数及常用逻辑函数,在表中通过举例简单地说明了函数的功能,例子中涉及的电子表格数据如图5-22 所示。

表5-5 常用数学函数

函数	意义	举例
ABS	返回指定数值的绝对值	ABS(-7)=7
INT	求数值型数据的整数部分	INT(3.3)=3
ROUND	按指定的位数对数值进行四舍五入	ROUND(12.3456,2)=12.35
SIGN	返回指定数值的符号,正数返回1,负数返回-1	SIGN(-6)=-1
PRODUCT	计算所有参数的乘积	PRODUCT(1.8,2)=3.6
SUM	对指定单元格区域中的单元格求和	SUM(E2:G2)=257
SUMIF	按指定条件对若干单元格求和	SUMIF(G2:G10,">=88")=534

表5-6 常用统计函数

函数	意义	举例
AVERAGE	计算参数的算术平均值	AVERAGE(E2:G2)=85.7
COUNT	对指定单元格区域内的数字单元格计数	COUNT(F2:F10)=9
COUNTA	对指定单元格区域内的非空单元格计数	COUNTA(C2:C24)=23
COUNTIF	计算某个区域中满足条件的单元格数目	COUNTIF(G2:G11,"<80")=1

续表 5-6

函数	意义	举例
FREQUENCY	统计一组数据在各个数值区间的分布情况	FREQUENCY(A1:A11,D1:D5)
MAX	对指定单元格区域中的单元格取最大值	MAX(G2:G24)=92
MIN	对指定单元格区域中的单元格取最小值	MIN(G2:G24)=75
RANK.EQ	返回一个数字在数字列表中的排位	RANK.EQ(I2,I2:I24)=6

表 5-7　常用文本函数

函数	意义	举例
LEFT	返回指定字符串左边的指定长度的子字符串	LEFT(D1,2)=性别
LEN	返回文本字符串的字符个数	LEN(D1)=2
MID	从字符串中的指定位置起返回指定长度的子字符串	MID(D1,1,2)=性别
RIGHT	返回指定字符串右边的指定长度的子字符串	RIGHT(A1,3)=2107
TRIM	去除指定字符串的首尾空格	TRIM("Hello")=Hello

表 5-8　常用日期和时间函数

函数	意义	举例
DATE	生成日期	DATE(93,11,23)=1993/11/23
DAY	获取日期的天数	DAY(DATE(93,11,23))=23
MONTH	获取日期的月份	MONTH(DATE(93,11,23))=11
NOW	获取系统当前的日期和时间	NOW()=2023/4/28 18:01
TIME	返回代表指定时间的序列数	TIME(11,23,35)=11:23 AM
TODAY	获取系统当前日期	TODAY()=2023/4/28
YEAR	获取日期的年份	YEAR(DATE(93,11,23))=1993

表 5-9　常用逻辑函数

函数	意义	举例
AND	逻辑与	AND(E2>=70,E2<=85)=TRUE
IF	根据条件真假返回不同结果	IF(E2>=70,"及格","不及格")=及格
NOT	逻辑非	NOT(E2>=70,E2<=85)=FALSE
OR	逻辑或	OR(E2<70,E2>90)=FALSE

班级	学号	姓名	性别	语文	数学	英语	总分	平均分
软件2107	210701	李思思	男	81	86	90	257	85.7
软件2107	210702	王嘉楠	女	89	85	85	259	86.3
软件2107	210703	刘洋洋	男	87	94	75	256	85.3
软件2107	210704	刘海	男	88	86	88	262	87.3
软件2107	210705	兰帅康	男	93	62	90	245	81.7
软件2107	210706	韩帅格	男	91	72	89	252	84.0
软件2107	210707	冯昊	男	88	81	87	256	85.3
软件2107	210708	高洋	男	91	81	89	261	87.0
软件2107	210709	杨明乐	男	75	96	88	259	86.3
软件2107	210710	李嘉欣	女	81	80	83	244	81.3
软件2107	210711	赵昌	男	87	79	89	255	85.0
软件2107	210712	刘书萁	男	61	93	84	238	79.3
软件2107	210713	王海	男	75	82	87	244	81.3
软件2107	210714	杨文奇	男	88	69	87	244	81.3
软件2107	210715	赵雪阳	男	91	91	84	266	88.7
软件2107	210716	张宏恩	男	90	60	89	239	79.7
软件2107	210717	张帅	男	89	66	86	241	80.3

图 5-22 学生成绩单

5.3.2.2 函数的使用

(1)在单元格中输入函数公式　在需要进行计算的单元格中执行函数计算,只需输入“=”,接着输入函数名称和要计算的单元格范围,最后按下【Enter】键即可完成。例如,在如图 5-22 所示的学生成绩单中,要计算 E2:G2 单元格范围数据和(该同学的总分)并将结果放在 H2 单元格中,可在 H2 单元格中输入“=SUM(E2:G2)”,再按【Enter】键即可。

(2)借助函数向导,帮助建立函数运算公式　直接输入函数需要对函数名、函数的使用格式等了解得非常清楚,由于 Excel 的函数非常丰富,因此实际上没必要对所有函数都了解得很清楚。通常,在使用函数时,可以通过鼠标点击“插入函数”按钮或在函数列表框中选择函数来启动函数向导,以辅助建立函数运算公式。具体操作步骤如下:

①选定需要进行计算的单元格。

②通过鼠标点击“公式”选项卡的“函数库”组中的“插入函数”按钮,或直接鼠标点击编辑栏左侧的“插入函数”按钮 f_x ,可以打开名为“插入函数”的对话框,如图 5-23 所示。

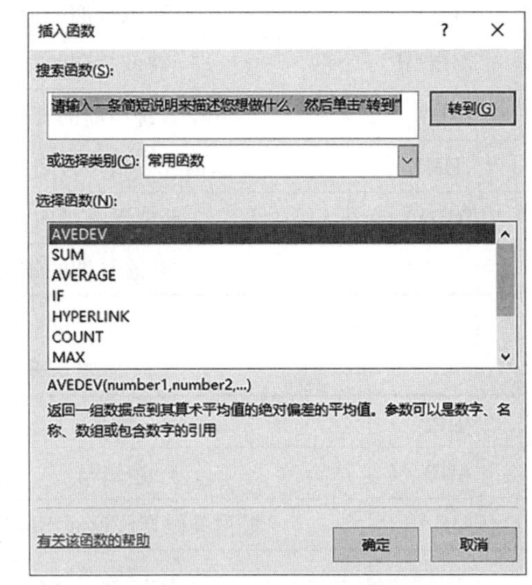

图 5-23 “插入函数”对话框

同时,在单元格中输入“=”并在函数栏中选择适当的函数也是一种方法,如图 5-24 所示。函数栏通常显示最常使用的函数。

③在“或选择类别”下拉列表中选择需要的函数类别,在“选择函数”列表框中选择需要的函数。

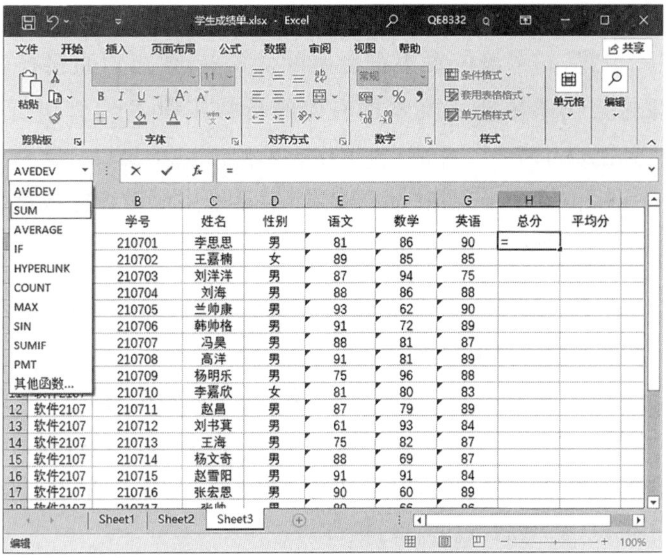

图 5-24　在函数栏中选取函数

④在函数栏中选择所需的函数，或在“插入函数”对话框中从列表中选择一个函数并鼠标点击“确定”按钮。这将打开名为“函数参数”的对话框，如图 5-25(a)所示。在“函数参数”对话框中设置参与计算的单元格的引用位置。最后，鼠标点击“确定”按钮，函数的计算结果将显示在选定的单元格中。

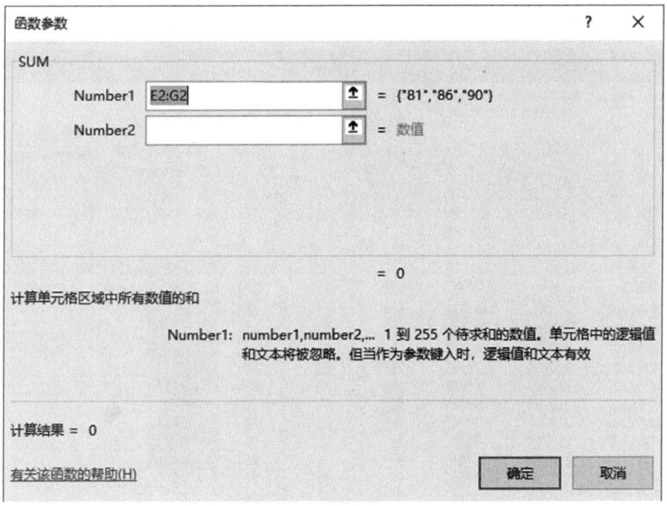

(a)“折叠前的函数参数”对话框

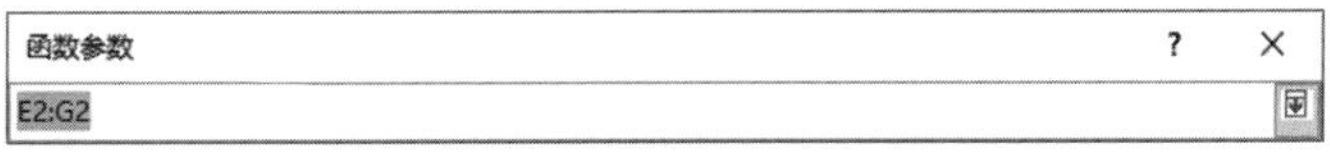

(b)“折叠后的函数参数”对话框

图 5-25　“函数参数”对话框

注意:在弹出的“函数参数”对话框中设置参数时,Excel 一般会根据当前的数据,给出一个单元格引用位置,如果该位置不符合实际计算要求,可以直接在参数框中输入引用位置;或者用鼠标点击参数输入文本框右侧的折叠按钮,弹出折叠后的“函数参数”对话框,如图 5-25(b)所示。此时,在工作表中用鼠标在参与运算的单元格上直接拖动,这些单元格的引用位置会出现在“函数参数”对话框中。设置完成后再鼠标点击折叠按钮或直接按【Enter】键,即可展开“函数参数”对话框。

(3)利用“自动求和”按钮快速求得函数结果,具体操作步骤如下:

①选择包含所需求和数值的行或列。

②在“公式”选项卡的“函数库”组中鼠标点击“自动求和”按钮,此时单元格中显示“=SUM(单元格引用范围)”,其中“单元格引用范围”就是所在行或列中数值项单元格的范围。如果范围无误,直接按【Enter】键即可求出求和结果;如果范围有误,可以用鼠标直接拖动,选取正确范围,然后按【Enter】键即可。

注意:“自动求和”按钮区不仅仅是可以求和,鼠标点击下边的下拉按钮,在打开的下拉列表中还提供了其他常用的函数,选择其中之一,即可求得其他函数的结果。

5.3.2.3 不用公式进行快速计算

如果需要临时计算选中单元格中的数值,并且不想使用某个单元格来存放公式和结果,可以利用 Excel 中的快速计算功能。默认情况下,Excel 可以对选中的数值单元格进行求和,并将结果显示在状态栏中(如图 5-26 所示)。如果需要进行其他计算,可以通过右键鼠标点击状态栏,在弹出的快捷菜单中选择相应的命令。

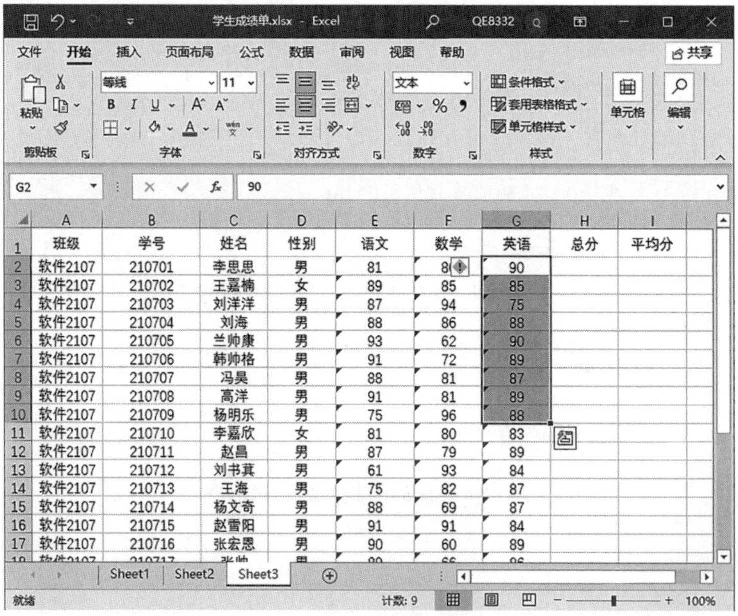

图 5-26 快捷计算

5.3.2.4　函数举例

下面介绍几个常用的函数及其使用方法。

(1)条件函数 IF　条件函数 IF 的语法格式如下：

IF(logical_test,value_if_true,value_if_false)

功能：当 logical_test 表达式的结果为“真”时，value_if_true 的值作为 IF 函数的返回值；否则，value_if_false 的值作为 IF 函数返回值。

说明：logical_test 为条件表达式，其中可使用比较运算符，如>、>=、=或<>等。value_if_true 为条件成立时所取的值，value_if_false 为条件不成立时所取的值。

例如：IF(G2>=60,"及格","不及格")，表示当 G2 单元格的值大于等于 60 时，函数返回值为“及格”，否则为“不及格”。

IF 函数是可以嵌套使用的。例如，在上述“学生成绩单”中根据平均分在 J 列填充等级信息对应关系为：平均分≥90 为优，80≤平均分<90 为良，70≤平均分<80 为中，60≤平均分<70 及格，平均分<60 为不及格。在 J2 单元格中输入如下函数即可：

=IF(I2>=90,"优",IF(I2>=80,"良",IF(I2>=70,"中",IF(I2>=60,"及格","不及格")

然后用鼠标拖动 J2 单元格右下角的填充柄，将此公式复制到该列的其他单元格中。完成后的效果如图 5-27 所示。

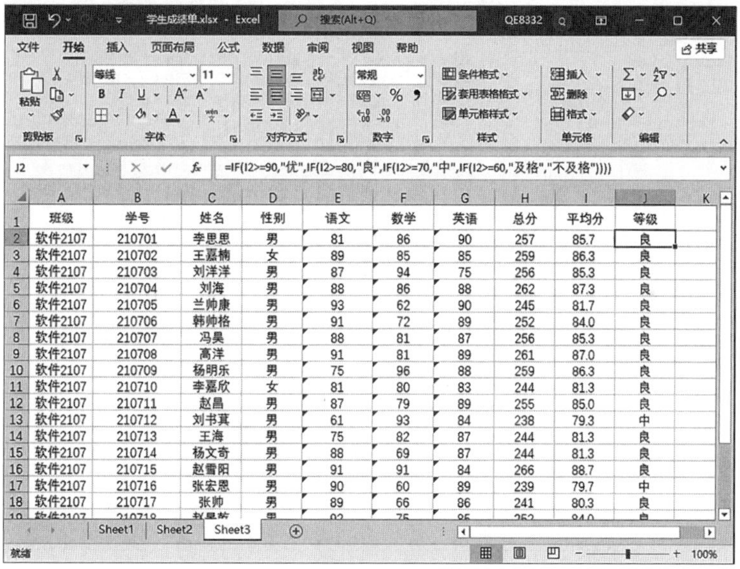
学生成绩单.xlsx - Excel
文件 开始 插入 页面布局 公式 数据 审阅 视图 帮助
=IF(I2>=90,"优",IF(I2>=80,"良",IF(I2>=70,"中",IF(I2>=60,"及格","不及格"))))
班级 学号 姓名 性别 语文 数学 英语 总分 平均分 等级
软件2107 210701 李思思 男 81 86 90 257 85.7 良
软件2107 210702 王嘉楠 女 89 85 85 259 86.3 良
软件2107 210703 刘洋洋 男 87 94 75 256 85.3 良
软件2107 210704 刘海 男 88 86 88 262 87.3 良
软件2107 210705 兰帅康 男 93 62 90 245 81.7 良
软件2107 210706 韩帅格 男 91 72 89 252 84.0 良
软件2107 210707 冯昊 男 88 81 87 256 85.3 良
软件2107 210708 高洋 男 91 81 89 261 87.0 良
软件2107 210709 杨明乐 男 75 96 88 259 86.3 良
软件2107 210710 李嘉欣 女 81 80 83 244 81.3 良
软件2107 210711 赵昌 男 87 79 89 255 85.0 良
软件2107 210712 刘书真 男 61 93 84 238 79.3 中
软件2107 210713 王海 男 75 82 87 244 81.3 良
软件2107 210714 杨文奇 男 88 69 87 244 81.3 良
软件2107 210715 赵雪阳 男 91 91 84 266 88.7 良
软件2107 210716 张宏恩 男 90 60 89 239 79.7 中
软件2107 210717 张帅 男 89 66 86 241 80.3 良
Sheet1 Sheet2 Sheet3
图 5-27　使用 IF 函数后的显示结果

(2)条件计数函数 COUNTIF　该函数的语法格式如下：

COUNTIF(range,criteria)

功能：返回 range 表示的区域中满足条件 criteria 的单元格的个数。

说明：range 为单元格区域，在此区域中进行条件测试。criteria 为用双引号括起来的比较条件表达式，也可以是一个数值常量或单元格地址。例如，条件可以表示为“软件2107”、80、“>90”、“80”或 E3 等。

例如,在“学生成绩单”中统计成绩等级为“中”的学生人数,可使用如下公式:

=COUNTIF(J2:J24,"中")

若要统计计算机成绩≥80 的学生人数,可使用如下公式表示:

=COUNTIF(G2:G24,">=80")

(3)频率分布统计函数 FREQUENCY　该函数的语法格式如下:

FREQUENCY(data_array,bins_array)

功能:计算一组数据在各个数值区间的分布情况。

说明:data_array 为要统计的数据(数组);bins_array 为统计的间距数据(数组)。若 bins_array 指定的参数为 $A_1, A_2, A_3, \cdots, A_n$,则其统计的区间 $X \leqslant A_1, A_1 < X \leqslant A_2, \cdots, A_{n-1} < X \leqslant A_n, X > A_n$,共 $n+1$ 个区间。

例如,若要在“学生成绩单”中统计成绩≤59,59<成绩≤69,69<成绩≤79,79<成绩≤89,成绩>89 的学生人数,具体步骤操作如下:

①在一个空白区域(如 F27:F31)输入区间分割数据(59,69,79,89)。

②选择作为统计结果的数组输出区域,如 G27:G32。

③输入函数“=FREQUENCY(G2:G24,F27:F30)”。

④按【Ctrl+Shift+Enter】组合键,执行后的结果如图 5-28 所示。

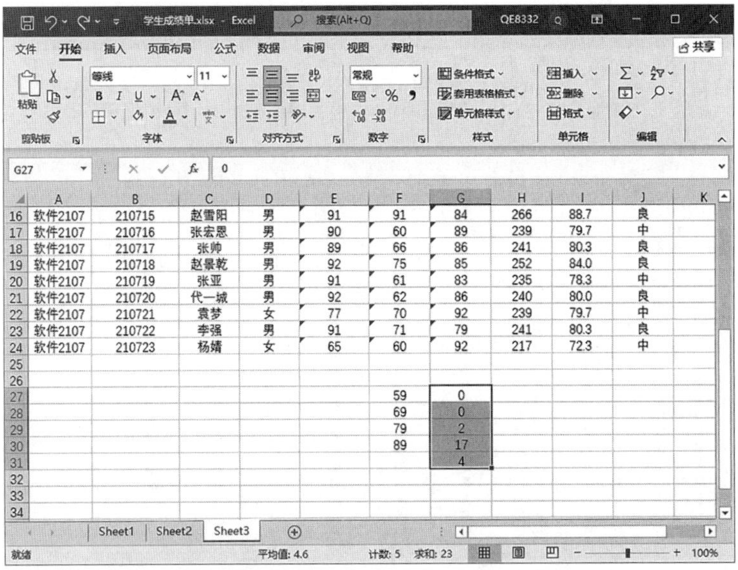

图 5-28　使用 FREQUENCY 函数后的显示结果

注意:在 Excel 中输入一般的公式或函数后,通常按【Enter】键确认。然而,对于包含数组参数的公式或函数(如 FREQUENCY 函数),必须使用组合键【Ctrl+Shift+Enter】来确认。

(4)统计排位函数 RANK. EQ　该函数的语法格式如下:

RANK. EQ(number,ref,[order])

功能:返回一个数字在数字列表中的排位。

说明:number 表示待确定排位的数字,ref 表示对数字列表的引用,而 order 则用于指定排位方式。若 order 的取值为 0 或者未给定,则数字的排位将基于按降序排列的 ref 列表;若 order 的取值不为零,则数字的排位将基于按升序排列的 ref 列表。

例如,若要对学生成绩单按照平均分进行排名,具体操作步骤如下:

①在 K2 单元格输入函数“=RANK. EQ(I2, $I $2: $I $24,0)”,按【Enter】键后,该单元格显示“6”。

②选中 K2 单元格,用鼠标拖动 K2 单元格右下角的填充柄,即可将 K2 单元格的函数复制到对应的其他单元格,填充后的效果如图 5-29 所示。

K2　=RANK.EQ(I2,$I$2:$I$24,0)

	A	B	C	D	E	F	G	H	I	J	K
1	班级	学号	姓名	性别	语文	数学	英语	总分	平均分	等级	排名
2	软件2107	210701	李思思	男	81	86	90	257	85.7	良	6
3	软件2107	210702	王嘉楠	女	89	85	85	259	86.3	良	4
4	软件2107	210703	刘洋洋	男	87	94	75	256	85.3	良	7
5	软件2107	210704	刘海	男	88	86	88	262	87.3	良	2
6	软件2107	210705	兰帅康	男	93	62	90	245	81.7	良	12
7	软件2107	210706	韩帅格	男	91	72	89	252	84.0	良	10
8	软件2107	210707	冯昊	男	88	81	87	256	85.3	良	7
9	软件2107	210708	高洋	男	91	81	89	261	87.0	良	3
10	软件2107	210709	杨明乐	男	75	96	88	259	86.3	良	4
11	软件2107	210710	李嘉欣	女	81	80	83	244	81.3	良	13
12	软件2107	210711	赵昌	男	87	79	89	255	85.0	良	9
13	软件2107	210712	刘书冀	男	61	93	84	238	79.3	中	21
14	软件2107	210713	王海	男	75	82	87	244	81.3	良	13
15	软件2107	210714	杨文奇	男	88	69	87	244	81.3	良	13
16	软件2107	210715	赵雪阳	男	91	91	84	266	88.7	良	1
17	软件2107	210716	张宏恩	男	90	60	89	239	79.7	中	19
18	软件2107	210717	张帅	男	89	66	86	241	80.3	良	16
19	软件2107	210718	赵景乾	男	92	75	85	252	84.0	良	10
20	软件2107	210719	张亚	男	91	61	83	235	78.3	中	22
21	软件2107	210720	代一城	男	92	62	86	240	80.0	良	18

图 5-29　使用 RANK. EQ 函数后的显示效果

注意:在本例中排名是基于平均分列为降序排列的,因此排名第一的是平均分最高的学生。另外,在引用数字列表时,需使用绝对引用。例如,本例中对 I 列中平均分数据的引用,应使用“I2, $I $2: $I $24”。此外,若平均分相同,则排名相同,如 K11、K14、K15 单元格显示的排名均为 13,因此没有排名为 14、15 的数字,下一个排名显示的数字为 16。

5.4　数据图表

图表是一种以图形方式呈现工作表数据的方法,相较于工作表本身,图表具有更好的视觉效果,能够帮助用户更方便地观察数据的差异、模式和趋势。下面是 Excel 提供的不同类型的图表。

①柱形图:用于一个或多个数据值的比较。

②条形图:实际上是将柱形图进行了翻转。

③折线图:表示一种趋势,在某一段时间内的相关值。

④饼图:着重整体与部分间的相对大小关系,没有 x、y 轴。

⑤XY 散点图:一般用于科学计算。

⑤面积图:表示在某一段时间内的累计变化。

5.4.1 创建图表

5.4.1.1 图表结构

图表是由多个基本图素组成的,如图 5-30 所示为一个学生成绩的图表。

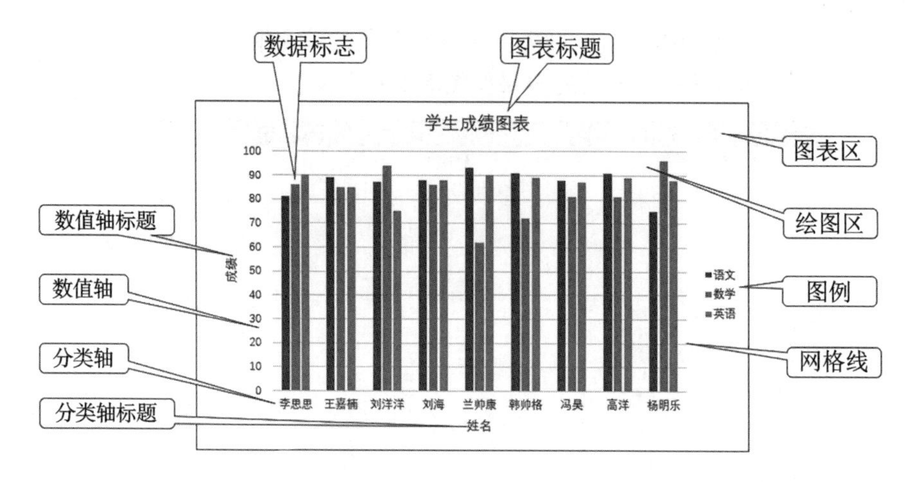

图 5-30 学生成绩图表

5.4.1.2 创建图表

下面以图 5-31 中的“学生成绩表. xlsx”工作表 Sheet2 中的数据为数据源来创建图表。具体操作步骤如下。

	A	B	C	D
1	姓名	语文	数学	英语
2	李思思	81	86	90
3	王嘉楠	89	85	85
4	刘洋洋	87	94	75
5	刘海	88	86	88
6	兰帅康	93	62	90
7	韩帅格	91	72	89
8	冯昊	88	81	87
9	高洋	91	81	89
10	杨明乐	75	96	88

图 5-31 学生成绩表数据源

(1)选择用于创建图表的数据区域 本例中用于创建图表的是“姓名”列与“语文”“数学”“英语”3 科成绩。

(2)选择图表类型 要插入图表,首先需要在“插入”选项卡的“图表”组中选择所需的图表类型。在打开的下拉列表中,可以选择所需的图表子类型。如果想查看所有可用的图表类型，可以鼠标点击“图表”右下角的按钮，这将弹出一个名为“插入图表”的对话框（如图 5-32 所示）。通过在左侧窗格中选择图表类型，然后在右侧窗格中选择相应的图表子类型，最后鼠标点击“确定”按钮来确认选择。需要注意的是，当鼠标停留在某种图表类型或子类型上时，屏幕上会显示该图表类型的名称。

本例中鼠标点击“图表”组中的“柱形图”按钮，在其下拉列表中“二维柱形图”下选择“簇状柱形图”，此时则在工作表中插入了一个图表，如图 5-33 所示。

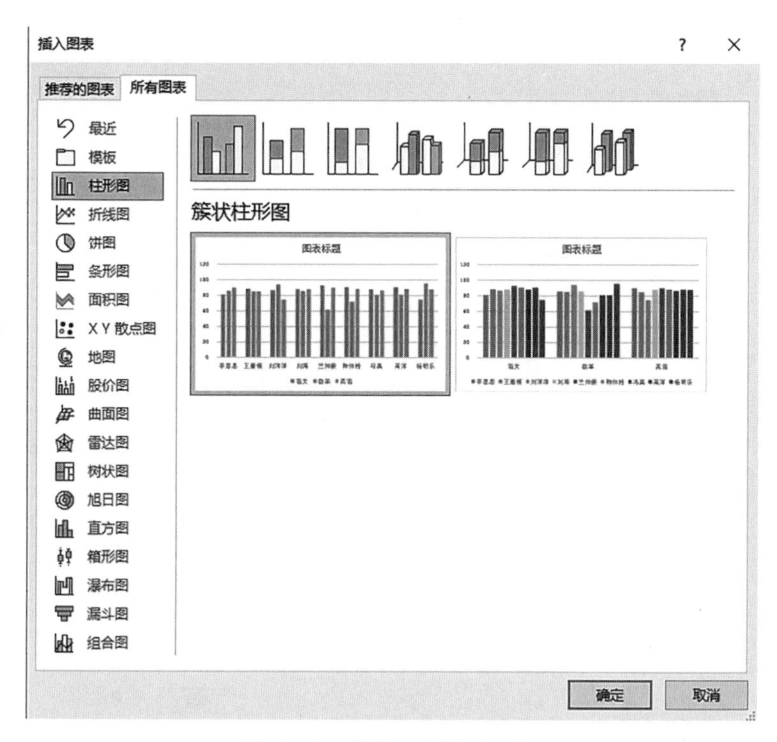

图 5-32　“插入图表”对话框

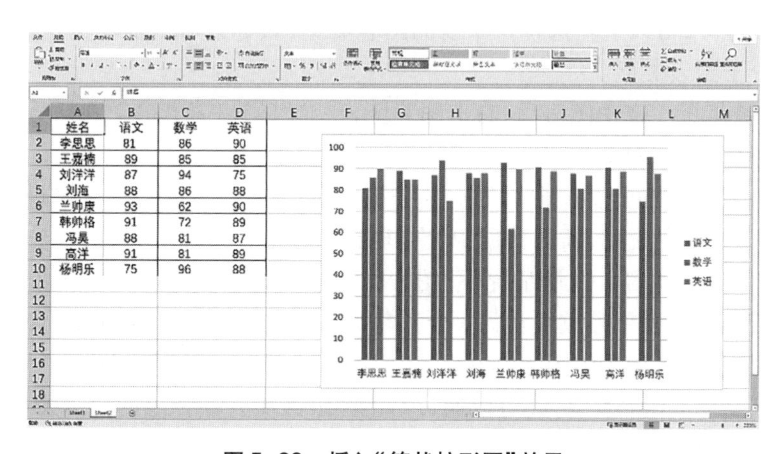

姓名	语文	数学	英语
李思思	81	86	90
王嘉楠	89	85	85
刘洋洋	87	94	75
刘海	88	86	88
兰帅康	93	62	90
韩帅格	91	72	89
冯昊	88	81	87
高洋	91	81	89
杨明乐	75	96	88

图 5-33　插入“簇状柱形图”效果

5.4.2 图表的编辑与格式化

5.4.2.1 图表的编辑

编辑图表包括更改图表类型、数据源、图表的位置等。

(1)更改图表类型　要更改图表类型,可以选中图表并进入“图表工具”中的“设计”选项卡,在“类型”组中选择“更改图表类型”命令按钮。打开一个名为“更改图表类型”的对话框(图 5-34)。

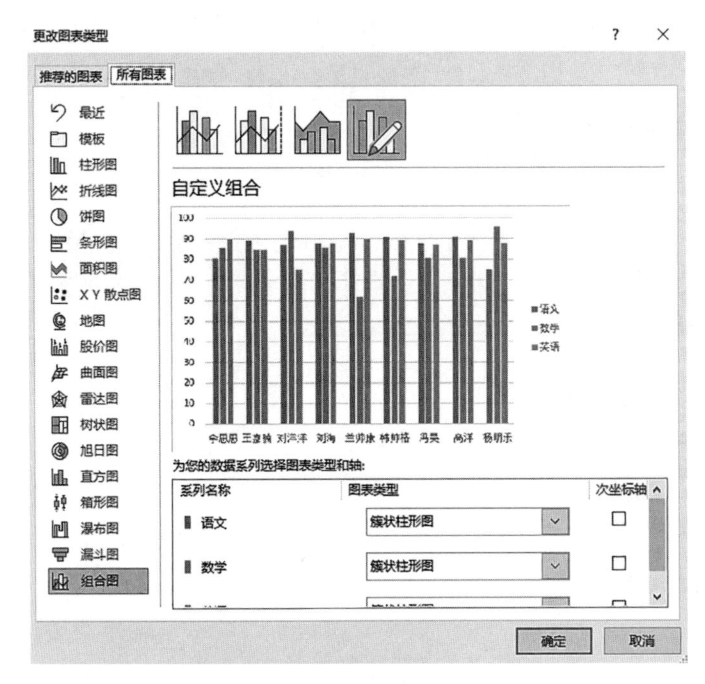

图 5-34 “更改图表类型”对话框

在该对话框中,可以重新选择一个新的图表类型,或者针对当前已选定的图表类型,重新选择一个子图表类型。

(2)更改数据源　选中图表后,右击图表区,在弹出的快捷菜单中选择“选择数据”命令,打开“选择数据源”对话框,如图 5-35 所示。

鼠标点击“图表数据区域”框后的折叠按钮,可回到工作表的数据区域进行重新选择数据源的操作,更改完成后,新的数据源会体现到图表中。

(3)更改图表的位置　默认情况下,图表作为嵌入式图表与其数据源出现在同一个工作表中。若想将图表单独放置在另一个工作表中,需要进行位置调整的操作。

要移动图表,可以先选中图表并进入“图表工具”的“设计”选项卡,在“位置”组中选择“移动图表”命令按钮。另外,还可以通过右击图表区域并在弹出的快捷菜单中选择“移动图表”命令来实现。这两种方法都会弹出一个名为“移动图表”的对话框(图 5-36)。

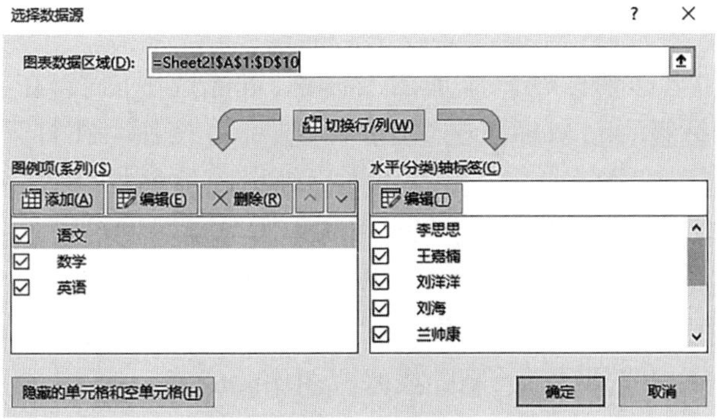

选择数据源
图表数据区域(D):
=Sheet2!$A$1:$D$10
切换行/列(W)
图例项(系列)(S)
添加(A)
编辑(E)
删除(R)
语文
数学
英语
水平(分类)轴标签(C)
编辑(T)
李思思
王嘉楠
刘洋洋
刘海
兰帅康
隐藏的单元格和空单元格(H)
确定
取消

图 5-35　“选择数据源”对话框

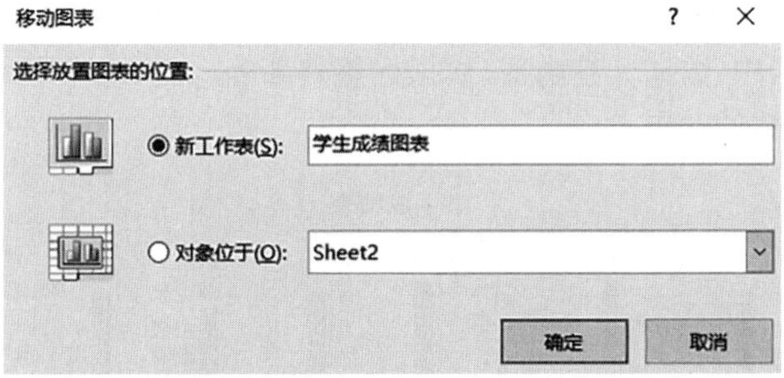

移动图表
选择放置图表的位置:
新工作表(S):
学生成绩图表
对象位于(O):
Sheet2
确定
取消

图 5-36　“移动图表”对话框

在该对话框中，选择“新工作表”单选按钮，并在相应的文本框中输入图表工作表的名称，最后鼠标点击“确定”按钮。在完成这些操作后，效果如图 5-37 所示。

学生成绩表
成绩
姓名
李思思
王嘉楠
刘洋洋
刘海
兰帅康
韩帅格
冯昊
高洋
杨明乐
语文
数学
英语

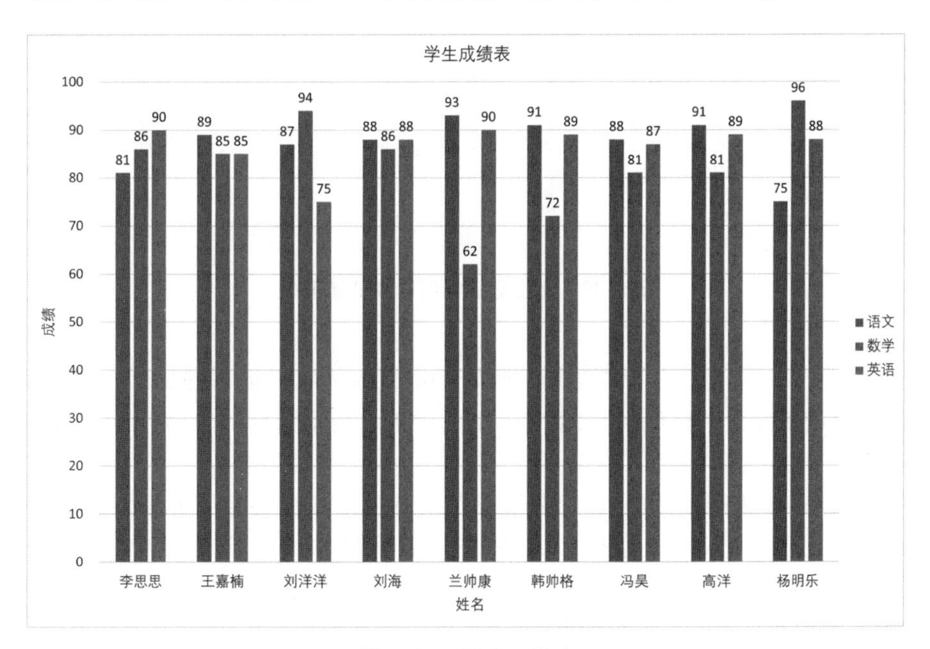

图 5-37　图表工作表

5.4.2.2 图表的布局

(1)图表标题和坐标轴标题　添加图表标题,首先选中图表,在“图表工具”的“布局”选项卡中找到“标签”组,鼠标点击“图表标题”命令按钮。在打开的下拉列表中,可选择“居中覆盖标题”或“图表上方”。对于坐标轴标题的添加,则需要选中图表,在“图表工具”的“布局”选项卡中找到“标签”组,鼠标点击“坐标轴标题”命令按钮。在其下拉列表中,分别对“主要横坐标标题”和“主要纵坐标标题”进行设置。

(2)图例　选中图表,在“图表工具”的“布局”选项卡下选择“标签”组中的“图例”按钮,在其下拉列表中可选择添加、删除或修改图例的位置。

(3)数据标签和模拟运算表　为了更加清晰地表示图表中各个数据系列的数据值,可考虑为图表添加数据标签。操作方法为选中图表,在“图表工具”的“布局”选项卡中找到“标签”组中的“数据标签”按钮。通过该按钮打开的下拉列表,可以选择数据标签显示的位置,例如居中、数据标签内部、数据标签外部等。图 5-38 展示了将数据标签添加在数据系列上方后的效果。

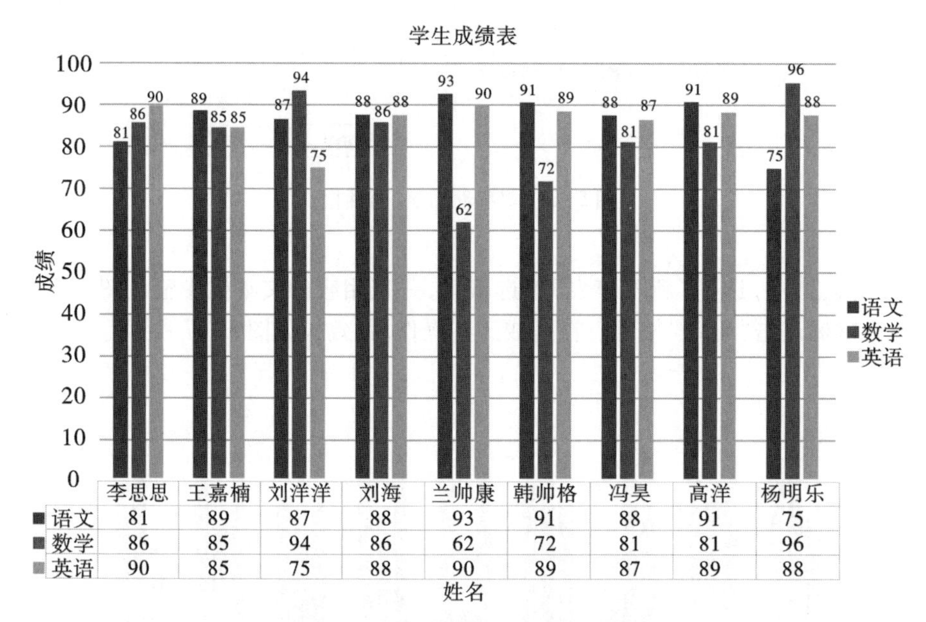

	李思思	王嘉楠	刘洋洋	刘海	兰帅康	韩帅格	冯昊	高洋	杨明乐
语文	81	89	87	88	93	91	88	91	75
数学	86	85	94	86	62	72	81	81	96
英语	90	85	75	88	90	89	87	89	88

图 5-38　添加数据标签和模拟运算表

选中图表,在“图表工具”的“布局”选项卡中找到“标签”组,并鼠标点击“模拟运算表”按钮。通过该按钮,可以在图表下方添加一个包含完整数据的表格,与工作表的数据形式相似。

(4)坐标轴与网格线　坐标轴和网格线是用于度量数据的参照框架,它们绘制在图表区域内。要进行设置,首先选中图表,在“图表工具”的“布局”选项卡中找到“坐标轴”组,并鼠标点击“坐标轴”按钮。通过该按钮打开的下拉列表,可以进行坐标轴的布局和格式设置。同样地,鼠标点击“网格线”按钮,可以在下拉列表中选择是否显示或取消显示网格线。

5.4.2.3　图表格式的设置

选中图表，鼠标点击“图表工具”的“格式”选项卡，在“当前所选内容”功能组中，鼠标点击“图表元素”的下拉列表框，然后选择要进行格式设置的图表元素，接下来，鼠标点击“设置所选内容格式”按钮，将弹出“设置坐标轴格式”对话框，如图 5-39 所示。

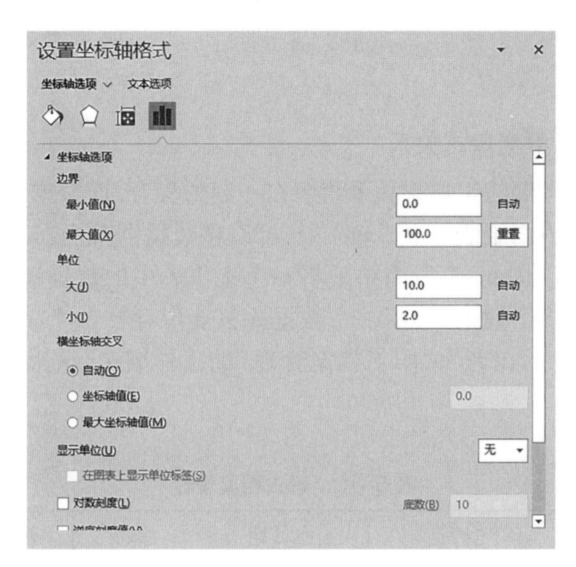

图 5-39　“设置坐标轴格式”对话框

此外，还可以通过鼠标右键点击某一图表元素，例如绘图区，在弹出的快捷菜单中选择“设置绘图区格式”命令，或者双击绘图区，都会打开“设置绘图区格式”对话框，如图 5-40 所示。

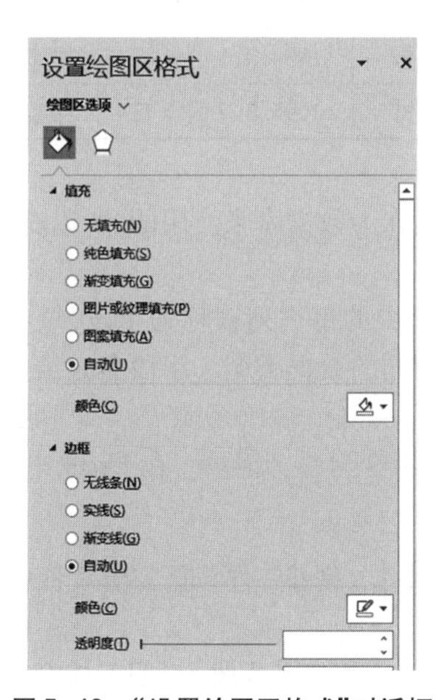

图 5-40　“设置绘图区格式”对话框

5.5 数据管理

Excel 具备出色的数据管理功能。在 Excel 中,可以将数据清单看作数据库表,并通过对表进行组织和管理,完成排序、筛选、汇总以及统计等数据操作。

5.5.1 数据清单

5.5.1.1 数据清单与数据库的关系

数据库是将数据按照特定层次关系组织在一起的集合,而数据清单则通过定义行和列的结构将数据组织成二维表。在 Excel 中,可以将数据清单当作一个关系型数据库来使用,如表 5-10 所示。因此,可以简单地将一个工作表中的数据清单视为一个数据库。一个工作簿可以存放多个数据库,而一个数据库只能保存在一个工作表中。例如,可以将表 5-10 中的数据存储在名为“职工档案管理”的工作表中,该工作表位于名为“zggz.xlsx”的工作簿中。

表 5-10 职工档案管理

姓名	出生日期	性别	工作日期	籍贯	职称	工资	奖金
袁梦	1968 年 12 月 9 日	女	1984 年 1 月 6 日	天津市	教授	686.71	300
李强	1960 年 9 月 1 日	男	1994 年 6 月 15 日	唐山市	教授	830.65	300
杨婧	1965 年 6 月 19 日	女	1978 年 2 月 8 日	唐山市	教授	956.49	300
张帅	1966 年 11 月 5 日	男	1984 年 1 月 2 日	承德市	副教授	599.96	200
赵景	1967 年 1 月 6 日	男	1990 年 3 月 15 日	天津市	副教授	618.49	200
张亚	1971 年 11 月 6 日	男	1994 年 1 月 4 日	唐山市	讲师	400.29	150
代一	1966 年 6 月 8 日	男	1995 年 7 月 1 日	保定市	讲师	460.24	120

由于对数据清单的操作是作为数据库来使用的,所以有必要简单了解一些数据库中的名词术语。

(1)字段、字段名　数据库中的每一列被称为字段,每个字段对应着相应的字段值,并且同一列中的字段值具有相同的数据类型。字段名是给字段起的标识名称,也就是列标志。

(2)记录　字段值的一个组合为一个记录。在 Excel 中,一个记录存放在同一行中。

5.5.1.2 创建数据清单

下面根据表 5-10 所示的数据,创建一个“职工档案管理”数据清单。具体操作步骤如下:

①打开一个空白工作表,将工作表名称改为“职工档案管理”。

②在工作表的第一行中输入字段名“姓名”“出生日期”“性别”等。至此就建立好了

数据库的结构，下面即可输入数据库记录。记录的输入方法有以下两种：直接在单元格中输入数据，这种方法与单元格输入数据的方法相同；通过记录单输入数据。

默认情况下，“记录单”命令按钮不显示在功能区中，可将其添加到“快速访问工具栏”中以方便使用。具体操作步骤如下：

①鼠标点击“快速访问工具栏”右侧的“自定义快速访问工具栏”下拉按钮，从中选择“其他命令”，弹出“Excel 选项”对话框，如图 5-41 所示。

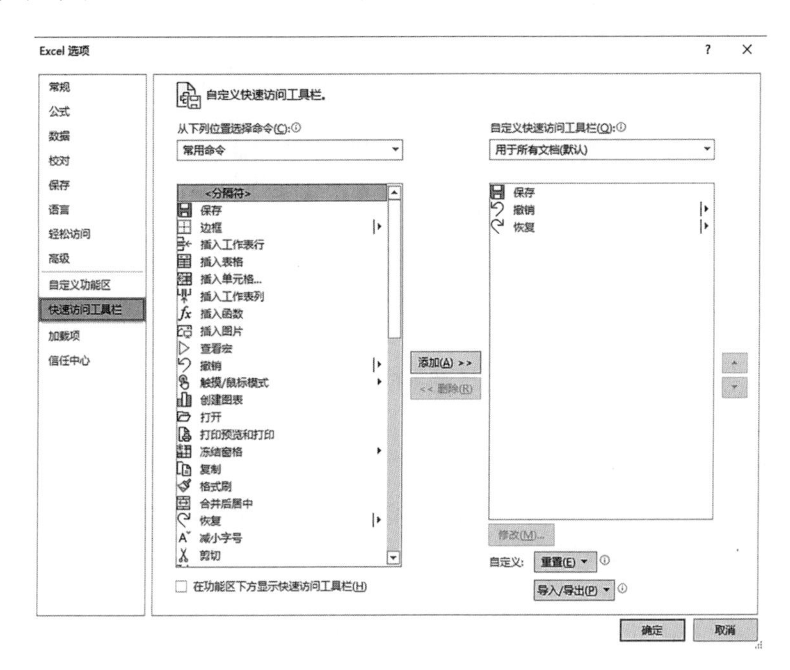

图 5-41　“Excel 选项”对话框

②在“Excel 选项”对话框的左侧窗格中定位到“快速访问工具栏”选项。在“从下列位置选择命令”下拉列表中选择“所有命令”。接着，在打开的下拉列表中找到“记录单”命令。鼠标点击“添加”按钮，然后再鼠标点击“确定”按钮，即可将“记录单”命令添加到“快速访问工具栏”中。

使用记录单添加输入数据的具体操作步骤如下：

①鼠标点击“快速访问工具栏”中的“记录单”命令，打开如图 5-42 所示的“职工档案管理”记录单。

②用鼠标点击第一个字段名旁边的文本框，输入相应的字段值；按【Tab】键或鼠标点击下一字段名旁边的文本框，使光标移到下一字段名对应的文本框中，输入字段值，直到一条记录输入完毕。

图 5-42 “职工档案管理”记录单

③按【Enter】键,准备输入下一条记录。

④重复步骤②和步骤③的操作,直到数据所有记录输入完毕,最后形成如图 5-43 所示的“职工档案管理”数据清单。

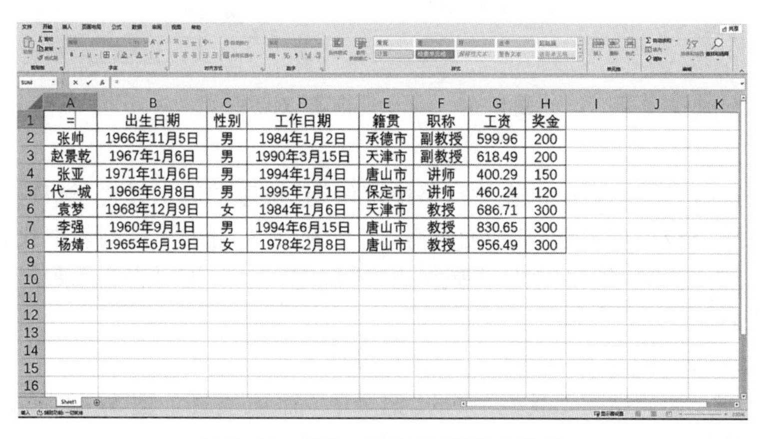

	A	B	C	D	E	F	G	H	I	J	K
1	=	出生日期	性别	工作日期	籍贯	职称	工资	奖金			
2	张帅	1966年11月5日	男	1984年1月2日	承德市	副教授	599.96	200			
3	赵景乾	1967年1月6日	男	1990年3月15日	天津市	副教授	618.49	200			
4	张亚	1971年11月6日	男	1994年1月4日	唐山市	讲师	400.29	150			
5	代一城	1966年6月8日	男	1995年7月1日	保定市	讲师	460.24	120			
6	袁梦	1968年12月9日	女	1984年1月6日	天津市	教授	686.71	300			
7	李强	1960年9月1日	男	1994年6月15日	唐山市	教授	830.65	300			
8	杨婧	1965年6月19日	女	1978年2月8日	唐山市	教授	956.49	300			
9											
10											
11											
12											
13											
14											
15											
16											

图 5-43 “职工档案管理”数据清单

5.5.1.3 数据清单的编辑

数据清单建立后,可继续对其进行编辑,包括对数据库结构的编辑(增加或删除字段)和数据库记录的编辑(修改、增加与删除等操作)。

数据库结构的编辑可通过插入列、删除列的方法实现;而编辑数据库记录可直接在数据清单中编辑相应的单元格,也可通过记录单对话框完成对记录的编辑。

5.5.2　数据排序

在数据清单中，可根据字段内容按升序或降序对记录进行排序，通过排序，可以使数据进行有序的排列，便于管理。对于数字的排序可以使其按大小顺序排列；对于英文文本项的排序可以使其按字母先后顺序排列；而对于汉字文本的排序，其主要的目的是使相同的项目排列在一起。

5.5.2.1　单字段排序

鼠标点击“数据”选项卡下“排序和筛选”组中的“升序”按钮或“降序”按钮，即可实现按该字段内容进行的排序操作。

5.5.2.2　多字段排序

如果要对多个字段排序，则应使用“排序”对话框来完成。在“排序”对话框中首先选择“主要关键字”，指定排序依据和次序，如图 5-44(a)所示。然后鼠标点击“添加条件”按钮，此时在“列”下则增加了“次要关键字”及其排序依据和次序，如图 5-44(b)所示，可根据需要依次进行选择。

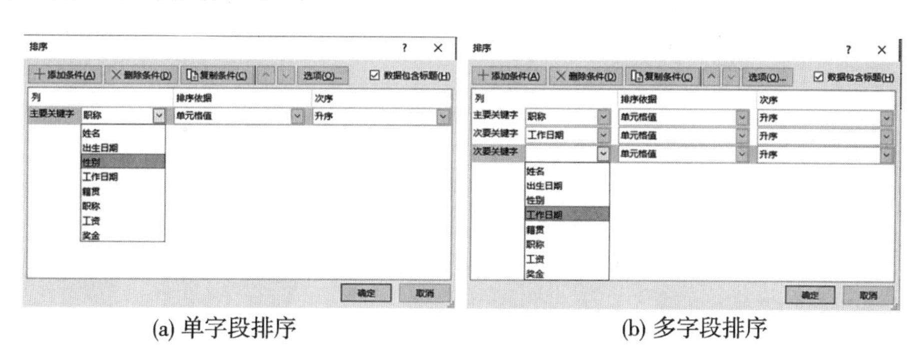

(a) 单字段排序　　(b) 多字段排序

图 5-44　“排序”对话框

在图 5-44 所示的“排序”对话框中鼠标点击“选项”按钮，可打开“排序选项”对话框，如图 5-45 所示。

在该对话框中，还可设置区分大小写，按行、列排序，按字母、笔画排序等选项。

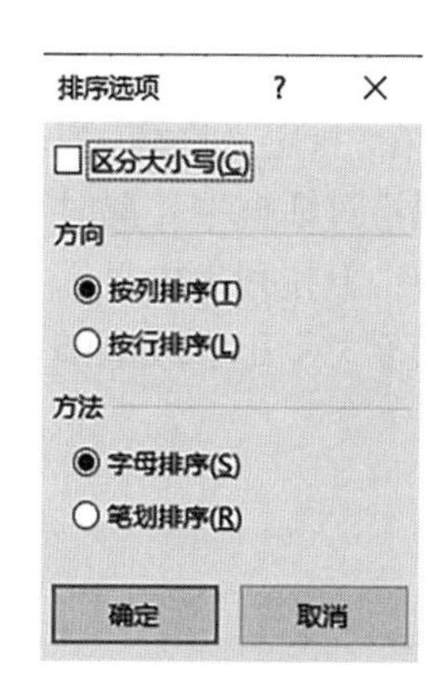

图 5-45　“排序选项”对话框

5.5.2.3　自定义排序

在实际的应用中，有时需要按照特定的顺序排列数据清单中的数据，特别是在对一些汉字信息排列时，就会有这样的要求。例如，对图 5-43 所示数据清单的职称列进行降序排序时，Excel 给出的排序顺序是“教授，讲师，副教授”，如果用户需要按照“教授，副教授，讲师”的顺序排列，这时就要用到自定义排序功能了。

(1)按列自定义排序　具体操作步骤如下：

①打开如图 5-43 所示的“职工档案管理”工作表，

并将光标置于数据清单的一个单元格。

②选择“文件”选项卡下的“选项”命令,在打开的“Excel 选项”对话框的左侧窗格选择“高级”,在右侧窗格中鼠标点击“常规”组中的“编辑自定义列表”按钮,打开“自定义序列”对话框,如图 5-46 所示。在“自定义序列”中选择“新序列”,在“输入序列”中输入自定义的序列“教授”“副教授”“讲师”。输入的每个序列之间要用英文逗号隔开,或者每输入一个序列就按一次【Enter】键。

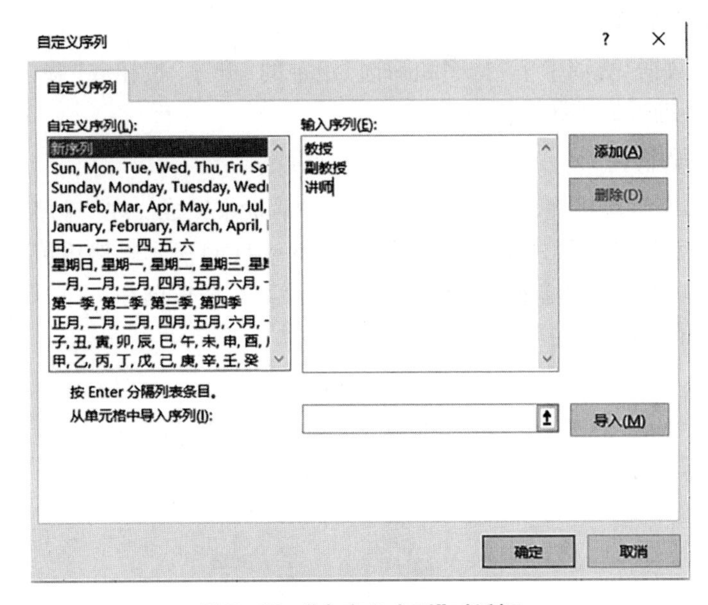

图 5-46 “自定义序列”对话框

③鼠标点击“添加”按钮,则该序列会被添加到“自定义序列”列表框中,鼠标点击“确定”按钮,返回到“Excel 选项”对话框,鼠标再次点击“确定”按钮,可返回到工作表中。

④鼠标点击“数据”选项卡下“排序和筛选”组中的“排序”命令按钮,在打开的“排序”对话框中鼠标点击“次序”下拉列表框按钮,从中选择“自定义序列”,打开“自定义序列”对话框。

⑤在“自定义序列”列表框中选择刚刚添加的排序序列,鼠标点击“确定”按钮,返回到“排序”对话框中。此时,在“次序”下拉列表中则显示为“教授,副教授,讲师”,同时,在“次序”下拉列表中显示了“教授,副教授,讲师”和“讲师,副教授,教授”两个选项,分别表示降序和升序,如图 5-47 所示。

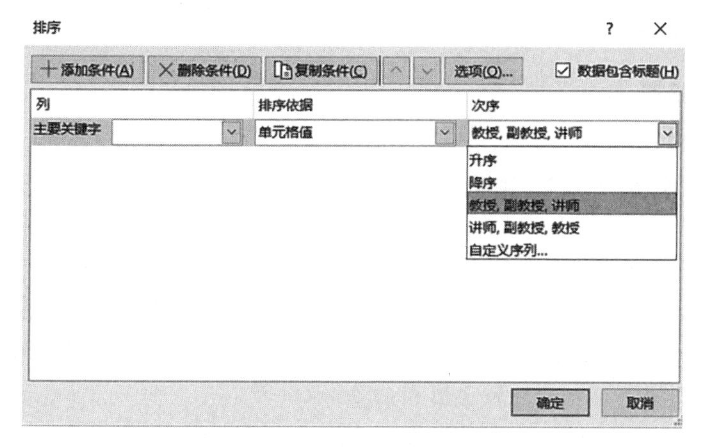

图 5-47　“排序”对话框

⑥选择“教授,副教授,讲师”,鼠标点击“确定”按钮,记录就按照自定义的排序次序进行排列,如图 5-48 所示。

	A	B	C	D	E	F	G	H
1	姓名	出生日期	性别	工作日期	籍贯	职称	工资	奖金
2	袁梦	1968年12月9日	女	1984年1月6日	天津市	教授	686.71	300
3	李强	1960年9月1日	男	1994年6月15日	唐山市	教授	830.65	300
4	杨婧	1965年6月19日	女	1978年2月8日	唐山市	教授	956.49	300
5	张帅	1966年11月5日	男	1984年1月2日	承德市	副教授	599.96	200
6	赵景乾	1967年1月6日	男	1990年3月15日	天津市	副教授	618.49	200
7	张亚	1971年11月6日	男	1994年1月4日	唐山市	讲师	400.29	150
8	代一城	1966年6月8日	男	1995年7月1日	保定市	讲师	460.24	120

图 5-48　按列自定义排序的结果

(2)按行自定义排序　按行自定义排序的操作过程和按列自定义排序的操作过程基本相同。在图 5-45 所示的“排序选项”对话框的“方向”选项组中选中“按行排序”单选按钮即可。

5.5.3 数据筛选

5.5.3.1 自动筛选

(1)筛选方法

①选择“数据”选项卡下“排序和筛选”组中的“筛选”命令，则在各字段名的右侧增加了下拉按钮。

②鼠标点击某字段名右侧的下拉按钮，如工资字段，则显示有关该字段的下拉列表，如图5-49(a)所示。在该列表的底部列出了当前字段所有的数据值，可先清除“(全选)”复选框，再选择筛选的数据值。鼠标点击“数字筛选”命令，可打开其级联菜单，如图5-49(b)所示，其中列出了一些比较运算符命令。

③使用基于另一列中数值的附加条件，则在另一列中重复步骤②。

(2)自动筛选的清除　执行完自动筛选后，不满足条件的记录将被隐藏，若希望将所有记录重新显示出来，可通过对筛选列的清除来实现。

5.5.3.2 高级筛选

(1)单一条件　在输入条件时，首先要输入条件涉及的字段的字段名，然后将该字段的条件写到字段名下面的单元格中，如图5-50所示为单一条件的例子，其中，图5-50(a)表示的是“职称为教授”的条件，图5-50(b)表示的是“工资大于600”的条件。

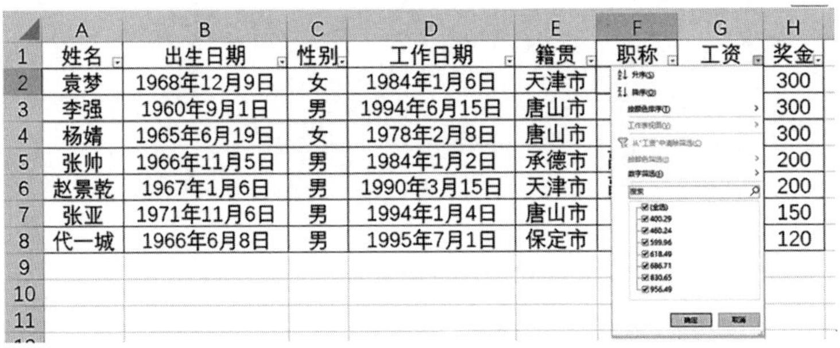

	A	B	C	D	E	F	G	H
1	姓名	出生日期	性别	工作日期	籍贯	职称	工资	奖金
2	袁梦	1968年12月9日	女	1984年1月6日	天津市			300
3	李强	1960年9月1日	男	1994年6月15日	唐山市			300
4	杨婧	1965年6月19日	女	1978年2月8日	唐山市			300
5	张帅	1966年11月5日	男	1984年1月2日	承德市			200
6	赵景乾	1967年1月6日	男	1990年3月15日	天津市			200
7	张亚	1971年11月6日	男	1994年1月4日	唐山市			150
8	代一城	1966年6月8日	男	1995年7月1日	保定市			120

(a)

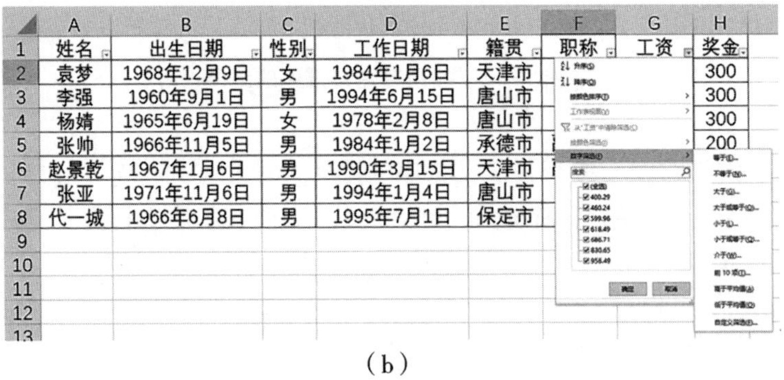

	A	B	C	D	E	F	G	H
1	姓名	出生日期	性别	工作日期	籍贯	职称	工资	奖金
2	袁梦	1968年12月9日	女	1984年1月6日	天津市			300
3	李强	1960年9月1日	男	1994年6月15日	唐山市			300
4	杨婧	1965年6月19日	女	1978年2月8日	唐山市			300
5	张帅	1966年11月5日	男	1984年1月2日	承德市			200
6	赵景乾	1967年1月6日	男	1990年3月15日	天津市			
7	张亚	1971年11月6日	男	1994年1月4日	唐山市			
8	代一城	1966年6月8日	男	1995年7月1日	保定市			

(b)

图5-49　选择“自动筛选”命令

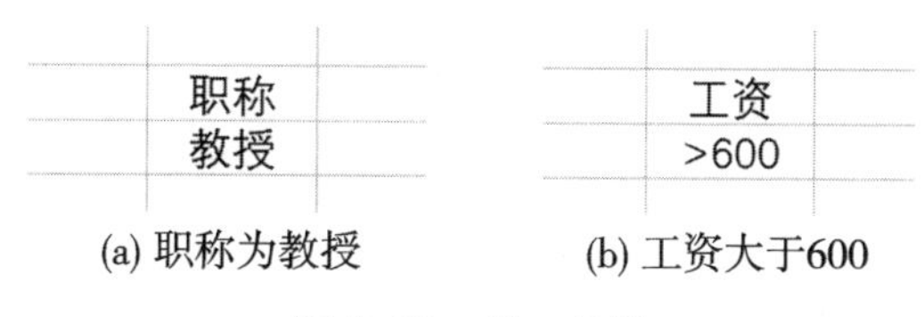

职称
教授

(a) 职称为教授

工资
>600

(b) 工资大于600

图 5–50　单一条件

（2）复合条件　Excel 在表示复合条件时，遵循这样的原则，在同一行表示的条件为“与”关系，在不同行表示的条件为“或”关系，如图 5–51 所示为复合条件的例子，其中各图对应的条件如下。

图 5–51（a）表示“职称是讲师、性别为男”的条件。

图 5–51（b）表示“工资大于 600 且小于 900”的条件

图 5–51（c）表示“职称是教授或者是副教授”的条件。

图 5–51（d）表示“职称是讲师且工资大于 600”的条件。

图 5–51（e）表示“职称是教授同时工资大于 800，或者职称是副教授同时工资大于 600”的条件。

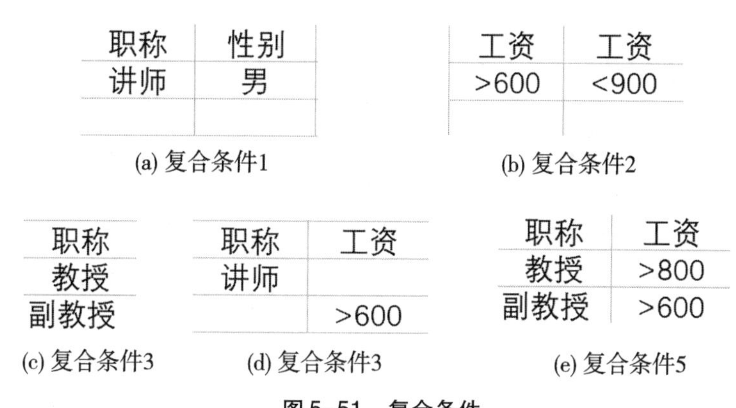

职称	性别
讲师	男

(a) 复合条件1

工资	工资
>600	<900

(b) 复合条件2

职称
教授
副教授

(c) 复合条件3

职称	工资
讲师	
	>600

(d) 复合条件3

职称	工资
教授	>800
副教授	>600

(e) 复合条件5

图 5–51　复合条件

5.5.4　数据透视表和数据透视图

5.5.4.1　数据透视表有关概念

数据透视表通常包括 6 个主要组成部分：页字段、数据字段、数据项、行字段、列字段和数据区域。图 5–52 所示为一个数据透视表，该数据透视表分别统计了不同性别及不同职称的职工工资的总和。

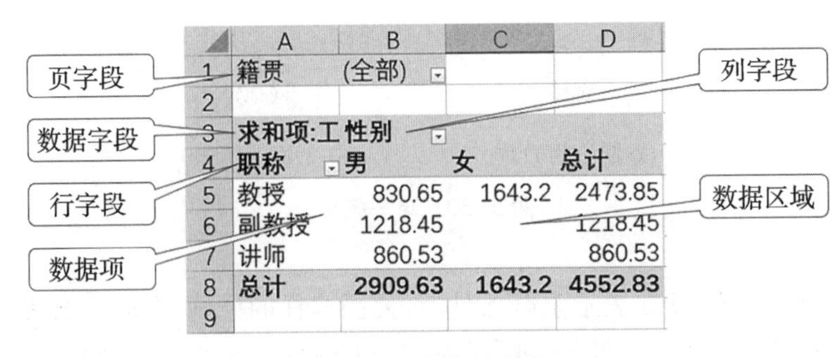

图 5-52 数据透视表

5.5.4.2 数据透视表的创建

下面以图 5-53 所示的小家电订货单为例说明具体操作步骤。

订单编号	订单日期	发货日期	订货金额	联系人	地址	城市	地区
10046	2021/8/1	2021/8/10	500	张三	北京市朝阳区	北京	朝阳区
10047	2021/8/2	2021/8/12	800	李四	上海市浦东新区	上海	浦东新区
10048	2021/8/3	2021/8/13	2000	王五	广州市天河区	广州	天河区
10049	2021/8/4	2021/8/14	350	赵六	深圳市南山区	深圳	南山区
10050	2021/8/5	2021/8/15	1000	张三	北京市海淀区	北京	海淀区
10051	2021/8/6	2021/8/16	600	李四	上海市徐汇区	上海	徐汇区
10052	2021/8/7	2021/8/17	900	王五	广州市番禺区	广州	番禺区
10053	2021/8/8	2021/8/18	450	赵六	深圳市福田区	深圳	福田区
10054	2021/8/9	2021/8/19	1200	张三	北京市东城区	北京	东城区
10055	2021/8/10	2021/8/20	700	李四	上海市长宁区	上海	长宁区
10056	2021/8/11	2021/8/21	1800	王五	广州市萝岗区	广州	萝岗区
10057	2021/8/12	2021/8/22	550	赵六	深圳市罗湖区	深圳	罗湖区
10058	2021/8/13	2021/8/23	900	张三	北京市西城区	北京	西城区
10059	2021/8/14	2021/8/24	650	李四	上海市静安区	上海	静安区
10060	2021/8/15	2021/8/25	1500	王五	广州市海珠区	广州	海珠区
10061	2021/8/16	2021/8/26	350	赵六	深圳市宝安区	深圳	宝安区

图 5-53 小家电订货单

①打开“小家电订货单.xlsx”工作簿的“订货单”工作表，选择“插入”选项卡，鼠标点击“表格”组中的“数据透视表”按钮，在打开的下拉列表中选择“数据透视表”，进入“创建数据透视表”对话框，如图 5-54 所示。

图 5-54　“创建数据透视表”对话框

②在“请选择要分析的数据”组中选中“选择一个表或区域”单选按钮，在“表/区域”框中输入或使用鼠标选取数据区域。在“选择放置数据透视表的位置”组中可选择将数据透视表创建在一个新工作表中还是在当前工作表，这里选择“新工作表”。

③鼠标点击“确定”按钮，则将一个空的数据透视表添加到新工作表中，并在右侧窗格中显示数据透视表字段列表，如图 5-55 所示。

④选择相应的页、行列标签和数值计算项后，即可得到数据透视表的结果。本例中鼠标点击“地区”字段并将其拖动到“报表筛选”区域，鼠标点击“城市”字段并将其拖动到“行标签”区域，鼠标点击“订货日期”字段并将其拖动到“列标签”区域，鼠标点击“订货金额”字段并将其拖动到“值”区域，生成的最终结果如图 5-56 所示。

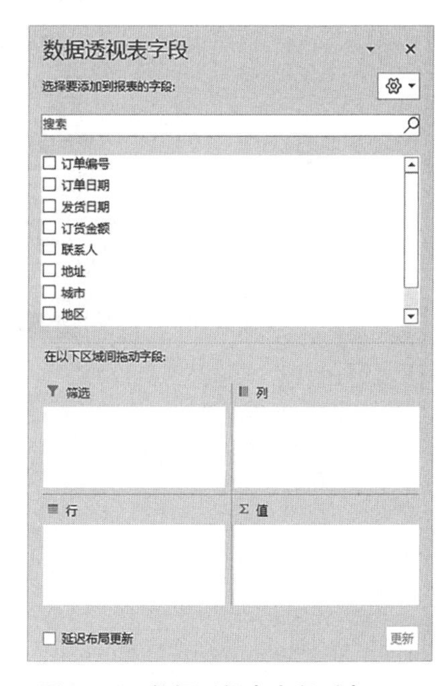

图 5-55　数据透视表字段列表

	R	S	T	U	V
3	地区	(全部)			
4					
5	求和项:订货金额	列标签			
6		⊟第三季			
7	行标签	2021/8/10	2021/8/12	2021/8/13	2021/8/14
8	北京	500			
9	广州			2000	
10	上海		800		
11	深圳				350
12	总计	500	800	2000	350

数据透视表字段
选择要添加到报表的字段:
搜索
☑ 订单日期
☑ 发货日期
在以下区域间拖动字段:
筛选：地区
列：订单日期
行：城市
值：求和项:订货金额

图 5-56 创建完成的数据透视表

至此,数据透视表制作完成,用户可以操作数据透视表来查看不同的项目。数据透视表创建好后,还可以根据需要对其进行分组或格式的设置,以便得到用户关注的信息。例如,若要创建订货单的月报表、季度报表或者年报表,可以在数据透视表中选中鼠标点击某个订货日期,选择“数据透视表工具”的“设计”选项卡,鼠标点击“分组”组中的“将所选内容分组”命令,弹出“组合”对话框,如图 5-57 所示。

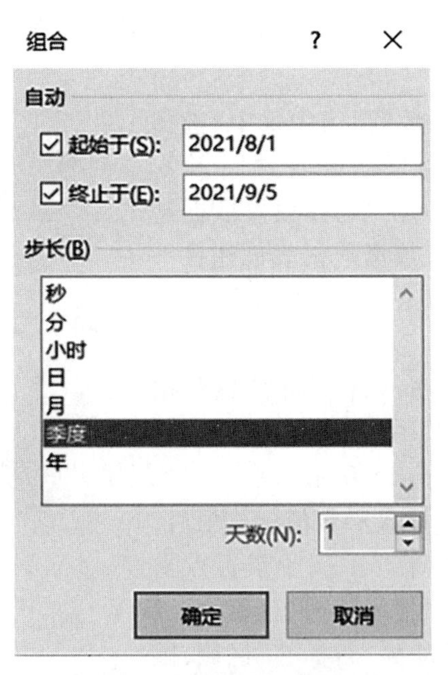

图 5-57 “组合”对话框

在“起始于”和“终止于”文本框中输入一个时间间隔,然后在“步长”下拉列表框中选择“季度”选项。这样,数据透视表又有了另外一种布局,如图 5-58 所示。

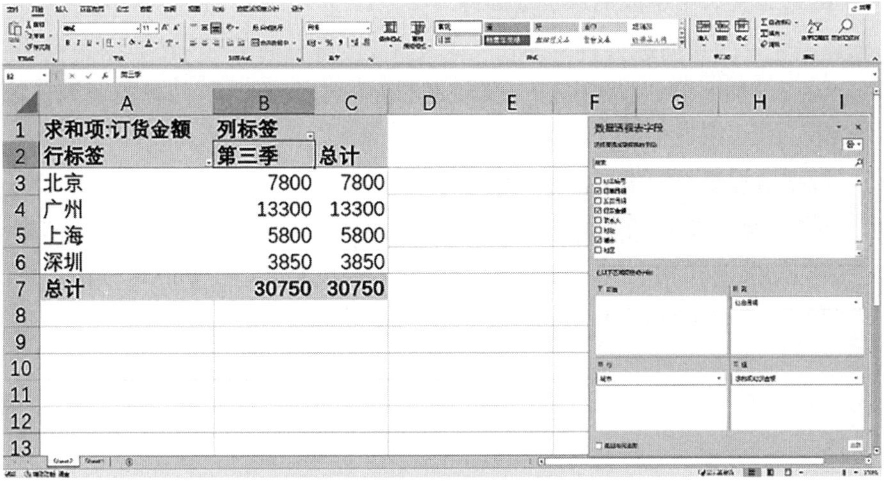

	A	B	C
1	求和项:订货金额	列标签	
2	行标签	第三季	总计
3	北京	7800	7800
4	广州	13300	13300
5	上海	5800	5800
6	深圳	3850	3850
7	总计	30750	30750

图 5-58　改变布局后的报表 1

如果想查看某个地区、某个城市的明细数据，只需鼠标点击页字段、行字段和列字段右侧的下拉按钮，选择相关字段即可。例如，鼠标点击“地区”右侧的下拉按钮，选择其中的“华北”选项，鼠标点击“城市”右侧的下拉按钮，只选其中的“天津”，再将“联系人”拖入行标签区域内，工作表就会变成如图 5-59 所示的样子。

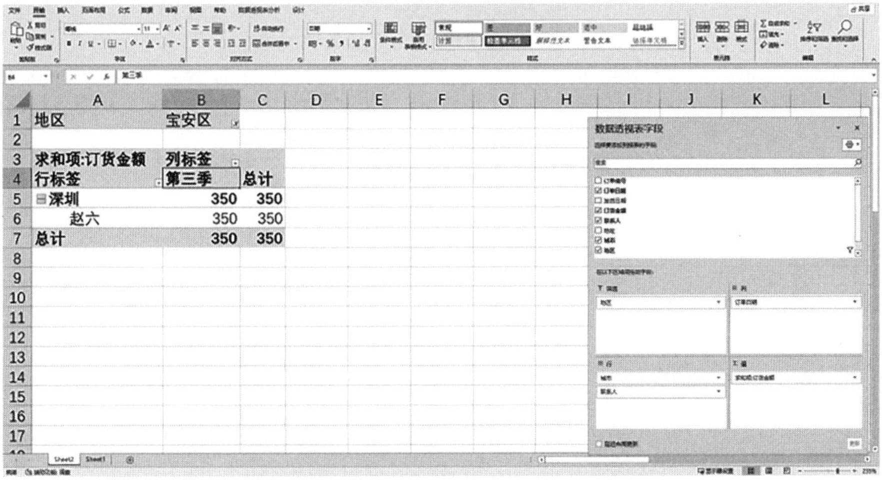

	A	B	C
1	地区	宝安区	
2			
3	求和项:订货金额	列标签	
4	行标签	第三季	总计
5	⊟深圳	350	350
6	赵六	350	350
7	总计	350	350

图 5-59　改变布局后的报表 2

5.5.4.3　数据透视表数据的更新

对于建立了数据透视表的数据清单，其数据的修改并不影响数据透视表，即数据透视表中的数据不随其数据源中的数据发生变化。这时必须更新数据透视表数据，将活动单元格放在数据区的任一单元格中，在“数据透视表工具”下的“选项”选项卡中，鼠标点击“数据”组中的“刷新”按钮，即可完成对数据透视表的更新操作。

5.5.4.4 数据透视表中字段的添加或删除

鼠标点击建立的数据透视表中的任一单元格，在窗口右侧显示“数据透视表字段列表”窗格。若要添加字段，则将相应的字段按钮拖动到相应的行、列标签或数值区域内；若要删除某一字段，则将相应字段按钮从行、列标签或数值区域内拖出即可。

5.5.4.5 数据透视表中分类汇总方式的修改

在“数值”选项卡中鼠标点击汇总项，在打开的下拉列表选择“值字段设置”命令。

在“计算类型”下拉列表选择所需的汇总方式，鼠标点击“数字格式”按钮，可以打开“设置单元格格式”对话框，还可以对数值的格式进行设置。

思考与讨论

1. 描述一下如何使用 Excel 中的瀑布图来显示数据的增减和变化过程。请提供一个实际的数据集，并使用瀑布图来呈现数据。

2. 如何使用 Excel 中的数据透视表和数据透视图来进行更复杂的数据分析和报告生成？请提供一个实际的数据集，并使用数据透视表和数据透视图来分析和呈现数据。

第6章　PowerPoint 2021

本章主要介绍如何使用 PowerPoint 2021 制作演示文稿的方法,包括 PowerPoint 2021 基本知识、演示文稿的编辑、美化演示文稿、幻灯片放映设置、演示文稿放映等知识。使用 PowerPoint 2021 制作毕业答辩、应聘介绍等内容。

课程思政育人目标

我国是一个人口众多的发展中国家,也是劳动力资源最丰富的国家之一,解决就业问题是一项长期的重大战略任务。就业压力长期存在、供需匹配矛盾日益突出、就业环境复杂等是我国就业形势存在的长期固有问题。我国政府全面、辩证、长远地分析就业问题,将新一轮科技革命和产业变革作为就业内驱力,着力以“创业带动就业”来重点扶持数字经济、乡村振兴、“互联网+”等产业,新一代青年应保持清醒头脑,紧跟政策,抓住政策机遇,坚定不移办好自己的事情,积极就业创业,开创就业新局面。

6.1　PowerPoint 2021 基本知识

外出演讲、职位竞聘、个人展示、年会汇报等展示活动不仅需要一个人精神风貌和演讲技巧支撑,也需要借助工具进行辅助。一场成功的汇报通常会令听众惊叹,而制作一个好的演示文稿是其成功的基石。

PowerPoint 2021 是 Microsoft Office 2021 组件中常用的软件之一,是由微软公司开发的演示文稿软件,与前面章节中 Word、Excel 共同组成三大常用办公软件。PowerPoint 2021 容纳了文字、图片、音频、视频等多种表现元素,其具有易用性、功能性强的特点,突出的演示功能被广泛应用于课堂教学、演讲、发布会、会议展示等场合,灵活的动画效果可以在投影仪或者计算机上直接演示,深受广大用户喜爱。

6.1.1　PowerPoint 2021 的基本概念及术语

PowerPoint 2021 继承了之前版本的优势,并将功能进一步升级和优化。PowerPoint 2021 生成文件名称叫演示文稿,保存文件默认为 pptx,同时兼容老版本 PowerPoint 的 PPT

格式。一幅演示文稿文件中包括幻灯片、文本框、艺术字、Smart Art 图形、动画、图片、音视频等内容。其中幻灯片是演示文稿中最基础的单元,所有的演示文稿均由幻灯片组成。每一个幻灯片可以容纳文本、艺术字、SmartArt 图形、音视频等内容,幻灯片中每个元素包含颜色、形状、动画等效果。

(1)演示文稿　通常由 PowerPoint 2021 创建的文件叫作演示文稿,它用来保存幻灯片和资源。默认格式为“. pptx”,兼容 PowerPoint 2007 之前版本创建的“. ppt”格式。

(2)幻灯片版式　幻灯片版式是一种用于创建幻灯片的格式和布局。在幻灯片中可以选择不同的版式,还可以使用占位符方便在其中添加文本、图片、图表等元素。

(3)幻灯片母版页　幻灯片母版页与幻灯片版式有相似之处,都是为幻灯片设计,母版页类似于“幻灯片模版”,通过使用母版页可以设计全局布局和样式。

6.1.2　PowerPoint 2021 的窗口与视图

如图 6-1 所示,从外观看,PowerPoint 2021 与前面的版本布局基本相同,总体风格基本类似。

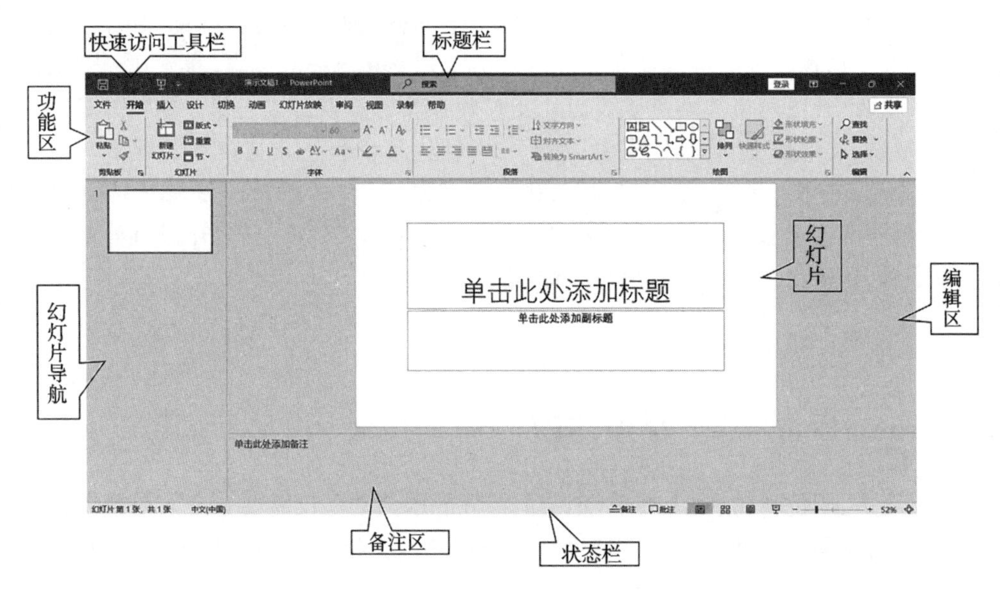

图 6-1　PowerPoint 2021 主界面

它主要由以下几个部分组成。

(1)快速访问工具栏　在标题栏的左侧是快速访问工具栏,快速访问工具栏拥有最常用的快捷菜单,比如“保存”“撤销操作”“重复操作”等,并且可以通过下拉箭头自定义工具栏的功能。

(2)标题栏　标题栏用于显示现在正在操作的文档名称、程序名称以及窗口最小化、最大化、关闭控制按钮等。

(3)功能区　传统的菜单和工具栏在 PowerPoint 2021 中已经被功能区所取代。功能区由若干个分类的选项卡组成,每个选项卡下面拥有不同类型的功能,通过单击选项卡名称可以切换不同选项卡，展示不同的功能。每个选项卡中，工具被分类地存放到功能组中，有些功能组右下角有一个“对话框启动器”，单击“对话框启动器”可以打开有关对话框，使用更丰富的功能。例如单击“字体”右下角“对话框启动器”可以打开字体对话框。

（4）编辑区　编辑区通常是编辑处理对话框的区域，幻灯片编辑区是整个文稿的核心，所有幻灯片通常都是在编辑区制作完成的。

（5）幻灯片　幻灯片是演示文稿的基本单元，通过编辑幻灯片，即添加文本、图形、图像声音和视频等，可以给幻灯片设置主题、动画、切换效果等。

（6）幻灯片导航　幻灯片导航是为了方便用户快速查看和选择演示文稿中幻灯片的缩略图，通过单击缩略图可以快速定位幻灯片。

（7）备注区　备注区位于幻灯片窗格下方，在其中输入内容可供演讲者查阅该幻灯片信息，提示演讲者演讲任务。

（8）状态栏　状态栏显示当前演示文稿包括几张幻灯片、目前正在编辑的是第几张幻灯片、语言区域、批注快捷键、视图快捷键、播放快捷键、缩放快捷键等功能。点击“缩小”按钮（−）可以缩小幻灯片，点击“放大”按钮（+）可以放大幻灯片，点击“自动”按钮（⊕）可以自适应窗口。

6.1.3　演示文稿的创建

PowerPoint 2021是一款非常灵活的演示文稿软件，用户可以根据自己的实际需求灵活创建演示文稿，可以归纳为以下几种。

（1）创建空白演示文稿　启动PowerPoint 2021后，选择“新建”按钮，点击“空白演示文稿”可以创建空白演示文稿，如图6-2所示，默认名称为“演示文稿1”，或者使用快捷键按钮【Ctrl+N】快速创建演示文稿。

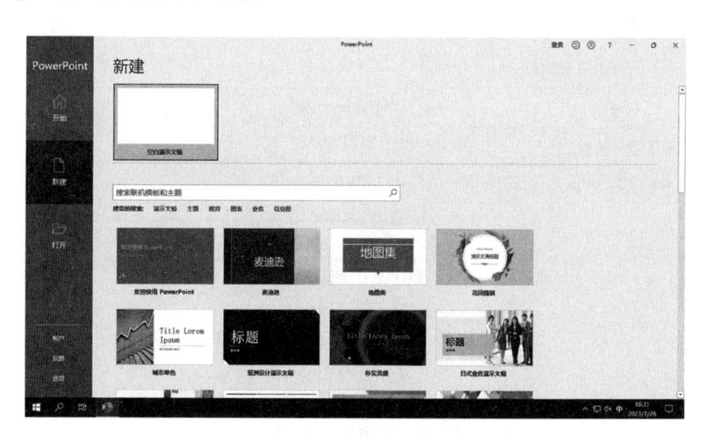

图6-2　新建演示文稿

（2）创建带有主题样式的演示文稿　在创建演示文稿过程中，可以选择“新建”按钮，选择“带有固定主题的演示文稿”，如图6-3所示。创建带有主题的演示文稿会从文字、背景等多方面自动定制,可以方便用户快速制作丰富多彩的演示文稿。但是,使用带有主题样式的演示文稿在需要修改部分样式时会比较复杂,所以一般需要首先大概设计一下演示文稿的具体颜色、布局等信息,然后决定是否使用演示文稿。

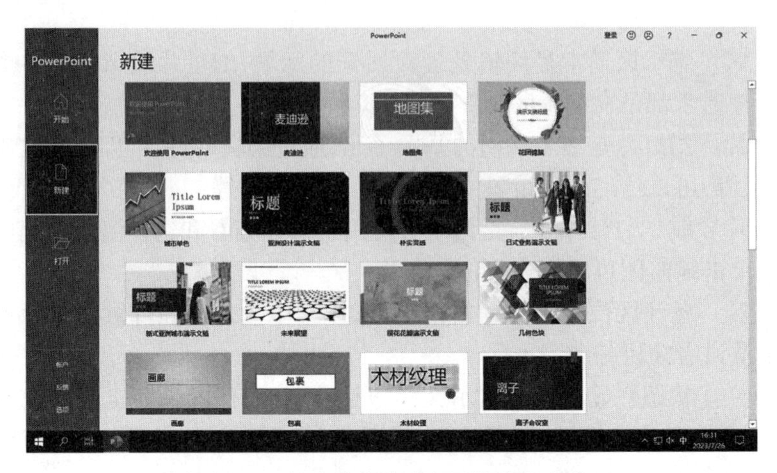

图 6-3　创建带有默认主题的演示文稿

(3)便捷创建演示文稿　为了方便用户使用,安装 Microsoft Office 2021 后可以在计算机任意目录中点击鼠标右键,如图 6-4 所示,找到“新建”菜单栏展开新建菜单,在新建菜单中找到“Microsoft PowerPoint 演示文稿”,可以快速创建空白演示文稿,文件名默认为“新建 Microsoft PowerPoint 演示文稿”,后缀默认为“. pptx”。

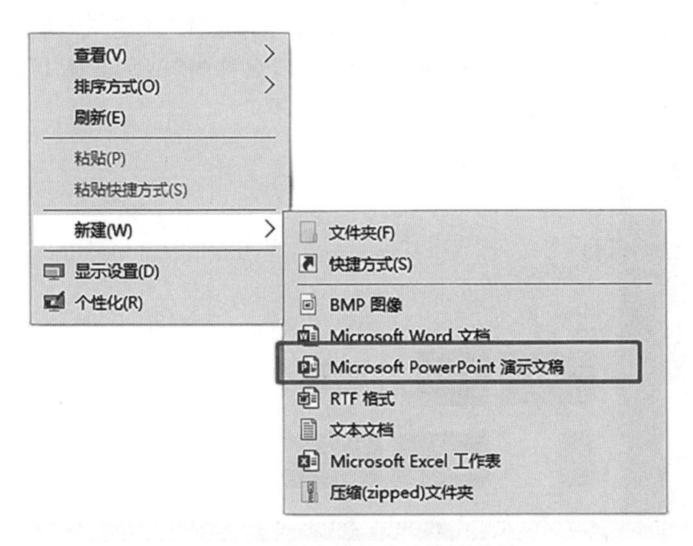

图 6-4　创建演示文稿快捷菜单

6.2 演示文稿编辑与格式化

6.2.1 幻灯片的基本操作

6.2.1.1 新建

新建演示文稿默认只有一张幻灯片，通常情况下无法满足实际需求，所以需要新建更多的幻灯片，下面介绍两种方式。

(1)除首页幻灯片和特定版式幻灯片之外，可以在幻灯片导航区按【Enter】键或【Ctrl+M】组合键新增幻灯片，默认使用与当前选中幻灯片相同的版式。

(2)把鼠标放到任意幻灯片位置，点击鼠标右键可以新增幻灯片。使用鼠标新增幻灯片默认在选中幻灯片之后插入，并且使用与其相同的版式。鼠标放到两个幻灯片之间点击鼠标左键，出现一条红线之后点击鼠标右键可以新建幻灯片。

(3)在“开始”选项卡下，找到“幻灯片”功能组，点击“新建幻灯片”可以插入幻灯片，并且可以根据自己选择的版式来插入幻灯片，如图6-5所示。

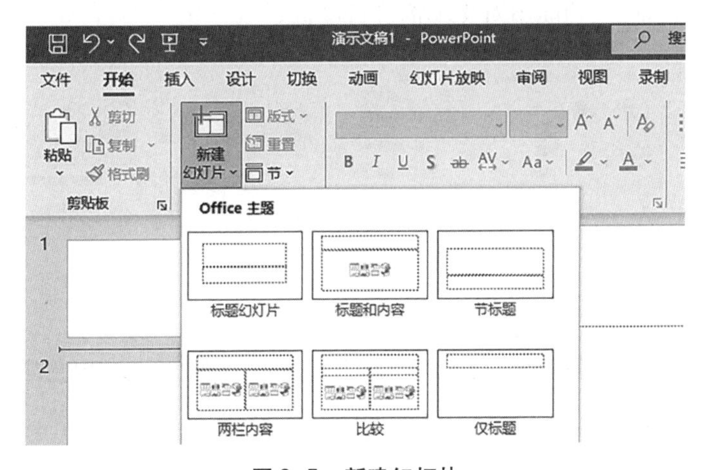

图6-5 新建幻灯片

6.2.1.2 选择

当需要对某一幻灯片进行统一操作时，就需要选中幻灯片。对于单张幻灯片的选中，可以直接使用鼠标左键在幻灯片导航栏中选中幻灯片，对于多个幻灯片选择可以按住【Ctrl】键不动然后选中多个连续或者离散的幻灯片，或者按下【Shift】键不动选择开始到结束连续一组幻灯片。如果要选中全部幻灯片，可以在幻灯片导航栏中按下【Ctrl+A】全选所有幻灯片。

当需要对多张幻灯片进行分组管理时，可以使用演示文稿的分节功能。与Word中分节类似，可以使用分节功能对不同节的幻灯片进行设计和处理。在“开始”选项卡下“幻灯片”功能组中找到“节”，点击“新增节”可以在幻灯片功能组中新增节。新增节时或选中节之后，点击鼠标右键可以对节进行重命名操作，如图 6-6 所示。

同一个演示，为“节”添加命名之后即可完成节的插入。根据幻灯片的内容可以设置多个节，选中“节”之后可以批量设置“节”内幻灯片组中所有的主题、版式、切换方式等各种设置。

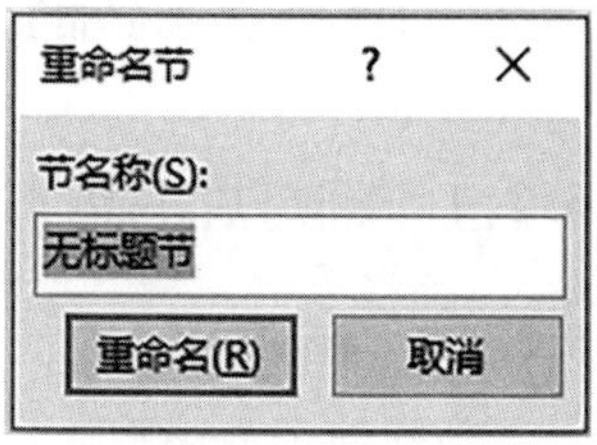

重命名节
节名称(S):
无标题节
重命名(R)　取消

图 6-6　重命名节

6.2.1.3　编辑

编辑幻灯片是幻灯片操作中非常重要的功能，在“插入”选项卡中插入表格、图片、形状、SmartArt 图形、图表、文本框占位符、艺术字、公式多媒体资源等。对于插入的资源可以在动画中进行设置，选中对象之后可以打开对象编辑器进行设置。

（1）文本处理　文本框是幻灯片中非常重要的对象，在 PowerPoint 2021 中通常使用文本框来处理文本信息。单击“插入”选项卡，如图 6-7 所示，找到“文本”功能组，点击“文本框”菜单可以插入横排文本框和竖排文本框。插入文本框后鼠标会自动变成输入状态，点击幻灯片之后鼠标会变成尖头，文本框变成带有 8 个角点状态，如图 6-8 所示，可以对文本框进行缩放操作。如果需要修改文本框中文本信息，可以在“开始”选项卡下“字体”功能组和“段落”功能组对文本框进行设置。

图 6-7　“插入”选项卡

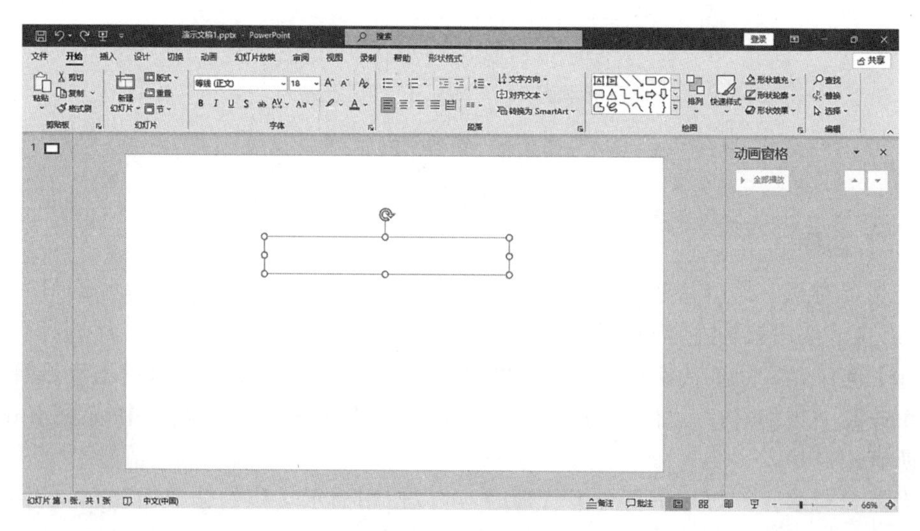

图 6-8　文本框

为了使幻灯片文本更加美观，需要对文本内容进行编辑操作。在 PowerPoint 2021 中，可以使用项目编号进行整理。首先选中所需设置的文本，在“开始”选项卡下“段落”功能组中单击“项目符号”可以设置项目符号，PowerPoint 2021 中自带了圆形、菱形、正方形、三角形、对钩、原点等多种项目符号。如果自带项目符号无法满足实际需要，可以点击“项目符号和编号”，打开“项目符号和编号”对话框，如图 6-9 所示。

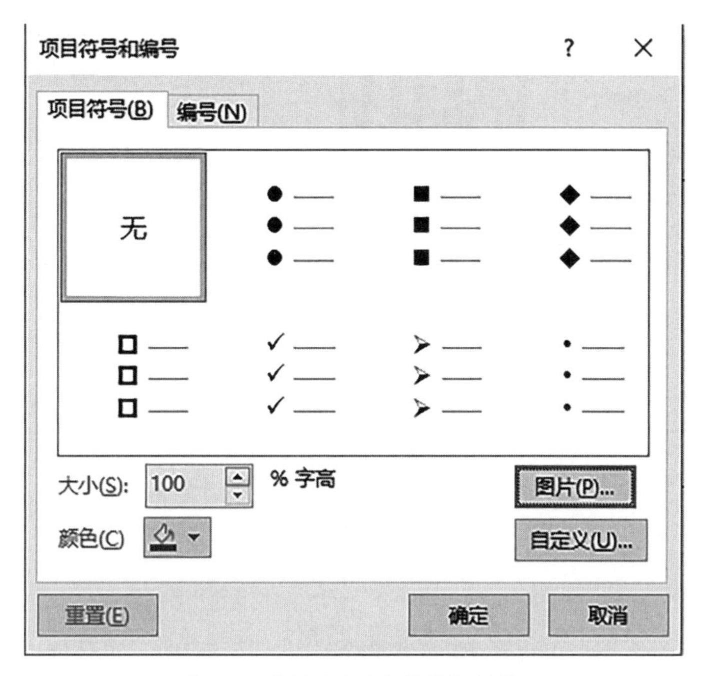

图 6-9 “项目符号和编号”对话框

在“项目符号和编号”对话框中可以选择“项目符号”，可以使用预设项目符号，也可以使用自定义项目符号。如果均不满足实际需求，那么可以使用图片来作为项目符号，同时也可以设置项目符号的颜色和大小。同时，可以选择“编号”，使用合适的编号类型。

(2)图表 PowerPoint 2021 支持多种图表，以丰富幻灯片的展示效果。可以打开 Excel 2021 并将做好的图标复制到 PowerPoint 2021，高效制作图表。

单击“插入”选项卡，在“插图”功能组中单击“图表”功能自动打开“插入图表”对话框，如图 6-10 所示。PowerPoint 2021 支持柱形图、折线图、饼图、条形图、面积图、XY 散点图、地图、股价图、曲面图、雷达图、树状图、旭日图、直方图、箱形图、瀑布图、漏斗图、组合图等多种图形。插入图形之后自动打开“图表”选项卡，并且关联 Excel 编辑器。

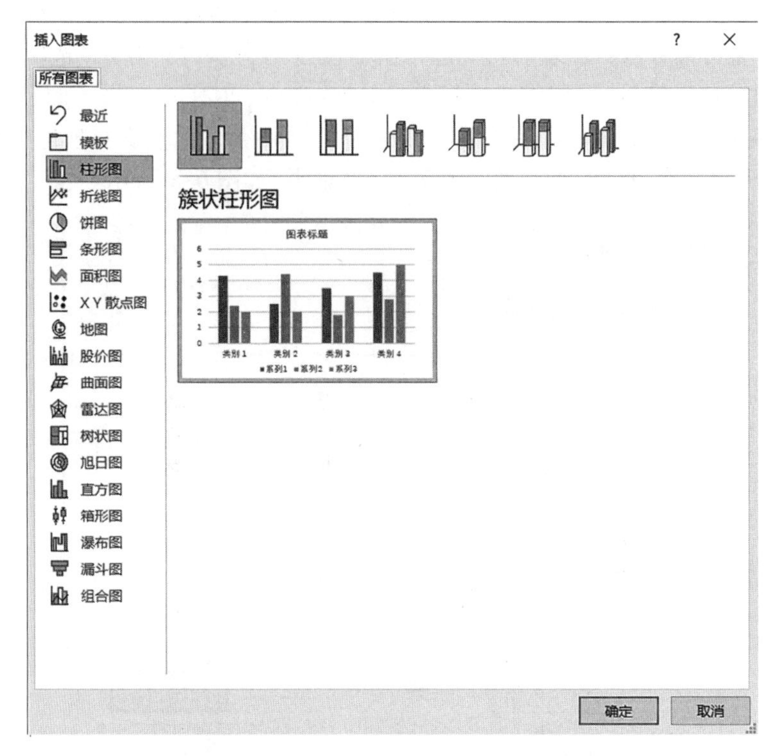

图 6-10 “插入图表”对话框

如图 6-11 所示，用户可以在 Excel 编辑器中进行行列切换、对数据进行修改，以达到修改图表的目的。PowerPoint 2021 中可以使用“更改图表类型”快速修改图表，并且每一种图表都有大量内置图表样式供用户选择。单击“格式”选项卡可以对图表边框、文字等修改，使图表更加美观。

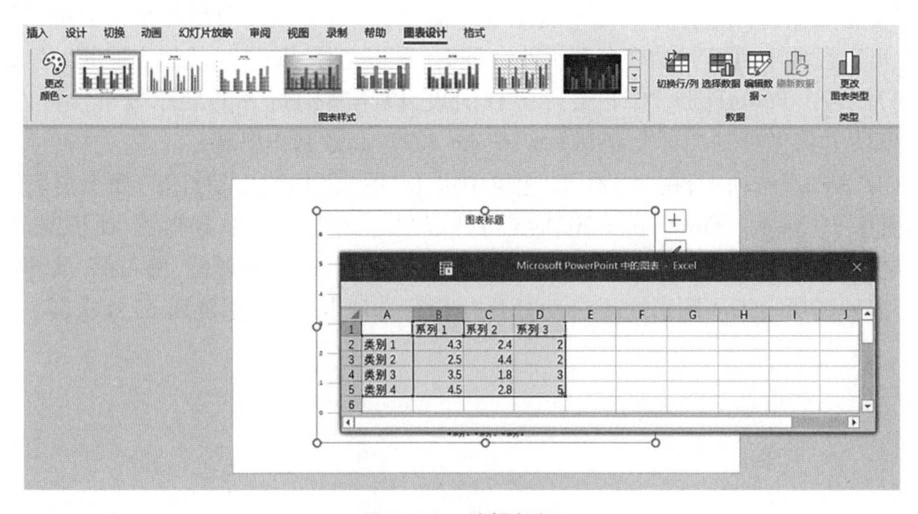

图 6-11 编辑数据

(3)SmartArt 图形　SmartArt 图形是信息和观点的视觉表现形式,通过 SmartArt 可以非常友好地展示用户的想法,拥有简洁、高效的特点。在 PowerPoint 2021 中,可以把幻灯片中的文字方便快捷地转换为 SmartArt 图形。SmartArt 拥有列表、流程、循环、层次结构、关系、矩阵、棱锥图、图片等多种展示形式,点击“插入”选项卡找到“插图”功能组中 SmartArt,如图 6-12 所示。

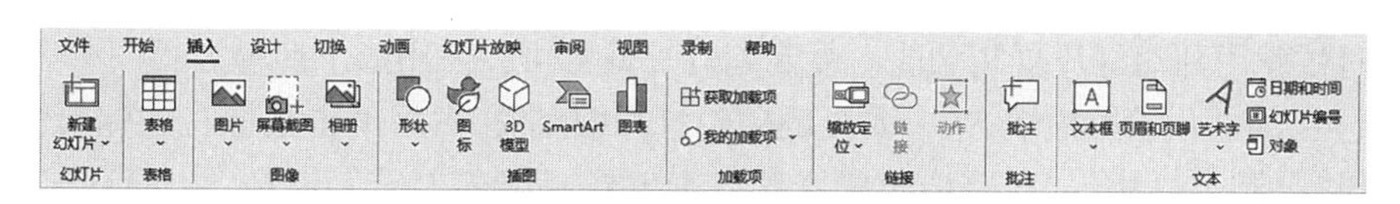

图 6-12　插入 SmartArt 图形

点击“SmartArt”按钮,可以打开“选择 SmartArt 图形”对话框,默认有很多 SmartArt 图形供用户选择,包括预览和基本信息介绍,如图 6-13 所示。选中喜欢的 SmartArt 布局,点击“插入”即可。

在实际应用中,要根据具体的风格、版式来确定具体 SmartArt 布局。在 SmartArt 图形库中最基本的元素称作为“形状”,选中图形之后可以修改它的文本内容、级别、位置、大小、样式、边框等,也可以选中 SmartArt 图形以设置其艺术效果等。

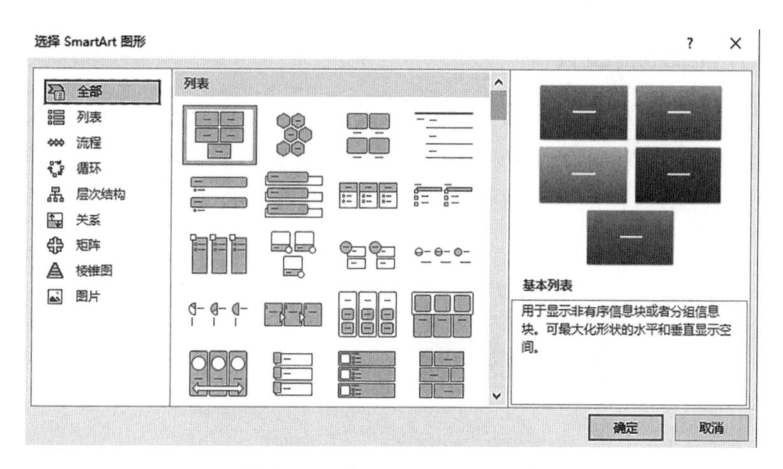

图 6-13　Smart Art 图形列表

(4)多媒体对象　在制作演示文稿时,可以选择添加一些合适的图像、声音和视频,使演示文稿更加生动,具有感染力。所有的图片、音频、视频文件插入到幻灯片中后就会形成普通的多媒体资源对象,可以丰富幻灯片效果。点击“插入”选项卡,在“图像”功能组中可以找到“插入图像”按钮,在“媒体”功能组中可以选择插入音频和视频,如图 6-14 所示。

图 6-14　插入多媒体对象

6.2.1.4 删除

在幻灯片导航栏中选中单个或者多个幻灯片缩略图,单击鼠标右键,在弹出菜单中选“删除幻灯片”命令删除幻灯片,或者按下【Delete】键删除幻灯片。

6.2.1.5 复制

在演示文稿制作过程中,部分幻灯片的版式、背景或者文字完全相同,需要重复使用,这时候就用到幻灯片复制功能。复制幻灯片通常可以使用以下两种方式:

(1)在幻灯片导航栏中,选中要复制的幻灯片缩略图,然后单击鼠标右键弹出快捷菜单,选择“复制幻灯片”。在要粘贴位置先点击鼠标左键选中插入位置,然后点击鼠标右键在弹出的快捷菜单中点击“粘贴”。

(2)在幻灯片导航栏中,选中要复制的幻灯片缩略图,同时按【Ctrl+C】组合键,然后在要粘贴幻灯片的合适位置,按下【Ctrl+V】组合键粘贴即可。

6.2.1.6 移动

在编辑演示文稿时,可能会遇到幻灯片顺序并不满足实际需求,需要对幻灯片进行移动。此时,可以在幻灯片导航栏中选中幻灯片缩略图并拖动以移动幻灯片位置,也可以多选幻灯片批量进行移动。同时,可以使用移动幻灯片的方式对幻灯片进行分组切换,将幻灯片从一个组切换到另一个组。

6.2.2 幻灯片的外观设计

幻灯片尺寸是非常重要的部分,不同尺寸的幻灯片在不同设备上播放可能会有不同的效果,一般的比例有宽屏(16∶9)和标准屏(4∶3)两种。选中“设计”选项卡,在“自定义”功能组中找到“幻灯片大小”功能,可以找到“标准”和“宽屏”两种尺寸,如图 6-15 所示。

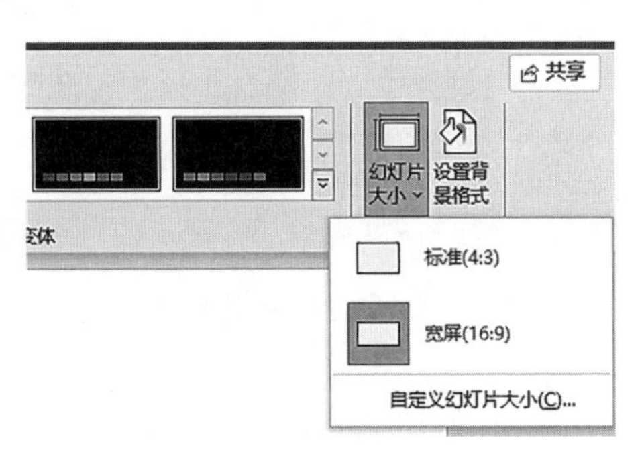

图 6-15 设置尺寸比例

如果选中尺寸不满足实际需求,也可以点击“自定义幻灯片大小”菜单,打开“幻灯片大小”对话框,如图 6-16 所示。在“幻灯片大小”对话框中,可以选择幻灯片大小或者自定义尺寸、方向等,也可以设置起始编号,表示从第几张幻灯片开始设置其尺寸。

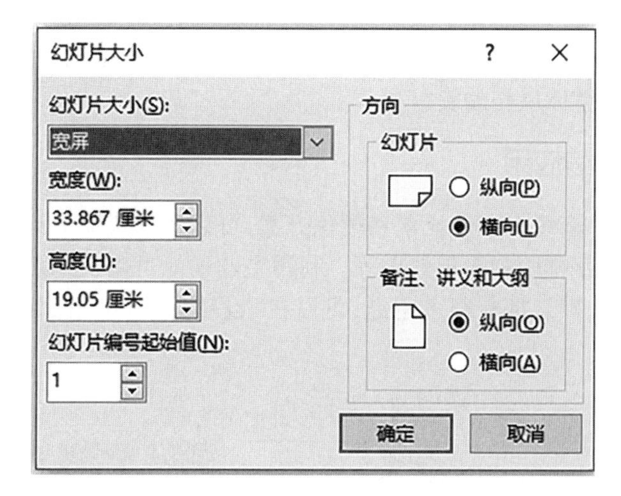

图 6-16　自定义幻灯片大小

6.3　美化演示文稿

6.3.1　母版的使用

幻灯片母版页是用来统一幻灯片版式、字体、颜色和排版的模板,包括幻灯片的主题和页眉、页脚。点击“视图”选项卡下的“母版视图”功能组,在“母版视图”功能组中,点击“幻灯片母版”菜单,PowerPoint 2021 会自动将编辑视图切换为母版视图,如图 6-17 所示。

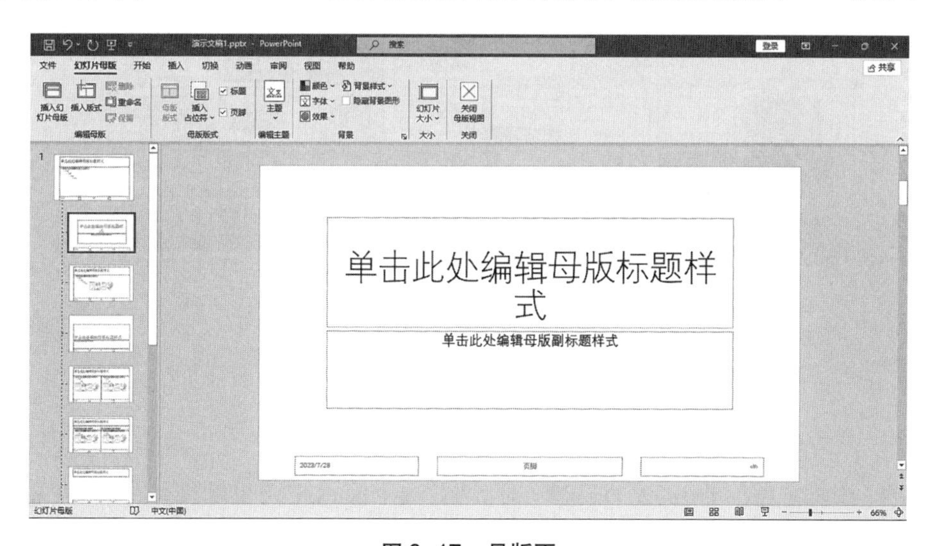

图 6-17　母版页

在母版视图可以对不同版式幻灯片分别进行设计，包括颜色、主题、文字、媒体文件等多种对象元素的设计。例如，可以将幻灯片的背景、字体、颜色、页眉和页脚等设置为相同的样式，以实现整体风格的统一。

6.3.2 设计模板的应用

幻灯片主题是一套统一设计元素和配色方案，可以实现快速全局设置幻灯片颜色基调、版式布局以及文字排版和显示效果等。利用主题功能可以快速制作出专业水准且时尚美观的演示文稿。默认拥有很多主题，可以在“设计”选项卡下面找到主题相关设置，如图 6-18 所示。

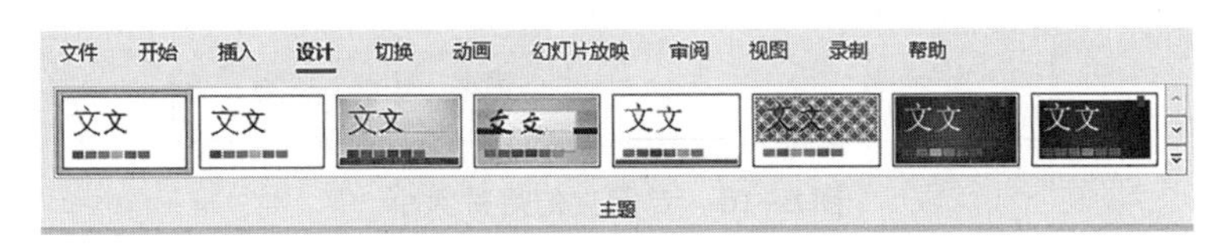

图 6-18 幻灯片主题设计

可以选中任意主题预览和使用全局主题，也可以在主题上选择鼠标右键，在弹出的快捷菜单上选择“应用于所有幻灯片”或者“应用于选定幻灯片”，如图 6-19 所示。同时，点击下拉菜单中可以找到“浏览主题”，可以加载个人收藏主题或者自己下载主题等。

图 6-19 主题设计管理

单击“浏览主题”，打开“文件选择”对话框，选中演示文稿主题文件，点击“应用”即可。有时用户或者单位设计了具有特色统一样式的演示文稿，可能需要使用统一的主题，此时可以在“主题”选项卡下找到“保存当前主题”功能，将主题保存在指定位置。单位其他同事可以通过“浏览主题”功能加载统一样式主题，如图 6-20 所示，实现全部样式统一的效果。

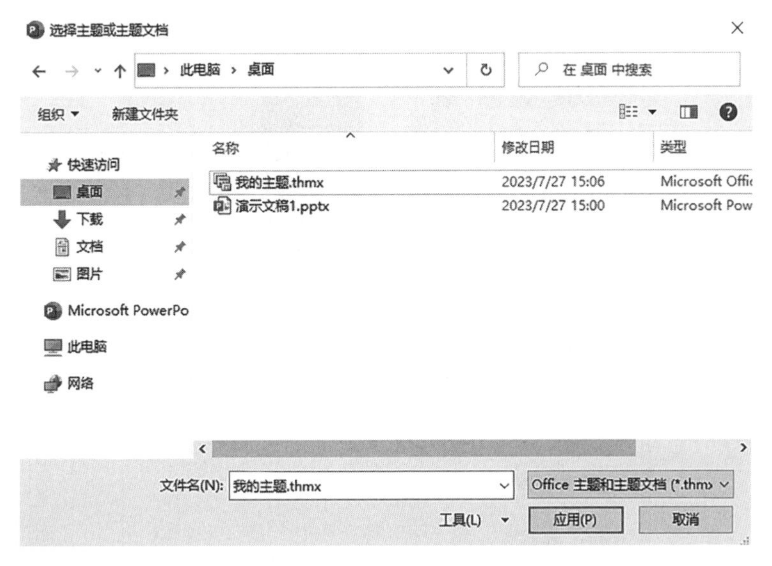

图 6-20　载入主题

6.3.3　配色方案的选择

PowerPoint 2021 中拥有大量配色方案,可以对不同对象进行设置。如图 6-21 所示,单击“设计”选项卡,找到“变体”功能组,在下拉菜单中找到“颜色”菜单。

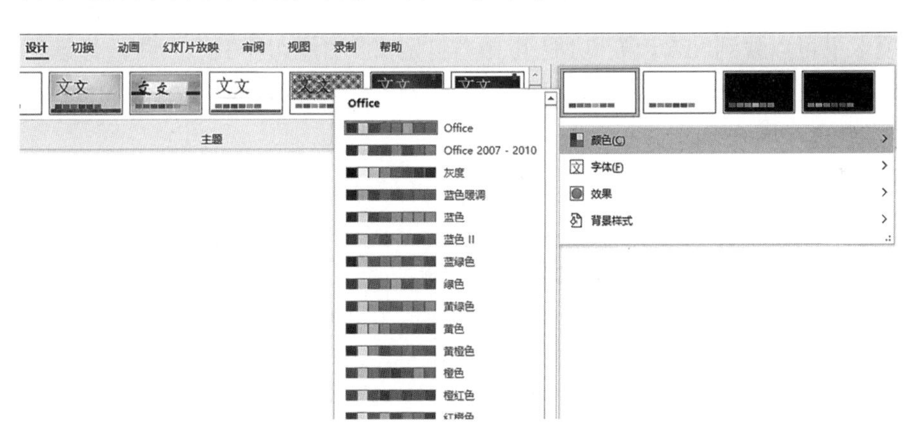

图 6-21　配色选择

演示文稿拥有大量配色,有 Office、Office 2007-2010、灰度、蓝色、绿色、红色等二十多种默认颜色。如果系统默认颜色不满足实际需求,可以选择“自定义颜色”,打开“新建主题颜色”对话框,如图 6-22 所示,对颜色自定义设置。设置文字、背景、超链接等各种颜色,输入颜色名称保存即可,保存之后的主题可以在“变体”功能组中找到新建的主题颜色。

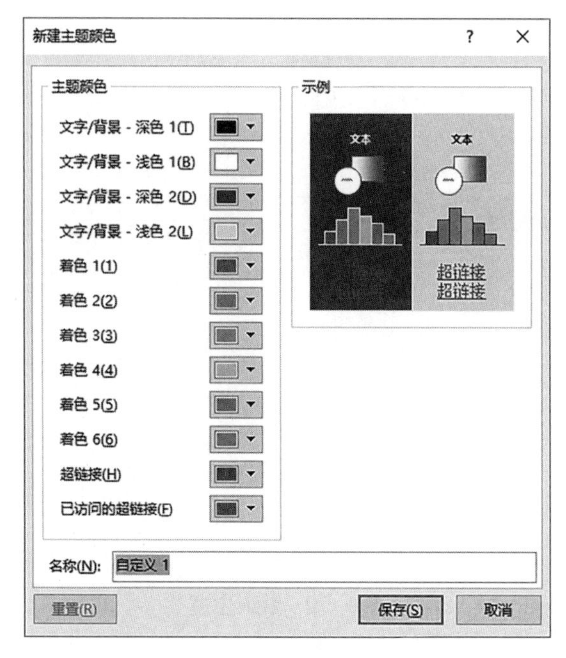

图 6-22 “新建主题颜色”对话框

6.3.4 设置幻灯片背景

幻灯片颜色是幻灯片设计中非常重要的部分，精美的演示文稿需要依赖时尚美观的配色。当为一个演示文稿设置主题后，所有幻灯片都会自动添加主题相关配色。在“设计”选项卡下可以找到“自定义”功能组，在“自定义”功能组中找到“设置背景格式”功能，打开“设置背景格式”功能列表进行设计，如图 6-23 所示，其中背景颜色设计包括四种不同的填充方式。

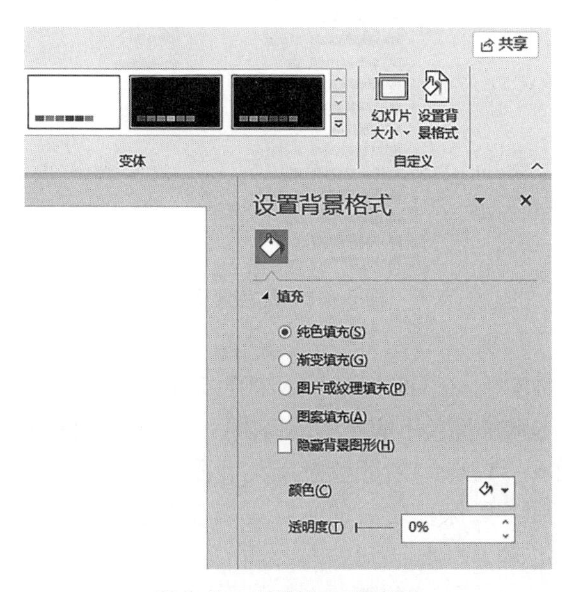

图 6-23 设置幻灯片背景

(1)纯色填充　纯色填充是最简单的一种填充方式,就是使用单一颜色对幻灯片背景进行填充。选中纯色填充后,下方会出现颜色选择按钮,点击“填充颜色”按钮,打开颜色菜单,选中“其他颜色”可以打开“颜色”对话框,在“颜色”对话框中选择丰富多彩的颜色。对于每一中颜色可以使用透明度来调节颜色深度,随着透明度的增加,颜色趋于变浅直到透明。

(2)渐变填充　选中渐变填充后,可以将一个渐变色填充为幻灯片背景,每种渐变方式都有十分丰富的设置选项。演示文稿中有大量预设渐变选项,也可以使用自定义渐变选项。渐变类型有线性渐变、射线渐变、矩形渐变、路径渐变、标题的阴影等多种渐变类型,在每一个类型中还可以设置八个不同渐变方向和渐变角度。通过设置“渐变光圈”游标,可以设置不同尺度渐变,渐变填充中也有亮度、透明度等设置可以供用户选择。

(3)图片或纹理填充　图片或纹理填充是一种相对较复杂但是设计更美观的一种填充方式,用户可以使用演示文稿内置的纹理,也可以使用“插入”功能插入自定义纹理。与渐变填充类似,纹理填充也包括很多设置,可以设置纹理(图片)的透明度,也可以设置纹理位置和对齐方式等。

(4)图案填充　图案填充是一种常用功能,经常在需要设置素雅背景时用到。当设置纯色、渐变、图案填充时,若背景颜色过重,会影响放映效果,但是设置透明度又会影响背景效果,此时图案填充就是一个非常好的选择。图案填充也有很多设置项目,前景颜色是指图案的颜色,点击“前景”可以打开颜色选项卡设置前景颜色。背景颜色是指图案的背景颜色,点击“背景”可以打开颜色选项卡设置背景颜色。

6.4　幻灯片放映设置

6.4.1　设置动画效果

默认的演示文稿是没有切换效果和动画效果的,当播放幻灯片时像照片的切换一样。为了让幻灯片中元素活灵活现,可以给演示文稿设置丰富多彩的动画效果。

(1)添加动画效果　首先选中将要被设置动画效果的对象,单击“动画”选项卡,在“动画”选项卡中找到“动画”功能组,“动画”功能组中有很多常用动画。

一般的幻灯片中对象动画分为四种:无、进入、强调、退出。其中动画效果“无”表示没有动画效果,如图 6-24 所示,一般可以用于取消动画效果。在“进入”中有出现、淡入、飞出等多种动画效果,点击“动画”自动给对象添加动画。添加动画之后会自动播放动画效果,如果要再次观看,则需要点击播放按钮或者在“动画”选项卡中找到“预览”按钮播放。

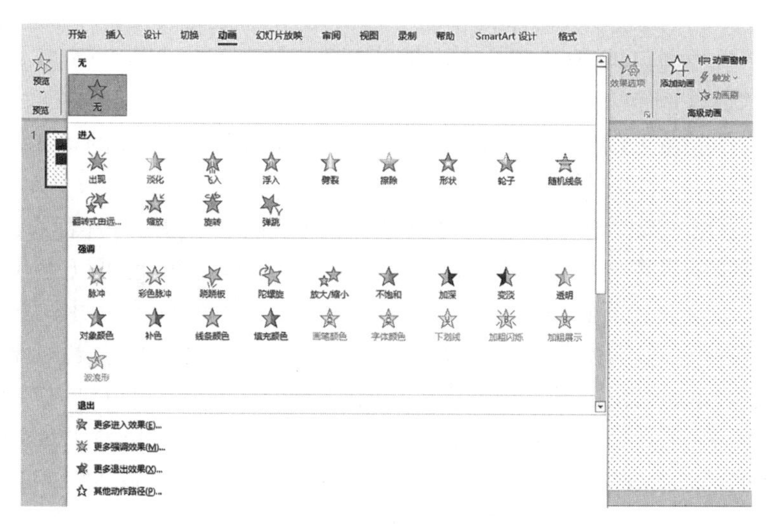

图 6-24　动画效果列表

如果要查看更多效果可以点击“更多进入效果”，打开对应的“更多效果”对话框进行选择。对于同一个对象如果要添加多个动画效果，如图 6-25 所示，可以在“动画”选项卡下找到“高级动画”功能组点击添加动画，即可为对象增加多个效果。

打开“高级动画”功能组中“动画窗格”，可以显示对话窗格功能列表，并且显示所有对象的所有动画效果。点击“全部播放”按钮可以预览所有动画，或者选中某一个动画之后点击“播放自”播放单个动画，如图 6-26 所示。

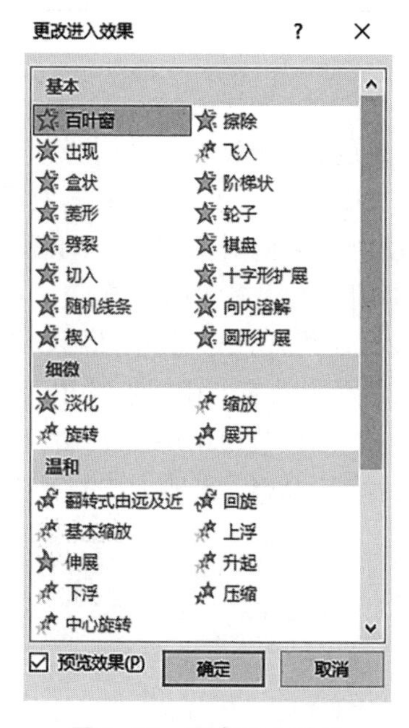

图 6-25　更多进入效果

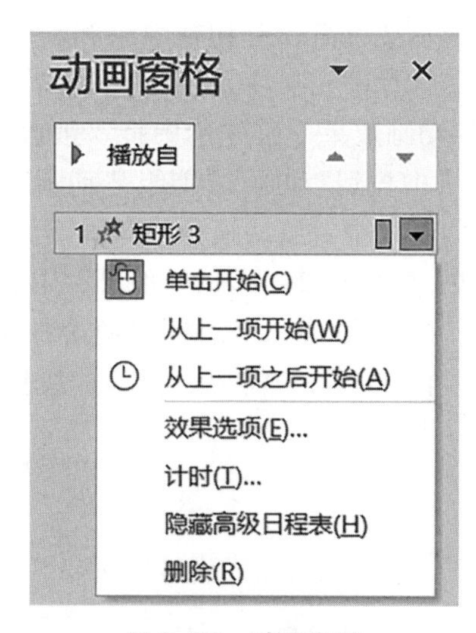

图 6-26　动画设置

对象添加动画效果之后会在动画窗格中自动添加动画,可以对动画重命名以方便后期设计工作。单击动画对象右侧倒三角可以展开快捷菜单,单击快捷菜单对应项目可以快速设置相关对象动画。

(2)修改动画效果　对于已设置动画效果的对象,如果对动画效果不满意可以修改。通常可以点击“动画”重新修改动画效果。但是重新点击“动画”可能会造成动画丢失,所以一般需要打开动画窗格选中动画设置。

单击“动画”选项卡,找到“高级动画”功能组中“动画窗格”按钮。单击“动画窗格”展开动画窗格功能列表,选中需要修改的动画(可以是进入动画、强调动画、退出动画),按照动画类型重新选择动画。

(3)设置动画效果　对于任意已经设置动画的对象可以使用添加动画的方式修改动画效果,如图6-27所示。选中动画对象之后,可以在“动画”功能组中设置方向、范围等效果选项。在“计时”功能组中,有“单击时”“与上一动画同时”“上一动画之后”选项。“单击时”是指当用户按下键盘或者单击鼠标左键时自动展示;“与上一动画同时”是指与上一个动画同时展示;“上一动画之后”是指上一个动画播放之后同时展示。“持续时间”是指动画持续时间,“延迟”是指多少时间之后开始展示动画。

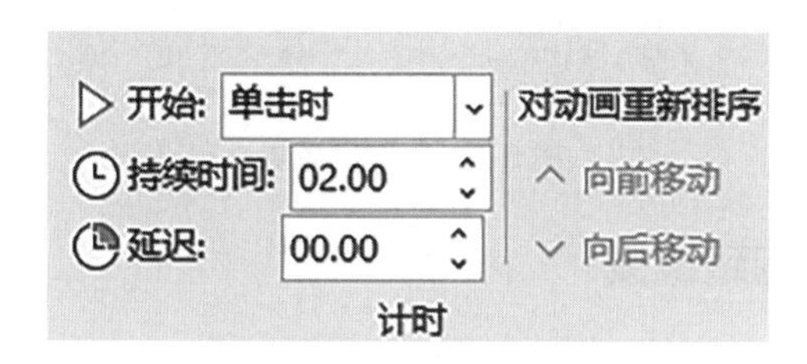

图6-27　动画时间设置

(4)删除动画效果　在演示文稿设计过程中,会遇到部分动画设置错误或者多余的情况,这时可在“动画”选项卡下面找到“动画”功能组,选择“无”之后删除对象所有动画。如果删除单个动画,可以先打开动画窗格,找到对应动画之后按【Delete】键或者鼠标右键打开快捷菜单栏,点击“删除”菜单。

(5)自定义动画　如果动画效果不满足实际需要,可以设置动作路径来处理。点击“动画”选项卡,展开动画列表,找到“其他动作路径”,打开“更改动作路径”对话框,可以自定义设置动画路径,如图6-28所示。

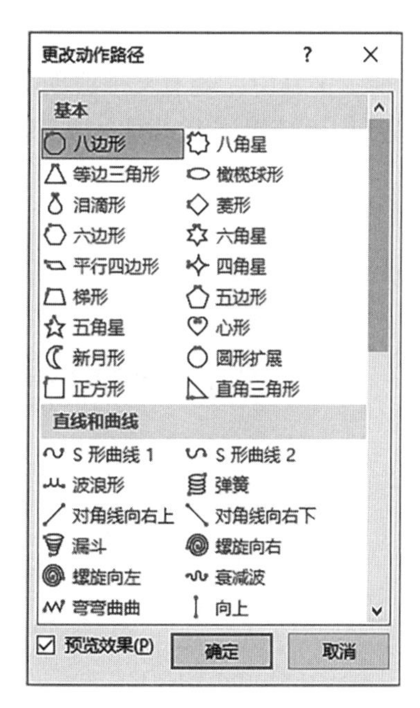

图6-28　“更改动作路径”对话框

6.4.2　设置切换效果

幻灯片切换是指幻灯片放映时,连续相邻两张幻灯片之间的衔接,默认切换效果是一致的,可以通过选中每张幻灯片设置不同切换效果,如图 6-29 所示。

幻灯片切换效果十分丰富,合理利用幻灯片切换效果可以使演示文稿时尚美观,但是大量滥用会导致幻灯片混乱,所以要合理利用切换效果,与幻灯片配色布局等相适应。

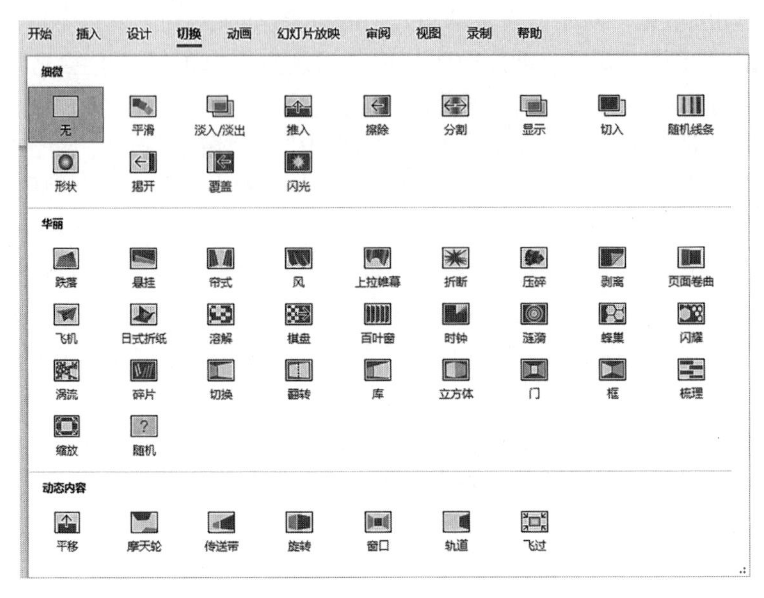

图 6-29　切换效果

6.4.3　演示文稿中的超链接

制作演示文稿时经常会用到幻灯片跳转或者打开外部网站等情况,这时候就需要使用演示文稿的超链接功能。PowerPoint 2021 继承了前几个版本中的功能,目前支持“现有文件或网页”“本文档中的位置”“新建文档”“电子邮件地址”四种超链接类型,如图 6-30 所示。其中,“现有文件或网页”用来链接演示文稿之外的文件或网页,“本文档中的位置”用来链接演示文稿中指定幻灯片。

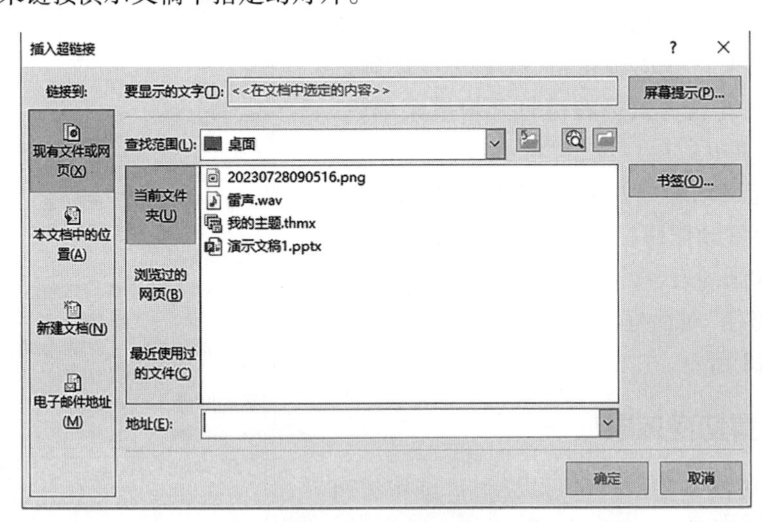

图 6-30　插入超链接

(1)“现有文件或网页” 选中需要链接的对象,点击“插入”选项卡,找到“链接”功能组,然后单击“链接”功能,弹出“插入超链接”对话框。在“插入超链接”对话框中选择链接到“现有文件或网页”,在查找范围中可以选择文件或者在“地址”框中输入一个网页地址,点击“确定”即可完成插入。

(2)“本文档中位置” 演示文稿默认是采用顺序线性结构,幻灯片会自前往后依次播放,在使用过程中可能会设计层次分明的演示文稿,并能够灵活展示演讲者的思路。此时可以在幻灯片中选中对象,在“插入超链接”对话框中找到“本文档中的位置”项目,然后在文档中的位置选择链接页面,可以通过幻灯片预览查看链接位置,点击“确定”插入完成。

(3)“新建文档”和“电子邮件地址” “新建文档”和“电子邮件地址”比较少用,插入电子邮件可以快速添加新文档,调用外界演示文稿文件。

6.4.4 在幻灯片中运用多媒体技术

演示文稿支持插入图像、音频、视频等对象。

(1)插入图像 图像在演示文稿中是一个普通对象,支持JPEG、PNG、GIF等多种格式的图像,在插入图像时需要选择高清晰度、高契合度图像,以适应演示文稿风格。在“插入”选项卡下找到“图像”功能组,在“图像”功能组中可以找到图像插入功能。演示文稿支持此设备、图像集、联机图片、屏幕截图、相册等多种方式插入图片,如图6-31所示。

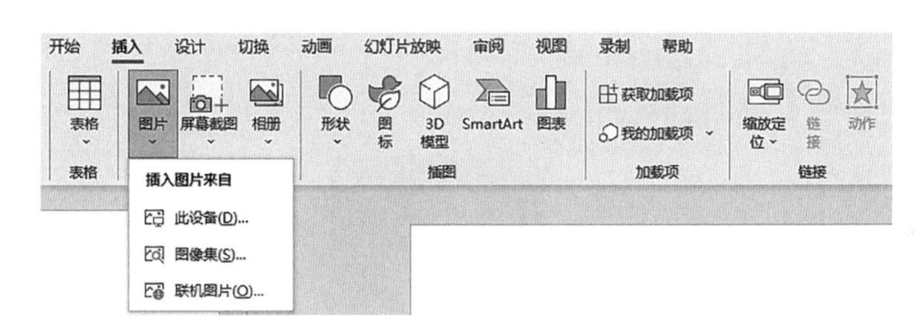

图6-31 插入图像

图像资源插入后,图像成为一个特殊的对象。点击图像对象之后,自动添加“图像格式”选项卡,如图6-32所示,“图像格式”选项卡下有大量对图像操作的功能。

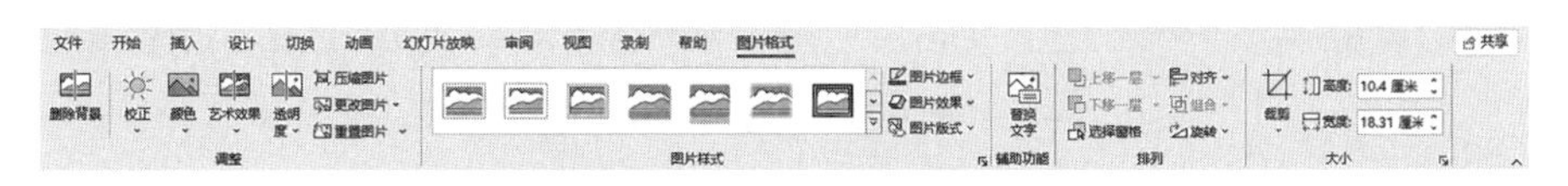

图6-32 “图片格式”选项卡

如同文本框一样,图片对象可以通过点击周围八个角点进行缩放。在“图片格式”选项卡下面“调整”功能组可以实现自动抠图、颜色矫正、艺术效果设计等图片效果调整;在“图片样式”功能组中可以对图片样式进行设计;在“大小和排列”功能组中可以对图片的层叠方式、位置方式、对齐方式、尺寸大小等进行调整。

(2)插入音频　在 PowerPoint 2021 中可以插入声音文件,为演示文稿增加个性化内容。单击“插入”选项卡找到“媒体”功能组“音频”菜单,插入音频后自动弹出“音频格式”和“播放”选项卡。“音频格式”选项卡弹出音频图标(图片)格式设置功能,“播放”选项卡可以控制音频播放信息,可以设置播放时间、后台播放、循环播放等信息,如图 6-33 所示。

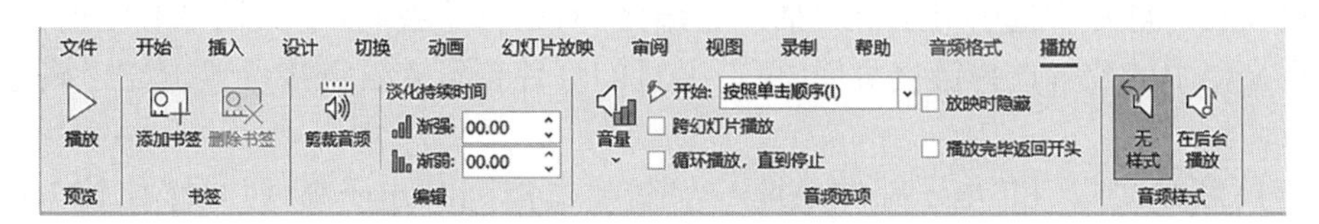

图 6-33　“播放”选项卡

(3)插入视频　同插入音频类似,PowerPoint 2021 可以插入视频文件。单击“插入”选项卡找到“媒体”功能组,点击“视频”可以插入视频文件,如图 6-34 所示。演示文稿中的视频也是一个对象,插入视频之后会自动弹出“视频格式”选项卡和“播放”选项卡。其中“视频格式”选项卡与“图片格式”选项卡类似,功能是为了设置视频格式;“播放”选项卡下设置视频播放选项,包括播放、视频剪辑、音量调节、循环播放等。当视频插入到幻灯片之后,幻灯片自动添加视频预览,在视频预览中默认是视频中第一帧图像,在视频预览下有控制选项,可以控制视频播放、视频进度、音量等功能。

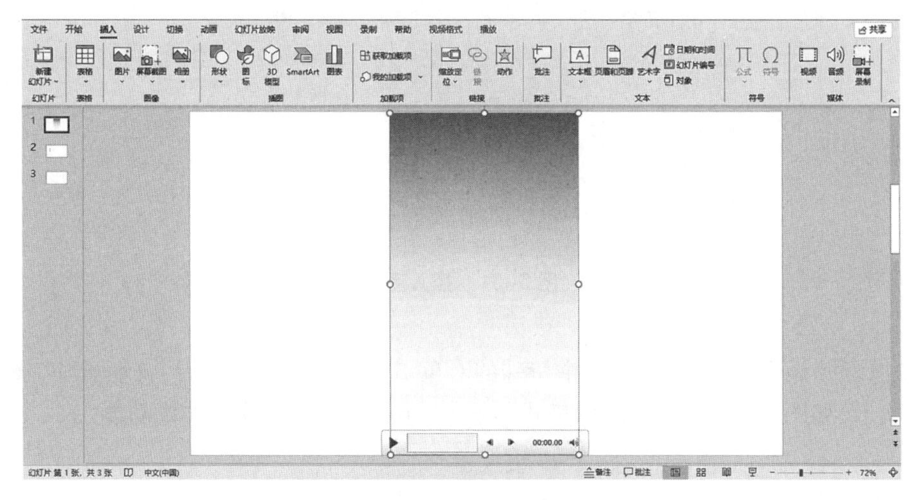

图 6-34　插入视频

6.5　演示文稿放映

幻灯片放映是完成幻灯片设置后最重要的环节,合理布置幻灯片可以有效提高幻灯片层次感，从而提高幻灯片质量。幻灯片放映相关设置在"幻灯片放映"选项卡下，如图 6-35 所示。

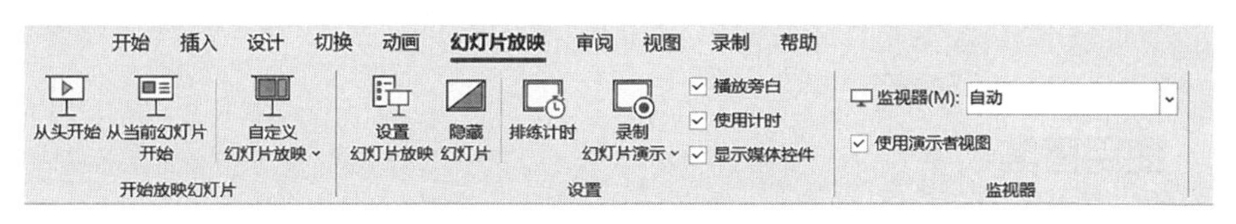

图 6-35　"幻灯片放映"选项卡

6.5.1　设置放映方式

在"幻灯片放映"选项卡下面可以找到"设置"功能组，单击"设置"功能组中"设置幻灯片放映"，弹出"设置放映方式"对话框，如图 6-36 所示。

在"设置放映方式"对话框中可以设置"放映类型""放映幻灯片""放映选项""推进幻灯片""多监视示器"设置，一般的放映选择默认选项即可。

图 6-36　"设置放映方式"对话框

6.5.2　设置放映时间

在各种比赛、报告环节，通常有具体的时间安排，如果超出时间将会对后面的其他工作造成影响，所以放映幻灯片时通常会使用"排练计时"等时间设置功能。单击"幻灯片放映"选项卡，单击"排练计时"可以自动启用排练计时，如图 6-37 所示。

图 6-37　排练计时

启动排练计时会自动打开"录制"对话框,排练计时过程中需要用户自行翻页和演讲汇报。"录制"对话框中显示翻页箭头和暂停按钮,可以对幻灯片翻页或者暂停、恢复放映。排练计时中显示本页面排练计时时间和总的排练计时时间,是对演讲者重要的指示信息。

6.5.3 使用画笔

画笔是 PowerPoint 2021 中非常实用的一个功能,用户可以使用画笔绘制基本线条、形状、文本等。

单击"插入"选项卡,找到"形状"快捷菜单,如图 6-38 所示,选择所需的图形形状即可将图形插入到幻灯片中。形状插入到幻灯片后变成幻灯片普通对象,自动弹出"形状格式"选项卡,可以设置形状的线条轮廓、填充、形状轮廓、文字效果等各种信息,以及对齐方式等设置信息可供用户选择。

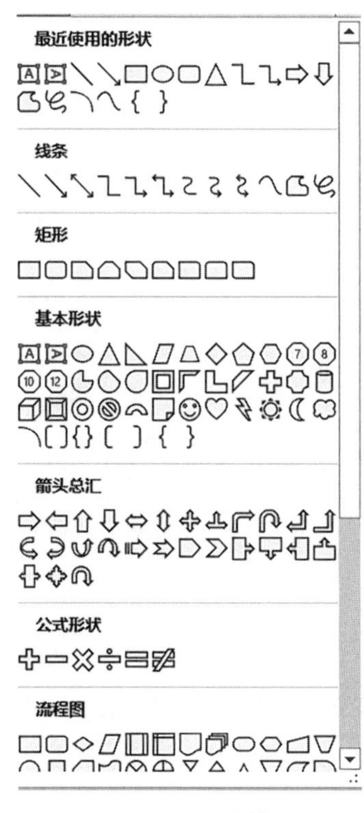

图 6-38 形状

6.5.4 演示文稿放映和打包习题

在"幻灯片放映"选项卡下找到"开始放映幻灯片"功能组,该功能组中包括"从头开始""从当前幻灯片开始""自定义放映"三个重要放映功能。"从头开始"表示从第一张幻灯片开始放映幻灯片,"从当前幻灯片开始"表示从当前位置开始放映幻灯片,"自定义放映”表示用户可以自定义幻灯片放映。点击“自定义幻灯片放映”可以打开“自定义放映”对话框，如图 6-39 所示，单击“新建”按钮选择需要放映的幻灯片，然后演示文稿会根据用户自定义添加幻灯片和顺序放映。

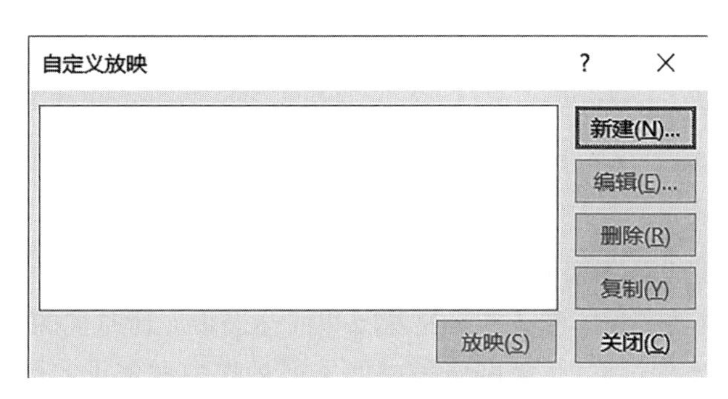

图 6-39　自定义放映

为了方便用户放映幻灯片，提高工作效率。PowerPoint 2021 提供幻灯片放映快捷键“F5”，按下快捷键之后幻灯片会自动从第一页幻灯片开始播放。同时在状态栏中有一个放映图标( )，单击图标之后会自动从当前位置放映幻灯片。

习题

假如你现在要应聘某公司计算机文秘相关工作，公司总经理需要你制作一个演示文稿来招商引资，请独立设计一个演示文稿并符合以下要求：

1. 幻灯片数量不少于 5 张，内容应包括公司介绍、优势、工作计划等相关内容。
2. 演示文稿需要有统一的主题样式，添加统一母版页附上公司的 LOGO(图标)。
3. 给幻灯片添加一组视频、图片、表格、图表等内容介绍公司基本情况。
4. 给幻灯片添加一组图表、SmartArt 图形等元素，用于文字显示。
5. 给幻灯片添加一组动画以丰富视觉效果，幻灯片之间需要有不同切换方式。
6. 添加排练计时，要求总时长控制在 3 min 之内。
7. 将幻灯片另存为“. pptx”格式。

第7章　计算机网络

当前便利的生活离不开互联网的高速发展，它的出现直接导致了我们的思维方式和生活方式的转变，推动了我国经济的高速发展和社会进步。新时代的大学生应该了解互联网的基本概念和发展过程，了解网络是如何发展运作的和常见的网络应用，拓宽专业视野，提高综合素质。

课程思政育人目标

2018年4月16日晚，随着美国商务部发起对中兴通信的制裁，以中国、美国为主的科技战拉开序幕。美国本着“不卖就封”的原则先后封杀中兴、华为等5G通信基础公司和百度、阿里、抖音(TikTok)、微信(WeChat)等大型互联网公司，使得我国科技产业受到暂时性冲击。这次冲击使我国部分产业确实受到影响，但也促进了我国科技进步。比如先后研发Open Harmony操作系统、实现了28 nm芯片量产化、5G覆盖率占到全球60%等，也促进我国军事产品完全自主化。面对外来压力和全新的困难磨砺，应保持自信态度，不忘初心勠力前行，取得最终的胜利。

7.1　计算机网络概述

网上冲浪、网购和电子支付等已经成为我们日常生活中很重要的部分，现在很多人都在讲“互联网+”“5G时代”“IPv6”等一些互联网概念，但互联网至今都没有一个统一准确的概念，因为它对于我们就像一个黑盒，里面极其复杂看不到本质。通常我们可以给计算机网络下一个定义。

计算机网络是一个通过网线、集线器、交换机、路由器等网络设备将各种地理位置不同且功能不同的计算机设备相互连接在一起进行通信、数据交换和资源共享的系统，每一个连接到计算机网络的计算机被称为主机。

生活上通常认为的计算机网络是因特网(Internet)，因为它是全世界最大的互联网络。需要注意的是Internet是计算机网络，计算机网络不一定是Internet。如图7-1所示，两个计算机之间通过网线进行连接后可以进行通信和数据交换，满足计算机网络定义，但是该计算机网络并未连接到因特网。

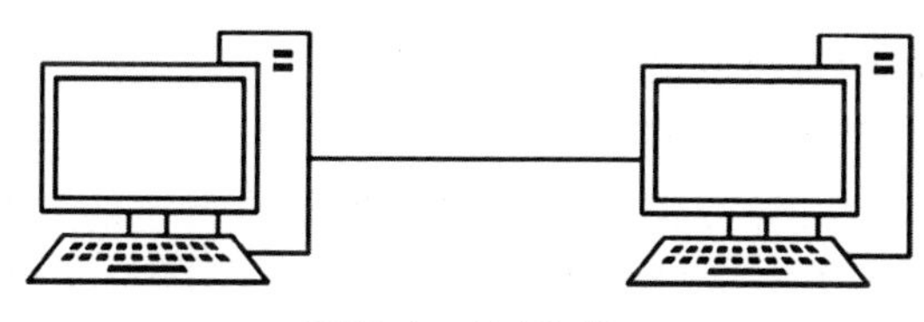

图 7-1　简单网络

7.1.1　计算机网络的发展

与其他计算机技术相同,计算机网络发展经历了从简单到复杂、从局域到广域、从慢速到快速的一个过程,一般认为计算机网络发展经历了四个阶段:面向终端的网络、面向通信的网络、面向互联的网络、面向数字的网络。

(1)面向终端的网络　面向终端的计算机网络通常被认为是第一代计算机网络,它的特点是:基本形成以主机为中心的多终端互联,实现远程访问。20 世纪 50 年代初,美国麻省理工学院林肯实验室为美国空军设计了被称为 SAGE 的半自动化地面防空系统,它通过通信线路将分布在不同位置的雷达观测点、机场、防空导弹阵地等连接在一起,形成联机在线的计算机系统,被称为计算机技术和通信技术的先驱。面向终端网络主机是中心控制者,终端设备(键盘和显示器)分布在各处与主机相连,用户可以通过本地终端访问到远程主机。第一代面向终端的网络除了中心主机具有独立数据处理功能外,系统中所连接的终端设备均无独立处理数据的功能,所以存在主机负载较高、线路利用率低的问题。

(2)面向通信的网络　面向通信的计算机网络是第二代计算机网络,它的特点是:基本形成以个体计算机为主体并以通信为目的的计算机网络。面向通信的计算机网络是一个诞生于美苏冷战期比较简单的计算机网络——ARPNET(阿帕网),该网络由美国国防高级研究计划局在 1969 年资助创建。ARPNET 网络只有 4 个结点并以电话线作为信息传输媒介,将加利福尼亚大学、斯坦福大学、犹他州立大学连接在一起形成的初代 Internet。此后,硬件设备的不断更新迭代带动 ARPNET 规模的不断扩大,直到20 世纪 70 年代后期,网络结点基本已经贯通美国东西部很多大学和研究机构。后期,借助卫星通信技术将夏威夷与欧洲地区的计算机终端建立连接,初代 Internet 基本形成。第二代计算机的出现使得计算机之间通信成为可能,相比于第一代以单主机为中心的计算机网络,第二代计算机网络中计算机成了主要角色。

(3)面向互联的网络　面向互联的计算机网络是第三代计算机网络,它的特点是:在硬件上具备了 ISO 的开放系统互联通信模式协议的能力,实现了计算机局域网互联、局域网之间互联、局域网与广域网之间互联,驱动综合业务数字网(ISDN)和智能网(IN)不断发展。1980 年 2 月,IEEE 下属 802 局域网标准委员会宣告成立,给 ISO 提供了大量局域网标准草案,这为局域网和广域网的发展奠定了基础。第三代计算机网络是按照标准的 OSI 参考模型作为指导性标准构建的网络,形成标准化网络体系结构和标准化网络协议，具有全网统一的通信规则，计算机网络对用户更加透明。

（4）面向数字的网络　面向数字的计算机网络的特点是：网络向互联、高速、智能、全球化方向发展，不再局限于计算机设备，包括不限制于移动设备、穿戴设备、IOT 设备等进行通信，出现光纤通信、蓝牙通信、Wi-Fi、NFC、RFID、蜂窝通信等各种通信媒介。进入 20 世纪 90 年代初期，Internet 出现了很多子网，各子网负责自己的工作和运维，后来这部分子网成为 Internet 的骨干网络。得益于大量子网的涌入，1993 年，Internet 完成了到目前最重要的技术创新，万维网（WWW）和浏览器进入人们的生活，Internet 逐步演化为文字、图像、声音、动画、影片等多种媒体交相辉映的新世界。

1987 年，中国学术网 CANET 向世界发送了第一封 E-mail，标志 Internet 正式进入我国，经过几十年的发展，逐渐形成了 CSTNET、CERNET、CHINAGBNET、CHINANET 四大主流网络体系。

Internet 在中国发展大致可以分为三个阶段：

研究试验阶段（1987—1993 年）。该阶段计算机网络主要功能是各大研究机构和高校之间建立联系，并通过计算机网络开展相关课题、科研合作，由此可见第一代计算机网络普及范围较小。

起步阶段（1994—1996 年）。经过前期的研究与试验，1994 年 4 月，中关村教育与科研示范网络工程接入国际 Internet，从此中国被国际正式承认为拥有 Internet 的国家，之后 CHINANET、CERNET、CSTNET、CHINAGBNET 等多个项目在国内开展业务，截至 1996 年年底，中国网民用户已达 20 万。

快速发展阶段（1997 年至今）。这是 Internet 在我国高速发展的阶段，国内 Internet 用户基本保持每年翻一番，根据中国互联网络信息中心（CNNIC）发布的第 51 次《中国互联网络发展状况统计报告》，截至 2022 年 12 月，我国网民规模达 10.67 亿，较 2021 年 12 月增长 3 549 万，互联网普及率达 75.6%。

7.1.2　计算机网络的组成与分类

为了有利于日常使用和更全面了解网络特性，一般的计算机网络会通过实际用途来划分计算机网络逻辑结构，下面进行简单介绍。

7.1.2.1　按照网络的作用范围分类

广域网（wide area network，WAN），通常作用范围可达几千米到几千千米，所以经常会把广域网叫作远程网。广域网是相距较远的多个计算机系统通过通信线路按照网络协议连接起来完成跨地区通信的计算机网络，它是计算机系统的集合。

局域网（local area network，LAN），通常是局部区域的计算机网络。局域网作用区域通常是在几米到几千米的范围，比如常见家用路由器、机房网络、校园网络等。

城域网（metropolitan area network，MAN），是一种作用范围相对较小的计算机网络，一般介于 WAN 与 LAN 之间，且是一种可以跨区县进行通信的城市内部通信网络。

个人区域网络（personal area network，PAN）是一种新兴的网络，主要工作范围在 10 m 以内，一般通过共享热点、蓝牙、红外等近距离通信技术将各种设备连接在一起工作，因此 PAN 也被称为无线个人区域网络（wireless PAN，WPAN）。

7.1.2.2 按照用途分类

按照使用用途的不同可以将网络分为公用网络(public network)和专用网络(private network)。公用网络是一种面向所有用户的网络,常见如因特网;专用网络是为特殊企业或者用户使用的网络,如中国科学技术网(china science and technology network, CSTNET)、中国教育网(china education and research network,CERNET)等。

7.1.2.3 按照通信媒介分类

按照信息传输媒介分类可以分为有线网、无线网。有线网主要采用物理实体进行信息传输,比如光纤、同轴电缆、双绞线等。无线网络主要采用微波、红外线、Wi-Fi 等。

7.1.2.4 按照通信速率分类

按照传输速率可以将网络分为低速网、中速网、高速网三种。低速网主要指借助调制解调器并利用固话网络来实现的网络,一般速率在 bps 至 Mbps 之间。中速网是目前主要的数字信息传输的网络,一般速率在 Mbps 至 Gbps 之间。高速网主要用于骨干网络光纤通信技术,一般速率在 Gbps 至上百 Gbps。

7.1.2.5 按照拓扑图分类

按照拓扑图分类可以将网络分为总线型、星形、环形、网状型。

总线型(如图 7-2 所示)是指将所有的设备连接到一条数据通信总线上,所有的计算机均可共享到数据(需要根据通信协议是否舍弃数据包)。总线型拥有布线简单、使用数据介质少、易于布置的优点。但是,总线型通信过程中,计算机设备会独占信道使得信道复用率较低,不易排查错误信息。

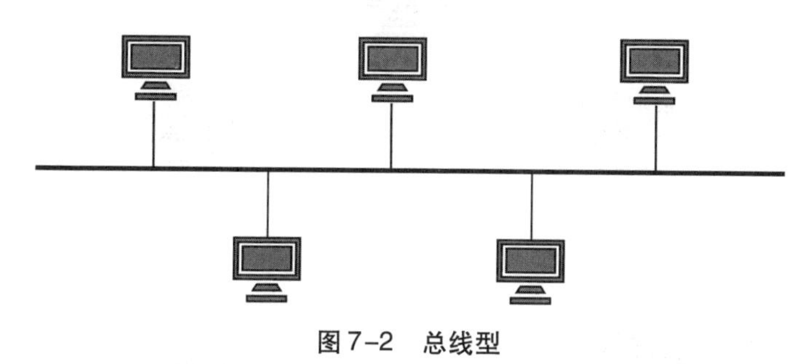

图 7-2 总线型

星形(如图 7-3 所示)是指由一个路由器、交换机等将所有计算机连接在一起的一种方式,这种布局方式一般除了中心路由器或者交换机出现问题之外,计算机设备只会影响到某一个节点。星形拓扑结构是目前局域网中应用最为广泛的一种,各大中小企业几乎都是采用此类布局方式,具有拓扑结构简单、可靠性高、传输速度快、故障易检修、灵活、易扩展等优点,缺点是对中央节点依赖较高。

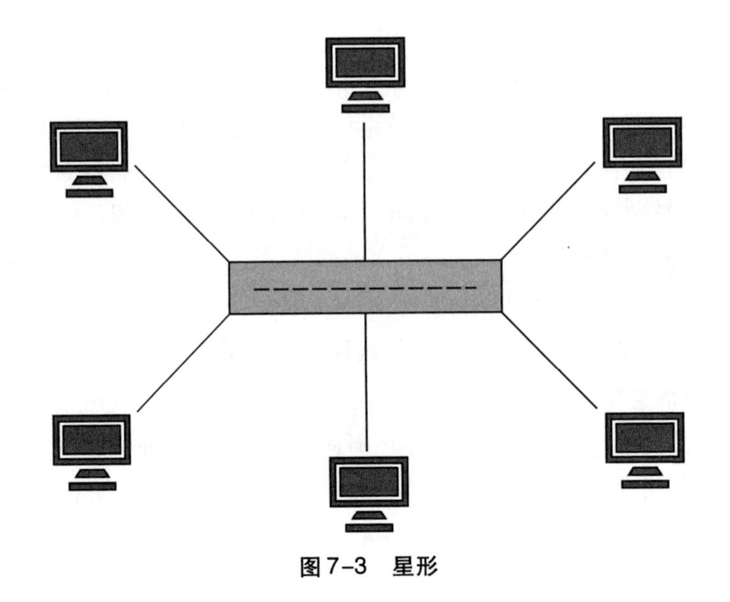

图 7-3　星形

环形(如图 7-4 所示)是指线路主体是一个环,所有计算设备均连接到通信环上。这类线路优点是工作站较少,节约设备。但是鲁棒性极差,一旦环中某一个设备出现问题,极易引起整个网络系统崩溃。

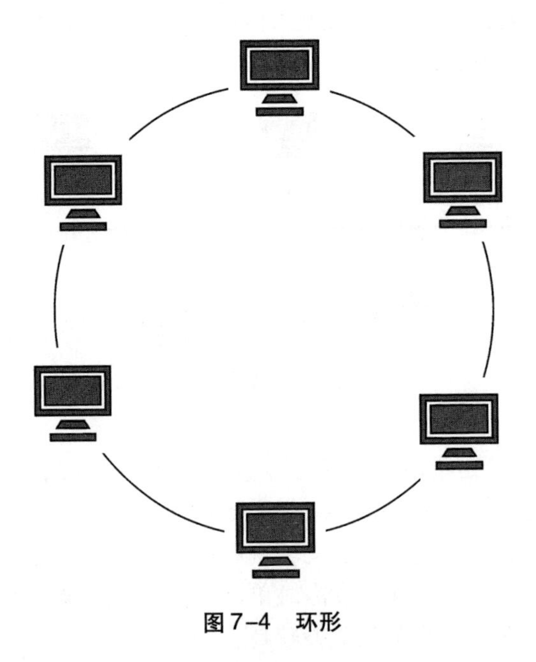

图 7-4　环形

网状型(如图 7-5 所示)是指所有的计算机节点之间相互连接,两两设备之间均可相互通信,不受线路影响和线路瓶颈影响,一旦线路出现问题其他线路不受影响,并且问题线路可以通过其他任意节点通信,并不会影响到网络的鲁棒性。但是,与此带来的问题是线路布置复杂，线路数量较多，导致成本较高。

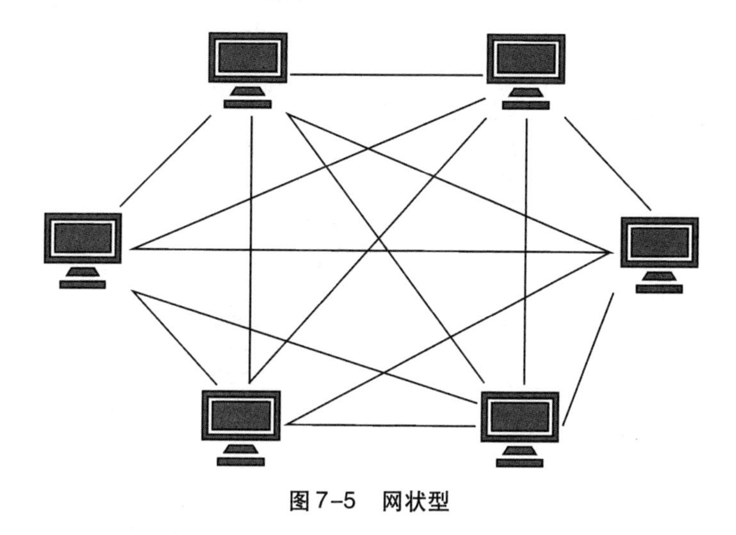

图7-5　网状型

7.1.2.6　按接入方式分类

按照接入网络方式可以将计算机网络分为电话拨号上网、小区宽带上网、移动互联网。

(1)电话拨号上网　如图7-6所示，ADSL(asymmetric digital subscriber line，非对称数字用户线)即日常生活中的电话拨号上网，它具有上下行速度不一样的特点，下行速度为512 kbit/s～8 Mbit/s，而上行速度是64～640 kbit/s。

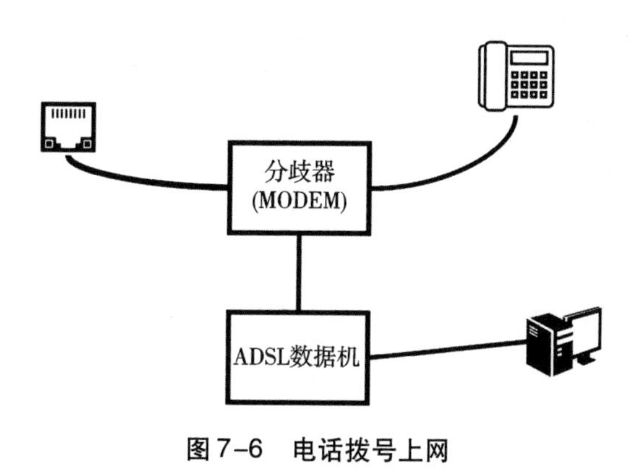

图7-6　电话拨号上网

(2)小区宽带上网　FTTX(fiber to the X，即光纤到X)+局域网(LAN)，如图7-7所示，接入小区宽带上网是目前应用最为广泛的方案之一。从技术上来讲，光纤入户是最好的选择，也是未来发展方向。光纤入户不仅可以提高传输速度，而且可以获得更高的上网速度，根据距离分类可以把光纤入户分为FTTZ(fiber to the zone，光纤入户)、FTTC(fiber to the cube，光纤到路边)、FTTB(fiber to the building，光纤到大楼)、FTTH(fiber to the home，光纤到户)、FTTD(fiber to the desk，光纤到桌面)。

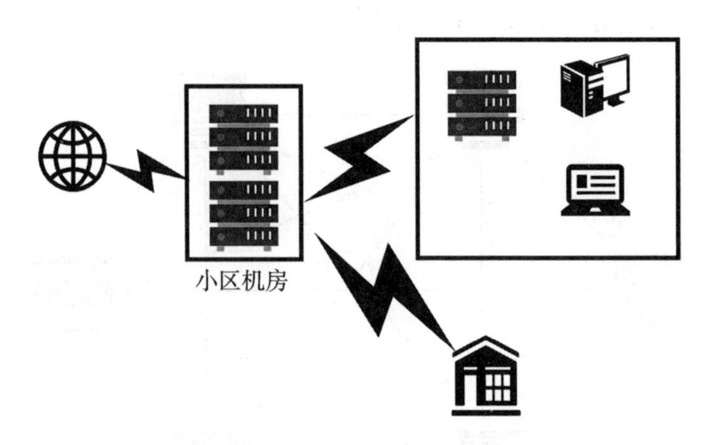

图7-7 光纤入户(小区宽带上网)

(3)移动互联网 移动互联网是具有移动通信和互联网双重功能的高速无线网络。宽带技术高速发展给移动终端技术注入新鲜血液,移动终端促进移动互联网服务质量不断提高。移动互联网经历了1G、2G、3G、4G、5G几个阶段,目前我国正处于5G互联网络应用落地时期。5G网络理论峰值可达10 Gb,使用5G网络可以拥有更好的上网体验。

7.1.3 计算机网络的功能

从计算机网络定义可以看出,计算机网络是资源共享的系统,通过计算机网络可以将不同计算机的资源进行组合使用。计算机网络功能如下:

(1)数据通信 数据通信是指按照指定通信协议,利用软件、硬件将数据转换为特定信号,通过物理媒介跨终端进行信息交互的一种方式,其中数据形式以二进制信号来表示。数据通信是计算机网络的一个典型应用,也是计算机网络最基本和最重要的功能。

(2)资源共享 资源共享是人们建立计算机网络的主要目的之一,它是基于数据通信的一个扩展封装。计算机资源通常以硬件、软件、数据等多种形态呈现,可以通过资源共享提高资源的复用率,减少人力劳动和大型数据中心的建设。

(3)分布式处理 随着技术的更新迭代,目前计算机硬件配置较之以往有了巨大飞跃,但是对于大型任务(比如航天器计算、大数据分析等),单终端仍然无法完成,需要将大型任务不断分解为小型任务逐个处理,然后将处理结果结合起来解决问题。分布式处理是计算机网络的一个重要应用,依靠计算机网络使得离散的计算终端可以从逻辑上整合为一个整体协作完成任务。

(4)提高可靠性 计算机网络可以提高网络中的可靠性,主要体现在主从计算机上。对于同一类资源通常会使用主计算机与从计算机(备用计算机)来共同提供服务,当主计算机遇到停电、死机等问题导致宕机时,从计算机可以立即启动并替代主计算机位置对外提供服务,从而保证业务可靠性。

(5)负载均衡 负载均衡是分布式处理的扩展功能,主要体现在更加合理地安排各个分部节点任务。对于一个分布式处理系统,因为使用了分布式概念,使得各个计算机终端成为逻辑计算机终端的一部分，每一个计算机终端之间更加“亲密”不可分割，更加合理地安排和分配计算机资源，提高工作效率。

7.2 计算机网络通信协议

7.2.1 网络协议

协议是社会生活中，协作的双方或数方，为保障各自的合法权益，经双方或数方共同协商达成一致意见后，签订的书面材料。与现实生活类似，在计算机中协议通常表示为不同终端之间可以使用指定规则进行通信的约定，这个规则即为协议。

在计算机中，常见的协议有 TCP、IP、HTTP、FTP、SMTP 协议，正是这些协议才让各大互联网应用可以正常稳定运行，从而打造了丰富多彩的互联网世界。

7.2.2 计算机网络的体系结构

计算机网络发展初期，各大计算机生产厂商均有自己的标准进行通信，不同厂家之间无法正常通信，这就造成设备垄断现象。为了兼容不同计算机设备厂家之间相互通信和提高计算机网络的扩展性，1978 年由 ISO（international organization for standardization，国际化标准组织）提出 OSI/RM（open system interconnection/reference model，开放系统互联参考模型）。OSI/RM 将计算机网络体系结构的通信划分为七层，如图 7-8 所示，分别为物理层、数据链路层、网络层、传输层、会话层、表示层、应用层。但是目前我们最常用的是效率更高且成本更低的 TCP/IP 四层模型，分别为应用层、传输层、网络层、网络接口层。

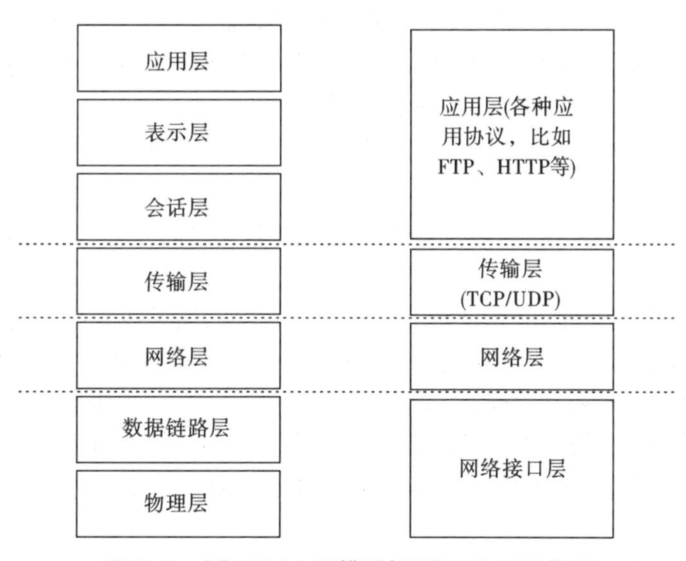

图 7-8 OSI/RM 七层模型与 TCP/IP 四层模型

在OSI/RM七层模型中,物理层主要是提供网络机械、电器、功能特征,比如按规定使用的电缆、电压信号等。数据链路层负责在线路上无差错地传输以“帧”为单位的信号数据,每一帧包括一定的数据信息。网络层负责在网络中选择合适的传输路线,确保数据能够准确、安全地及时传输和送达(确保信号可达)。传输层负责在网络中找到最优路径,为网络传输提供最可靠、最经济的线路(信号以最优方式送达)。会话层并不负责数据的实际传输,它主要提供包括访问验证和会话管理在内的建立和维护应用之间的通信机制,比如网络传输过程中,网络传输主干线上有很多信号,可以区分信号是否为发给我方的信号。表示层主要解决信息格式化、加密和解密等数据交换服务。应用层是确定进程之间通信性质,满足配套网络服务,比如浏览器提供HTTP/HTTPS服务。

7.3 计算机网络硬件设备

7.3.1 计算机设备

计算机设备是计算机网络中最重要的硬件设备,是数据通信的主体。计算机网络中的设备有很多种,并不仅仅局限于普通个人计算机,它可以是一台服务器、一台台式电脑、一台笔记本、一部手机、一个物联网设备等,甚至个人手表、手环、智能眼睛、蓝牙耳机等都可以作为一个计算机设备。总之,计算机设备可以以任意一种状态呈现并建立数据链接,进行信息交换的终端都可以认为是计算机网络中的计算机设备,可以是单工通信也可以是双工通信。

7.3.2 网络传输介质

传输介质是指数据传输过程中的物理通路,但是需要注意的是,传输介质并不是物理层,OSI/RM七层模型中网络传输协议并不是实际存在的物理实体。物理层工作原理是维持物理电气特性,能够将电气特征编译为信号及将信号编译为电气特性。所以,可以描述为传输介质存在于物理层,但物理层不是传输介质。计算机网络介质大致可以分为两种:有线介质和无线介质。

(1)有线介质　有线介质可以理解为有实际物理实体的介质,常见的有线传输介质有:双绞线、同轴电缆、光纤等。

双绞线,如图7-9所示,是由两根具有绝缘保护层的铜导线绞在一起组成的传输介质,它是最古老又最常用的传输介质之一。双绞线采用两根绝缘的导线互相绞在一起,干扰信号作用在这两根相互绞缠在一起的导线上(这个干扰信号叫作共模信号),在接收信号的差分电路中可以将共模信号消除,从而提取出有用信号(差模信号)。由于双绞线价格便宜且适合短程(几米到数十千米范围内)通信的特点,所以双绞线在局域网中发挥重要作用。

同轴电缆,如图7-10所示,由导体铜质芯片、绝缘层、网状编织屏蔽层和塑料外层构成,同轴电缆包含外导体屏蔽层,相比双绞线具有更好的抗干扰特性,在较远距离信号传输中有更好的性能,普遍用于区域网络、有线电视网络中,但是成本高于双绞线。

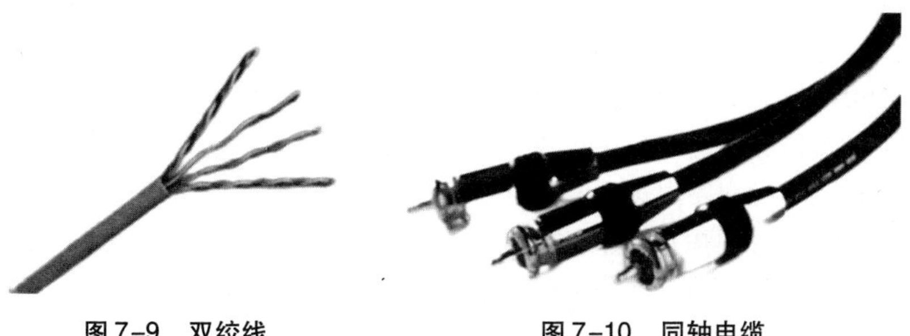

图7-9 双绞线　　图7-10 同轴电缆

光纤,如图7-11所示,是一种利用光导纤维传递光脉冲,使用不同的脉冲信号表示不同的信号状态。由于光的特殊光电物理特性,光纤进行信号传输过程中速度更快、负载更高、传输距离更远。

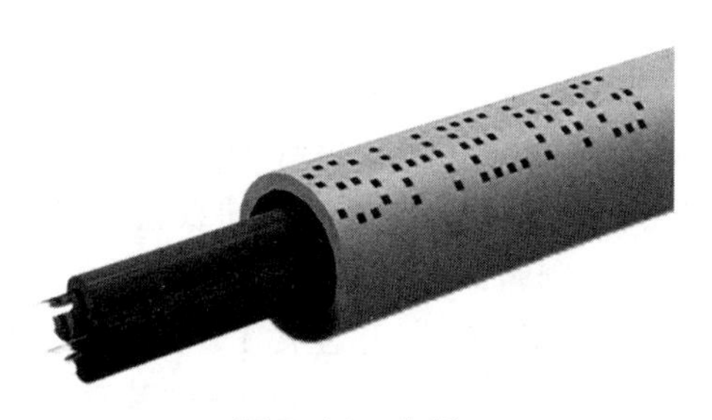

图7-11 光纤

(2)无线介质　相较于有线介质,无线介质比较好理解:无物理实体的传输介质。常见的无线介质有无线电、红外线、蓝牙、Wi-Fi、微波(卫星)。

7.3.3 网络互联设备

网络互联设备是指为了实现不同网络之间的通信与信息传输以及网络之间的数据传输和信息交换,用于连接、转换或处理数据的设备。这些设备可以是物理设备,也可以是虚拟设备,如路由器、交换机、网桥、网关、防火墙等。它们负责将数据进行路由、转发、过滤、封装等,实现网络之间、网际之间信息互通,提供网络安全、流量控制、复杂均衡等功能以提高网络的可靠性、稳定性和安全性,常见的路由器、交换机、网桥、服务器等均是网络互联设备。

7.4 因特网基本技术

7.4.1 因特网概述

因特网(Internet)是一个全球性的计算机网络,通过一定通信协议将全球范围内网络设备连接在一起,实现数据传输和资源共享。因特网自20世纪70年代初诞生以来,得到了迅猛发展,已经成了现代信息技术领域的核心基础设施之一。因特网的网络架构采用分层体系结构,包括物理层、数据链路层、网络层、传输层、应用层等。其中,每一层都有自己的协议和标准。物理层主要负责将数据转化为电信号或光信号,实现信号在物理介质上的传输;数据链路层负责将比特流封装成数据帧,实现节点间的数据传输;网络层负责数据包的分组、转发和路由选择;传输层负责端到端的数据传输;应用层负责为用户提供各种应用服务。因特网的主要功能包括数据通信、资源共享、信息搜索、文件传输、远程访问、电子邮件、网页浏览、网络游戏、电子商务等。其中,电子邮件是因特网最早的应用之一,已经成为人们日常工作和生活中不可或缺的工具之一。随着技术的不断进步,因特网的应用领域也在不断扩展,从最初的计算机网络发展成了涵盖各种信息技术领域的综合性网络。总的来说,因特网是一个庞大的、不断发展的、开放的、创新的信息技术领域,它已经深刻地改变了人类社会的生产方式、生活方式和思维方式。

7.4.2 TCP/IP

TCP/IP(Transport Control Protocol/Internet Protocol,传输控制协议/因特网协议)是一个非常重要的通信协议,该协议最早可以追溯到 ARPANET(阿帕网络)时代。美国国防部 1977 年到 1979 年间制定了 TCP/IP 体系结构和协议,它是计算机网络中最重要的一种通信协议,包括 Windows、Linux、Mac、Android、IOS 等设备默认都会安装该协议支持。

TCP/IP 是一种分层结构的网络协议,它包含了 TCP 和 IP 两种协议,并且 TCP 与 IP 协议也是 TCP/IP 协议的核心内容,也是当前 Internet 的基础。TCP 协议是一种面向可靠的数据传输协议,该协议通过三次“握手”的方式建立连接和通信。IP 协议是一种基于数据包的无连接、不可靠的网络通信协议,IP 协议只负责将数据包源地址传输到目的地址,对于数据包的大小、尺寸、顺序、完整性、可靠性等各方面信息不做保证。

7.4.3 IP 地址与域名

与现实社会相同,所有计算机在接入互联网之后必须有一个固定地址才能被其他计算机“找到”。比如郑州市区号为 0371,如果直接在郑州市内拨打电话只能够在一个城市内部直通,如果跨地市需要加上区号。网络中 IP 地址也是相同效果,被分为两部分:网络地址和主机地址。同一个网段的计算机可以直接相互通信,如果需要跨网络进行通信就需要加上网络号。

7.4.3.1 物理地址

计算网络中规定每一个计算机都要有一个固定地址,这个地址叫作 MAC(media access control,媒体访问地址),该地址随着网卡发布而附加,可以使用下面方式查看 MAC 地址:

点击网络图标,选中网络可以打开网络控制面板,如图 7-12 所示。

网络
已连接
网络和 Internet 设置
更改设置，例如将某连接设置为按流量计费。
飞行模式
英
10:28
2023/7/24

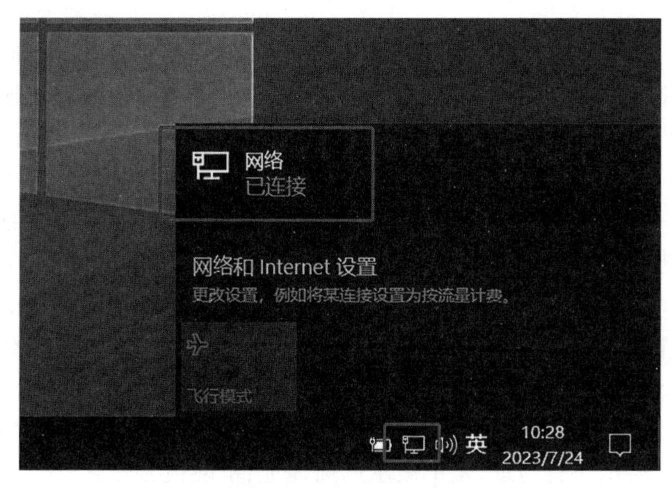

图 7-12　计算机网络

在网络控制面板中，可以看到以太网选项，在以太网选项下面找到处于连接状态的以太网图标，然后点击该图标打开网卡信息，如图 7-13 所示。

打开网络功能，展开属性信息单，在信息单中找到物理地址，如图 7-14 所示，物理地址以一个十六进制数表示，共 6 个字节（48 位）。前 24 位称为组织唯一标识符（organizationally unique identifier，OUI），是由 IEEE 的注册管理机构给不同厂家分配的代码，区分了不同的厂家。后 24 位是由厂家自己分配的，称为扩展标识符。同一个厂家生产的网卡中 MAC 地址后 24 位是不同的。

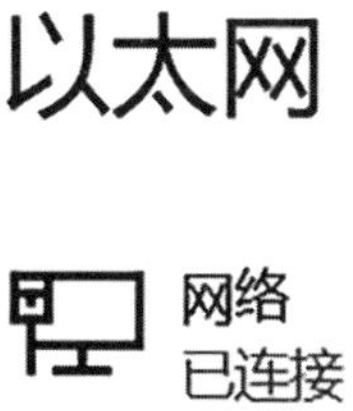
以太网
网络
已连接

图 7-13　选择以太网

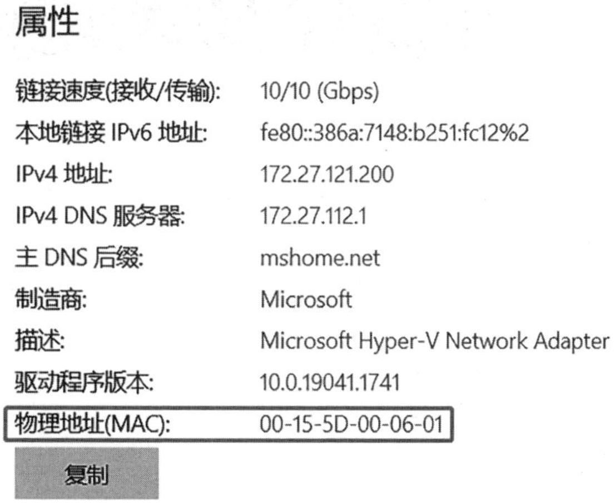
属性
链接速度(接收/传输):
10/10 (Gbps)
本地链接 IPv6 地址:
fe80::386a:7148:b251:fc12%2
IPv4 地址:
172.27.121.200
IPv4 DNS 服务器:
172.27.112.1
主 DNS 后缀:
mshome.net
制造商:
Microsoft
描述:
Microsoft Hyper-V Network Adapter
驱动程序版本:
10.0.19041.1741
物理地址(MAC):
00-15-5D-00-06-01
复制

图 7-14　找到 MAC 地址

7.4.3.2　IPv4 地址

使用唯一的物理地址可以让一台计算机很方便地找到网络中某一个计算机。然而，网络中计算机以 PC、移动端、嵌入式、智能设备等多种形态存在，不同设备地址可能存在部分差异。为了兼容这些问题,人们使用 32 位(4 bit/位)的 IP 地址来映射物理地址,可以大幅度提高工作效率,这个协议是 ARP(address resolution protocol,地址解析协议)。ARP 通常将 MAC、IP 地址信息与访问路径信息保存在路由表中以便迅速访问所有互联网中设备。在 Windows 10 中可以打开“控制台”输入“ipconfig/all”查看路由信息,如图 7-15 所示。

IP 地址是一个 32 位地址,目前所用的是 IPv4(互联网通信协议第四版),为了方便,人们将 32 位二进制分为四部分,每一部分都是一个完整的 8 位数字,然后可以将其写为十进制形式,中间使用“.”隔开,这就形成了点分十进制 IP 地址。例如,常见的 IP 地址“192.168.1.1”的原始二进制 IP 信息是“11000000 10101000 00000001 00000001”。设计 IP 地址之初,Internet 委员会定义了 A 类、B 类、C 类、D 类、E 类 5 种 IP 地址,以兼容不同类型的网络。其中,A 类、B 类、C 类在互联网中分配,D 类、E 类在特殊网络中使用。另外,规定 0.0.0.0 表示所有地址,全 1 表示广播地址,不能被分配。

```
无线局域网适配器 WLAN:

   连接特定的 DNS 后缀 . . . . . . . :
   描述. . . . . . . . . . . . . . . : Realtek 8822BE Wireless LAN 802.11ac PCI-E NIC
   物理地址. . . . . . . . . . . . . : D8-9C-67-C9-A3-17
   DHCP 已启用 . . . . . . . . . . . : 是
   自动配置已启用. . . . . . . . . . : 是
   IPv6 地址 . . . . . . . . . . . . : 2409:8a44:5811:dde0:4455:c493:2130:3(首选)
   获得租约的时间  . . . . . . . . . : 2023年7月31日 15:31:56
   租约过期的时间  . . . . . . . . . : 2023年7月31日 17:31:56
   IPv6 地址 . . . . . . . . . . . . : 2409:8a44:5811:dde4:3f17:aa13:b0cd:b3c7(首选)
   临时 IPv6 地址. . . . . . . . . . : 2409:8a44:5811:dde4:1018:f266:380e:c614(首选)
   本地链接 IPv6 地址. . . . . . . . : fe80::afd0:e592:4808:8f72%9(首选)
   IPv4 地址 . . . . . . . . . . . . : 192.168.3.100(首选)
   子网掩码  . . . . . . . . . . . . : 255.255.255.0
   获得租约的时间  . . . . . . . . . : 2023年7月30日 19:13:07
   租约过期的时间  . . . . . . . . . : 2023年8月1日 15:31:55
   默认网关. . . . . . . . . . . . . : fe80::1%9
                                       192.168.3.1
   DHCP 服务器 . . . . . . . . . . . : 192.168.3.1
   DHCPv6 IAID . . . . . . . . . . . : 98081895
   DHCPv6 客户端 DUID  . . . . . . . : 00-01-00-01-2C-38-77-CB-E8-6A-64-1F-58-54
   DNS 服务器  . . . . . . . . . . . : fe80::1%9
                                       192.168.3.1
   TCPIP 上的 NetBIOS  . . . . . . . : 已启用
```

图 7-15　路由表

(1)A 类地址　在计算机网络中,第一个字段的网络地址最高位是 0,表示 A 类地址(不包括 0.0.0.0),如图 7-16 所示,所以 A 类网络地址取值范围为 1 ~ 126,主机地址可以从 1.0.0.0 至 126.255.255.255,共计 16 777 216 种。

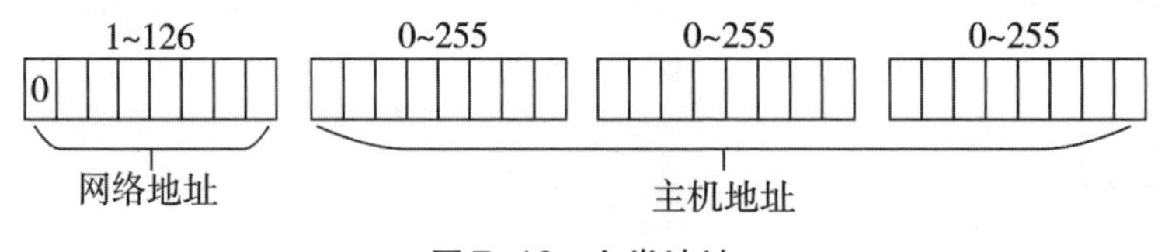

图 7-16　A 类地址

(2)B 类地址　在计算机网络中,前两个字段表示网络地址,并且最高位是 1,第二位是 0,如图 7-17 所示。网络地址有 $2^{14}-1=16\ 383$ 个,每个网络地址有 $256\times256-2=65\ 534$ 个主机地址。其取值范围是 128.1.0.0 ~ 191.255.255.255。

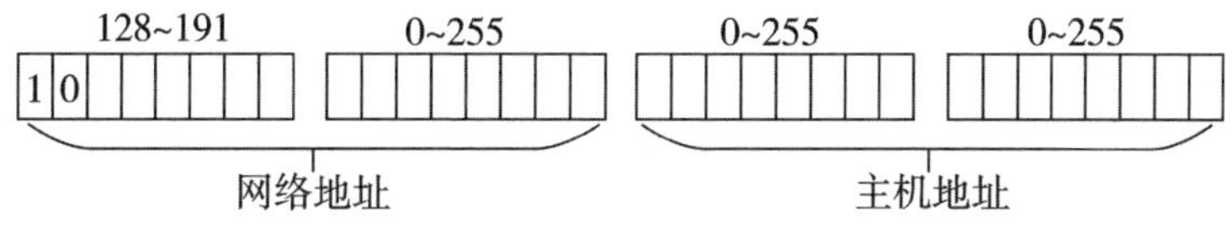

图7-17 B类地址

(3)C类地址 C类地址最高位是110,如图7-18所示,网络地址的取值范围是192~223,所以C类地址最大网络数是$2^{21}-1=2\ 097\ 151$个。每个C类地址可以容纳最大主机数目是256-2=254个。C类地址取值范围为192.0.1.0~233.255.255.255。

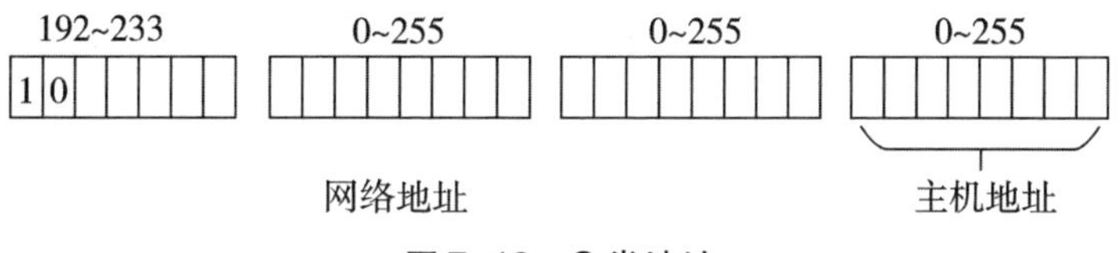

图7-18 C类地址

(4)D、E类地址 网络地址最高位是1110的地址为D类地址,D类地址是组播地址,用于广播等一对多通信。E类地址最高位是11110,用来扩展使用。

(5)特殊地址 私有地址是仅能在局域内部使用的IP地址,仅能局域网内部进行通信交流。私有网地址之外的地址是公网地址,公网地址是指在Internet网络中的公共地址,Internet网络中任意设备均可以访问到该设备。按照五类地址划分,局域网对应地址也可以划分为10.0.0.0~10.255.255.255(A类地址)、172.16.0.0~172.31.255.255(B类地址)、192.168.0.0~192.168.255.255(C类地址)三个网段局域网。其中127.0.0.1是本机循环测试使用,169.254.0.0~169.254.255.255是本机尝试获取网络出现错误时候自动分配使用。

7.4.3.3 IPv6地址

IPv4网络地址是采用32位二进制表示,所以全球所有IPv4地址一共拥有2^{32}=4 294 967 296个地址,随着网络技术发展和智能设备的不断接入,去除局域网地址和保留地址后IPv4地址库存已经非常紧张。2019年11月25日,负责亚欧部分地区的资源调配中心宣布IPv4储蓄池中43亿地址已经全部耗尽。IPv6是地址长度为128位的IP地址,地址长度是IPv4的4倍。所以IPv6地址数量有2^{128}个,海量的IPv6地址可以给地球上每一粒灰尘分配IPv6。

IPv6数据量之多已经无法使用点分十进制进行表示,目前主流使用采用冒分十六进制、0位压缩法、内嵌IPv4法来表示。

(1)冒分十六进制 冒分十六进制基本格式为"X:X:X:X:X:X:X:X",其中每个"X"都是一个用十六进制表示的数字,例如:ABCD:EF01:2345:6789:ABCD:EF01:2345:6789。

(2)0位压缩表示法 某些情况下一个IPv6地址包括很长一段0,这时0可以使用空表示,例如ABCD:0000:0000:0000:0000:1234:0000:0000可以表示为ABCD::1234:

0:0。

(3)内嵌 IPv4 表示法　为了兼容 IPv4 实现 IPv4 与 IPv6 的互通,IPv4 可能会嵌入到 IPv6 中。此时通常表示为 X:X:X:X:d. d. d. d,比如 192. 168. 0. 1 与::FFFF:192. 168. 0. 1 相同。

7.4.3.4 域名

Internet 域名系统采用树形结构命名方式,每个接入互联网的设备都有唯一一个层次结构,这个层次名称叫作域,如图 7-19 所示,一个域可以包含符合规定的多个子域。IP 地址可以大幅度提高网络使用效率,但是记忆大量 IP 地址也是非常难以完成的工作。为了解决这类问题,人们使用一串文本来表示一个 IP 地址,这串文本称为域名,于是诞生了 DNS(domain name system,域名系统)。DNS 是一个将域名与 IP 地址对应的系统,通过 DNS 服务商可以快速检索 IP 地址进行访问。

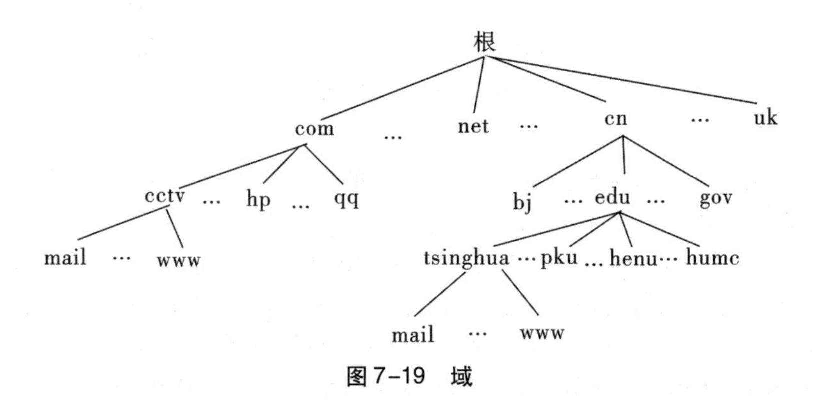

图 7-19　域

每一个域名都是由标号序列组成,中间由“. ”分割,如图 7-20 所示。

图 7-20　域名

上述域名中 com 是顶级(一级)域名,qq 为二级域名,mail 为三级域名。DNS 规定域名每个标号中文本信息仅能包含数字、字母和“-”,且长度不能超过 63 个字符,总长度不能超过 255 个字符。其中,每个标号部分都应该拥有具体含义,如表 7-1 所示。

表 7-1　国家顶级域名

国家顶级域名	代表国家和地区
cn	中国
us	美国
uk	英国
hk	香港
tw	台湾

除了上述代表国家含义的顶级域名之外，还有很多非地区相关的顶级域名，这些域名通常指代某一领域，如表 7-2 所示。

表 7-2　通用顶级域名

通用顶级域名	含义
com	公司(company)
net	网络(network)
org	非盈利性组织(organization)
int	国际组织(international)

通常在顶级域名下面的二级域名也可以拥有具体含义，比如我国的一些常见二级域名，如表 7-3 所示。

表 7-3　我国通用二级域名

行政区域名		通用域名	
域名	含义	域名	含义
bj. cn	北京市	com. cn	中国境内公司
ha. cn	河南省	edu. cn	中国境内高校
sh. cn	上海市	gov. cn	中国政府
tw. cn	台湾省	ac. cn	科研机构

事实上，无论是多少级别域名在使用上几乎没有任何区别，都是互联网中唯一性的标识，只是在最终管理机构上有所区别。国际顶级域名目前由 ICANN(internet corporation for assigned names and numbers，互联网名称与数字地址分配机构)管理，国内域名由 CNNIC(china internet network information center，中国互联网络信息中心)管理。

7.5 因特网应用

随着 Internet 的飞速发展,Internet 可以提供越来越丰富的服务,使用较多的有 WWW (world wide web,万维网)、E-Mail(electronic mail,电子邮件)等。此外抖音和快手等短视频平台、新浪和腾讯等新闻平台、淘宝和京东等购物平台都需要依赖因特网提供服务。

7.5.1 因特网信息浏览

互联网上拥有海量的信息,如何从互联网中高效、准确地检索信息是一个重点。信息检索(information search)是指根据特定需求进行有关信息搜集、加工、分析的过程。利用计算机快速、准确的计算能力、逻辑判断能力和人工模拟能力,对系统进行定量计算和分析,可为解决复杂系统问题提供手段和工具。

WWW 是一个超大规模、联机式信息储藏和检索的服务,也称 Web。它解决了用户从任意位置浏览 URL(uniform resource locator,统一资源定位符)获取资源的方式,如图 7-21 所示,主要使用的工具是浏览器。浏览器是典型的 B/S(browser/server,浏览器/服务器)模型中非常重要的部分。

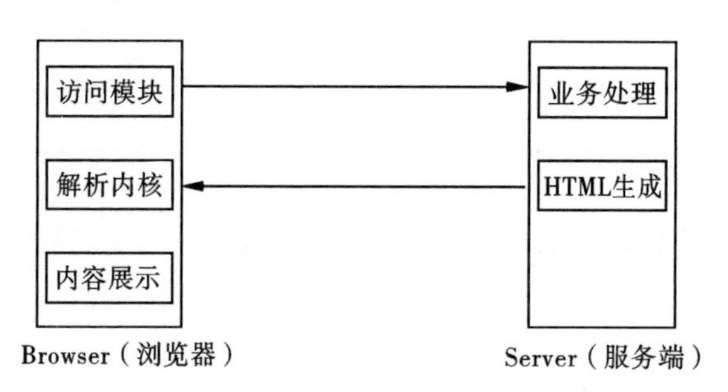

图 7-21 B/S 模型

首先,用户使用浏览器在地址栏中输入服务器地址,浏览器资源访问模块访问服务器端资源,然后服务器端通过用户传入内容将资源整合成文本信息并发送到客户端。客户端浏览器接收到服务器传回代码,通过浏览器内核解析并给用户做出展示。

用户可以基于浏览器在互联网中进行互联网信息浏览。目前互联网中拥有大量浏览器,但是大部分均是基于 Trident、Gecko、Blink、Webkit 四款内核开发而来,如图 7-22 所示。

其中,以 Google 公司开源的 Chromium 内核占据比例最大。由于 Chromium 内核快速且占用内存较小,大量国产浏览器和国外浏览器均是基于 Chromium 内核开发具有本土特色的浏览器。

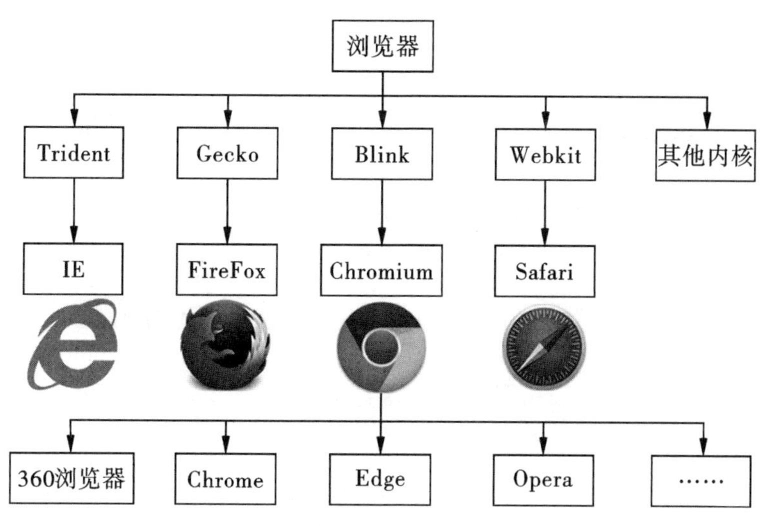

图 7-22　当前流行浏览器及其内核

7.5.2　网上信息的检索

信息检索是指用户在网上进行信息查询、获取的方法和手段。狭义的信息检索是指从信息数据集中筛选所需信息的过程；广义上信息检索是指通过一定手段对信息获取、整理、加工和存储，当用户对数据有需求时可以通过信息的特殊属性将信息查找出来的过程。这里通过常见的百度搜索引擎介绍如何进行数据检索。首先需要打开浏览器，在浏览器的地址栏中输入 https://www.baidu.com，然后打开百度的主页，如图 7-23 所示。

图 7-23　百度搜索

(1)普通文本检索　打开百度首页在文本框中输入关键字，按下【Enter】键或者点击"百度一下"自动搜索，搜索结果通过列表方式展开，可以根据实际需求点开相应的链接获取检索内容。百度支持引号分词,可以有效防止词语分割带来错误数据。比如搜索框中输入 Office 2021 与“Office 2021”结果具有一定差异,如图 7-24 所示。

图 7-24 普通搜索

(2)指定类型检索 在信息检索过程中可能需要下载一些文件,这时可以在文本框中加上对应文件格式就可以迅速检索出来有关文件,并且根据给定格式对信息进行初步筛选和加工,如图 7-25 所示。

图 7-25 指定类型搜索

(3)指定网站检索 有时候可能需要借助百度使用关键字在指定网站搜索数据,这时候需要使用“site”关键字进行筛选。比如在 Microsoft 官网搜索 Office2021 相关信息,直接在百度输入框中输入“Office 2021 site:Microsoft. com”,那么搜索的所有内容都来自 Microsoft. com,如图 7-26 所示。

信息检索还有很多其他高效用法,这里只介绍上述几种,其他方法读者可以自行探索。

图 7-26　指定网站搜索

7.5.3　利用 FTP 进行文件传输

FTP(file transfer protocol,文件传输协议)是一种基于 Internet 的数据双向交互协议,它允许用户从服务器下载文件和从客户端向服务器上传文件,如图 7-27 所示。FTP 基于 TCP 协议采用 21 端口进行双向通信,拥有简单易用、可靠性高、灵活度强、跨平台使用等优点,被广泛使用。但是,由于 FTP 允许客户端向服务器端直接传输信息,给服务器安全性带来了考验。为了提高 FTP 易用性和安全性,逐渐出现 SFTP(secure file transfer protocol,安全文件传输协议)、FTPS(file transfer protocol secure,文件传输安全协议)、SCP(secure copy protocol,安全拷贝协议)等多种现代化协议,以满足现代化网络应用需求。

图 7-27　FTP

目前包括很多 FTP 客户端可供用户选择,Windows 10 也为用户提供了 FTP 客户端支持,打开文件管理器,在地址栏中输入“FTP://FTP 地址”,打开 FTP 服务器访问,登录之后即可展示文件列表。打开 FTP 后可以上传和下载 FTP 服务器文件。

7.5.4　电子邮件的使用

互联网的高速发展给即时通信技术注入新鲜血液,以微信、QQ 为主的即时通信占据了大量市场份额,然而电子邮件从诞生起至今仍然具有不可替代的作用,尤其在正式场合中电子邮件相较于即时通信工具更有说服力,也便于保存、归档和复查等。

7.5.4.1 邮件地址组成

一个完整的电子邮件格式包括三部分——登录名、分隔符、服务商,中间有一个@符号可以翻译为“在”(at)。电子邮件和普通信件功能相同,在写信时为能顺利邮寄,需要知道收信人的地址。电子邮件地址包括三个部分:用户名、@符号、提供商服务器。例如:“用户名@163.com”。

7.5.4.2 邮件构成

一封电子邮件通常由信头和信件两部分组成。

(1)信头 信头是电子邮件地址信息等内容,可以对比为信封表面的内容,通常包括收信人、抄送、密送、主题等信息。主题是指发件人对信件内容的一个摘要,方便接收者快速读懂信件信息。收件人是信件接收者。信头信息,即为纸质信件表面的信息。抄送是指发送信件时附加接收者信息,电子邮件服务器在发送邮件时会给抄送者也发送一封邮件,并且所有接收者都可以看到信件接收者和抄送者。密送相比较于抄送增加一层“加密”,加密操作即禁止其他接收者看到抄送者信息。

(2)信件 信件是电子邮件的主体部分,一般包含富文本框和附件。富文本框可以撰写信件具体内容。附件是一个文件,可以是文档、图片、压缩包等,接收方可以下载该文件。

7.5.4.3 邮件协议

邮件协议是指用户在计算机上借助网络通过某种技术支撑邮件收发工作,常见有SMTP、POP3、IMAP协议。

(1)SMTP SMTP(simple mail transfer protocol,简单邮件传输协议)可以向用户提供高效、可靠的邮件传输方式,支持通过不同网络服务器转发到其他邮件服务器。SMTP是一种同时支持邮件收发的协议,使用端口为25。

(2)POP3 POP3(post office protocol 3,邮局协议)是一种用于电子邮件接收的协议,是一种使用TCP协议的客户端协议,需要通过认证、处理、退出、删除四个步骤。

(3)IMAP IMAP(internet message access protocol,Internet信息访问协议)是一种通过Internet获取信息的协议,IMAP与POP类似,可提供方便的邮件下载服务,让用户能够离线访问邮件,但是IMAP提供的摘要浏览功能,可以让用户选择是否下载信件。IMAP有效减少了用户点击进入邮件中感染木马病毒的风险,有效保护客户端安全。

7.5.4.4 实际应用

目前有很多邮箱服务提供商,既有收费的服务,也有免费的服务。下面以网易免费邮箱为例介绍如何申请和使用邮箱。在浏览器中输入地址https://mail.163.com,打开网易免费邮箱界面,如图7-28所示。

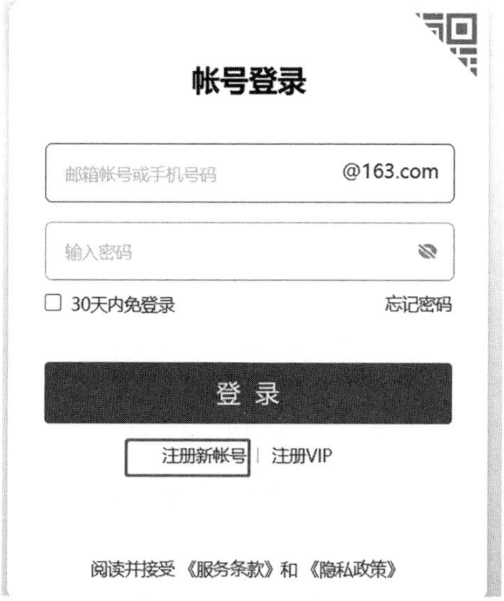
帐号登录
邮箱帐号或手机号码
@163.com
输入密码
30天内免登录
忘记密码
登 录
注册新帐号
注册VIP
阅读并接受《服务条款》和《隐私政策》

图 7-28　网易邮箱登录

点击“注册新账号”，一般选择普通注册，可以提前自定义或者检验用户名，输入用户名和密码之后需要绑定手机号，用来重置密码和实名制认证，如图 7-29 所示。

推荐
“手机号码”快速注册
手机号码@163.com，方便好记
普通注册
以字母开头，支持字母、数字组合
申请成为VIP
5位靓号，无限容量邮箱
欢迎注册网易免费邮箱
以字母开头，支持字母、数字组合
邮箱地址
@163.com
密码
手机号码
同意《服务条款》、《隐私政策》和《儿童隐私政策》
立即注册

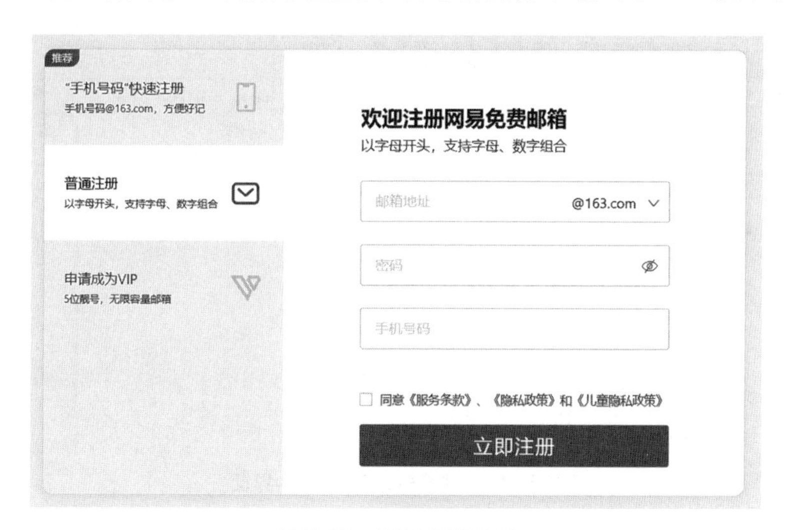

图 7-29　网易邮箱注册

注册成功之后可以直接进入邮箱中，网易免费邮箱包括大量的功能，但是常用的功能是左侧菜单栏中的写信和收信功能，如图 7-30 所示。

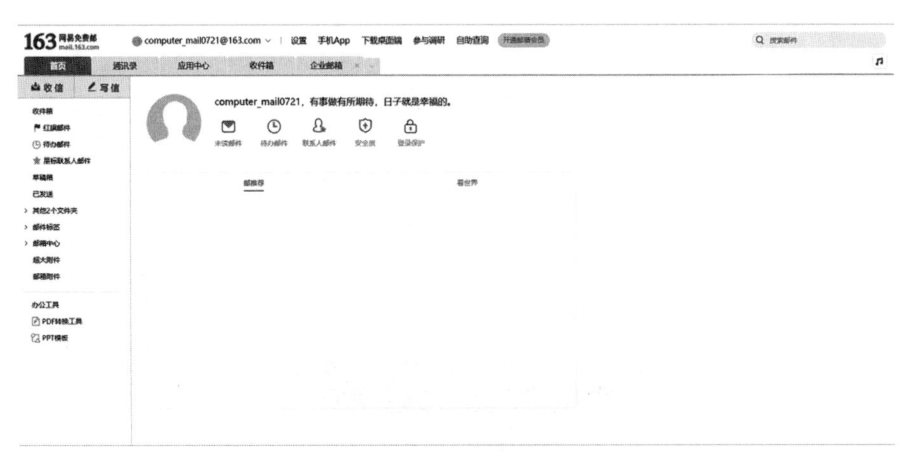

图 7-30　网易邮箱主界面

点击“写信”可以打开发邮件界面，如图 7-31 所示。写信包括收件人、主体两个文本框，收件人表示邮件接收者信息，主题表示邮箱内容的主题。在右上角还有抄送、密送两个按钮。抄送表示顺带发送（公开批量发送），密送是顺带私密发送（所有接收者看不到邮件接收方信息）。邮件主体包括富文本框和附件按钮，可以撰写邮件详情，点击“发送”按钮即可发送到所有接收者邮箱。

图 7-31　网易邮箱发送邮件界面

思考与讨论

以所在单位（或者校园）为例，尝试分析网络拓扑结构。尝试登录个人邮箱，并分析网络数据在拓扑结构中的走向。

第8章　算法和程序设计

计算机解决生活中的实际问题时，主要依靠程序的运行，而算法又是程序的核心。在计算机科学中，算法和程序设计是紧密相连的，理解算法是设计有效程序的基础。同时，通过编写程序，我们可以实现和执行算法。

课程思政育人目标

> 近年来，华为公司作为中国高科技企业的代表，通过自主研发和不断突破，为中国的科技事业做出了重要贡献。其中，华为鲲鹏计算平台是基于鲲鹏处理器的电脑平台，也是华为公司的重要成果之一。华为鲲鹏计算平台采用了ARM架构，自主研发了处理器芯片，打破了国外企业在高端芯片领域的垄断地位。同时，该平台还具有高效加速能力，适用于大数据、分布式存储、高性能计算和数据库等应用场景，为国家的科技创新和产业发展提供了强有力的支持。

8.1　算法

算法(algorithm)是一种描述解决问题方法的步骤。它是一种抽象的工具，主要用来解决计算问题。算法描述的是一个一般性的问题解决过程，包括一些特定的步骤，并且每一个步骤都必须是明确的、可执行的。一个有效的算法会接收一些输入，产生一些输出，并达成某种特定的目标。

8.1.1　算法的基本概念

使用计算机解决具体问题时，首先需要从具体问题中抽象出一个数学模型，其次设计一个解决此数学模型的算法，最后用计算机语言编写实现算法的程序，并进行测试、修改，直至得到预期结果。

算法是为了解决一个特定问题而采取的确定的、有限的、按照一定次序执行的、缺一不可的步骤。算法从应用领域可分为数值算法和非数值算法。数值算法主要进行数学模型的计算，科学和工程计算方面的算法都属于数值算法，如求解微分、积分、方程组等数值计算问题。非数值算法主要进行比较和逻辑运算，数据处理方面的算法都属于非数值算法,如各种排序、查找、插入、删除、更新、遍历等非数值计算问题。

作为对特定问题处理过程的精确描述,算法应该具备以下特性:

(1)有穷性 一个算法应包含有限次的操作步骤,不能无限地运行(死循环)。因此在算法中必须指定结束条件。

(2)确定性 算法中的每一个步骤都是确定的,只能有一个含义,对于同样的输入必须得到相同的输出结果,不应该存在二义性。

(3)有效性 算法中所有的运算都必须是计算机能够实现的基本运算,算法的每一个步骤都能够在计算机上被有效地执行,并得到正确的结果。

(4)输入 一个算法可以有零个、一个或多个特定的输入。当计算机为解决某类问题需要从外界获取必要的原始数据时,它要求通过输入设备输入数据。

(5)输出 一个算法必须有一个或多个输出。没有输出的算法是没有意义的。

8.1.2 算法描述语言

算法可以采用约定的符号描述,如流程图或 N/S 图,用图示符号规定了算法的执行过程。算法还可以用程序设计语言描述,如 C 语言或伪代码(类 C 语言)等。算法也可以用自然语言描述,但因可能产生二义性而很少使用。一般情况下,算法描述语言描述的程序不能直接在计算机上执行,必须转换为某种具体的语言形式,经过编译系统的处理才能在计算机上运行。

(1)流程图 流程图是用一些图框表示各种类型的操作,用流程线表示这些操作的执行顺序。在流程图中常用的图形符号如图 8-1 所示。图 8-1 中各结点的含义如下:

(a)起止框:表示算法由此开始或结束。

(b)处理框:表示操作处理。

(c)判断框:表示根据条件进行判断操作处理。

(d)输入/输出框:表示输入数据或输出数据。

(e)流程线:表示程序的执行流。

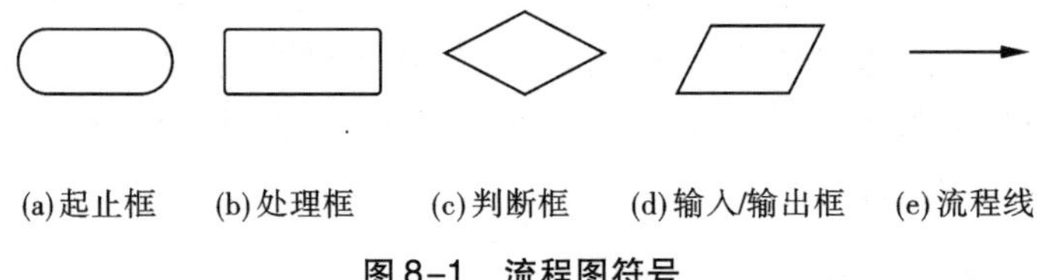

图 8-1 流程图符号

(2)伪代码 伪代码形式接近于程序设计语言又不是严格的程序设计语言,具有程序设计语言的一般语句格式又除去了语言中的细节,采用伪代码描述算法仅关注于描述算法的处理步骤。

8.2 程序设计

程序设计是编写计算机程序的过程。程序员使用各种编程语言来设计并实现算法，然后用计算机来执行这些算法。程序设计包括分析问题、设计解决方案(通常以算法的形式)、编写程序代码、测试并调试程序，以及维护和更新程序等流程。

在计算机科学中，算法和程序设计是紧密相连的，理解算法是设计有效程序的基础。同时，通过编写程序可以实现和执行算法。

8.2.1 程序设计语言的发展

(1)机器语言　机器语言是最原始的计算机语言，是用二进制代码表示的计算机能直接识别和执行的机器指令的集合。指令是用 0 和 1 组成的一串代码，它们有一定的位数，并分成若干段，各段的编码表示不同的含义。计算机的指令长度为 16，即以 16 个二进制数(0 或 1)组成一条指令，16 个 0 和 1 可以组成各种排列组合。1978 年，美国英特尔公司正式推出了 16 位微处理器 8086 芯片，这是该公司生产的第一款 16 位芯片。8086 的 16 位指令系统成了后来广泛应用的其他 80x86CPU 的基本指令集。例如，某型号的计算机的指令 1011011000000000 表示让计算机执行一次加法操作，而指令 1011010100000000 则表示执行一次减法操作。它们的前 8 位表示操作码，而后 8 位表示地址码。从上面两条指令可以看出，它们的差别是操作码中从左边第 0 位算起的第 7、第 8 位不同。

机器语言是计算机唯一可直接识别的语言，即用机器语言编写的程序可以在计算机上直接执行。用机器语言编写程序十分困难，易出错，不易修改，可读性差。另外，因为不同型号的计算机具有不同的指令系统，所以在某一型号计算机上编写的机器语言程序不能在另一型号计算机上运行，可移植性差。

(2)汇编语言　计算机语言发展到第二代，出现了汇编语言。汇编语言是一种符号语言，它使用一些助记符来代替机器指令。例如，MOV 指令是一个数据传送指令，其格式为:

MOV dest，src；dest←src

MOV 指令的功能是将源操作数 src 传送至目的操作数 dest。可以固定目的操作数采用寄存器寻址，而源操作数采用立即数寻址、寄存器寻址、内存寻址等各种寻址方式。

用汇编语言编写的程序相对于机器语言来说可读性好，容易编程，修改方便。但是计算机不能够直接执行用汇编语言编写的程序。汇编语言源程序必须翻译成机器语言，才能被计算机识别、执行。和机器语言类似，汇编语言程序的可移植性也较差。

一般把机器语言和汇编语言称为低级语言。

(3)高级语言　当计算机语言发展到第三代时，就进入了“面向人类”的语言阶段。高级程序设计语言从根本上摆脱了指令系统的束缚，不依赖于计算机硬件，语言描述接近于人类的自然语言，程序员不必熟悉计算机具体的内部结构和指令，只需要把精力集中在问题的描述和求解上。

FORTRAN 语言是世界上第一个被正式推广使用的高级语言。John W. Backus 在

1954 年发明 FORTRAN,至今已有 60 多年的历史。John W. Backus 是 1977 年图灵奖得主,BNF 范式(巴科斯-诺尔范式)的发明者之一。

现在大多数程序员使用的语言,如 C、C++、Python、Java、VisualBasic、Go 等,都属于高级语言,相对于低级语言,高级语言更接近于人的思维,其最大的特点是编写容易,代码可读性强。实现同样的功能,使用高级语言编程耗时更少,程序源代码量更小,更容易阅读。高级语言是可移植的,即仅需稍作修改或不用修改,就可将一段代码运行在不同型号的计算机上。

计算机不能直接识别、运行高级语言程序。高级语言程序在运行时,需要先将其翻译成低级语言,计算机才能运行它。另外,高级语言对硬件的操作能力相对于汇编语言弱一些,目标代码量较大。

8.2.2 程序设计语言的基本元素

程序设计语言的基本成分一般包括数据、运算、控制、数据的输入/输出和函数。

数据是程序操作的对象,具有存储类型、数据类型、名称、作用域以及生存期等属性,使用数据时要为其分配存储空间。存储类型说明数据在内存中的位置;数据类型说明数据占用内存的字节个数以及存放形式;作用域说明程序可以使用数据的范围大小;生存期说明数据占用内存的时间长短。

数据运算必须明确运算使用的运算符号以及运算规则。为了明确运算结果,程序设计语言对运算符号规定了优先级和结合性,运算符号的使用还与数据类型密切相关。

控制表示程序语句执行的次序关系,使用控制语句构造程序的控制结构。三种基本结构如图 8-2 所示。分支结构又称为选择结构。

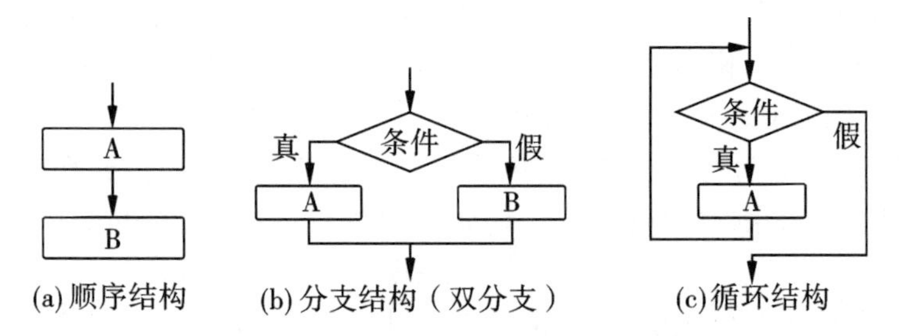

图 8-2 顺序、分支、循环结构示意图

顺序结构表示程序从第一个操作开始,按顺序依次执行其后的操作,直到最后的操作为止;分支结构表示在多个条件(两个或多个)中选择其中一个分支序列执行,条件成立与否关系到执行不同的语句序列;循环结构表示在循环条件满足时重复执行一段语句序列。三种基本结构互相嵌套,可以构造更加复杂的程序。

一个完整的程序由一系列子处理程序构成。例如 C 语言中的函数,一个完整的程序由一个或多个函数构成,函数是程序的基本组成单位。每个函数都有一个名字(函数名),其中 main 函数(主函数)是程序的入口函数。函数使用时要遵循的规则是:先进行函数定义或函数声明,后进行函数调用。

8.3　C 语言程序设计

C 程序设计语言(C 语言),被全球数以百万计的程序员应用在各个领域中,部分操作系统、设备驱动程序、网络程序的底层、facebook 的一些后台代码,无不是出自 C 语言的手笔。本章主要讲解 C 语言的相关概念、开发环境以及 C 语言代码的实现。

8.3.1　C 语言简介

(1)UNIX 系统与 C 语言　在 C 语言诞生以前,系统软件(如 UNIX)主要是用汇编语言编写的。由于汇编语言程序依赖于计算机硬件,其可读性和可移植性都很差;但一般的高级语言又难以实现对计算机硬件的直接操作,于是开发一种兼有汇编语言和高级语言特性的新语言——C 语言,就成为计算机系统软件研发人员的研究课题。

C 语言是在 B 语言的基础上发展起来的,它的根源可以追溯到 1960 年出现的 ALGOL 60,ALGOL 60 是一种面向问题的高级语言,不宜用来编写系统软件。1963 年英国剑桥大学推出了 CPL 语言,1967 年英国剑桥大学的 Martin Richards 对 CPL 做了简化,推出了 BCPL 语言。1970 年,美国贝尔实验室的 Ken Thompson(肯·汤普森)以 BCPL 为基础,设计出了简单而且很接近硬件的 B 语言,并用 B 语言编写了第一个 UNIX 操作系统,在 PDP-7 计算机上实现。1971 年在 PDP-11/20 上实现了 B 语言,并编写了 UNIX 操作系统。但 B 语言过于简单,功能有限。1972—1973 年,贝尔实验室的 Dennis M. Ritchie(丹尼斯·里奇,见图 8-3)在 B 语言基础上设计出了 C 语言。C 语言既继承了 BCPL 和 B 语言的优点,又克服了它们的缺点。1973 年,Ken Thompson 和 Dennis M. Ritchie 合作把 UNIX 操作系统的 90% 以上用 C 语言改写,从此以后,C 语言成为编写 UNIX 操作系统的主要语言。

图 8-3　Dennis M. Ritchie

虽然对 C 语言进行了多次改进,但主要还是在贝尔实验室内部使用。直到 1975 年 UNIX 第六版公布后,C 语言的突出优点才引起人们的注意。1977 年出现了不依赖于机器的 C 语言编译文本"可移植 C 语言编译程序",使 C 语言移植到其他计算机时所需做的工作大大简化,这也推动了 UNIX 操作系统在各种型号的计算机上的实现。随着计算机的发展,C 语言也在悄悄地演进,其发展早已超出了它仅仅作为 UNIX 操作系统的编程语言的初衷。1978 年以后,C 语言已先后移植到大、中、小、微型机上,已独立于 UNIX 和 PDP 了。

1978 年,Dennis M. Ritchie 与 Brian W. Kernighan(布莱恩·科尔尼干)合著了名著——《C 程序设计语言(*The C Programming Language*)》,此书已翻译成多种语言,成为 C 语言教学最权威的教材之一。

令人称赞的是,肯·汤普森与丹尼斯·里奇同为1983年图灵奖得主。

(2)C语言标准　1982年,美国国家标准学会(ANSI)决定成立C标准委员会,建立C语言的标准。委员会由硬件厂商、编译器及其他软件工具生产商、软件设计师等组成。1989年,ANSI发布了一个完整的C语言标准——ANSI X3.159-1989,简称"C 89",这个版本的C语言标准通常被称为ANSI C。C 89在1990年被国际标准化组织ISO采纳。1999年,在做了一些必要的修正和完善后,ISO发布了新的C语言标准,命名为ISO/IEC 9899:1999,简称"C 99"。2011年12月,ISO又正式发布了新的标准,称为ISO/IEC 9899:2011,简称"C 11"。截至2020年底,最新的C语言标准为2017年发布的"C 17"。本书的叙述以C 99标准为依据。

8.3.2　C语言特点

C语言是一种用途广泛、功能强大、使用灵活的面向过程的程序设计语言,既可用于编写系统软件,又能用于编写应用软件。C语言的主要特点如下:

(1)语言简洁、紧凑　C 99包含的各种控制语句仅有9种,关键字只有37个,程序编写形式自由且以小写字母表示为主,对一切不必要的部分进行了精简。实际上,C语句构成与硬件有关联的较少,且C语言本身不提供与硬件相关的输入输出、文件操作等功能,如需此类功能,程序员需要通过调用编译系统所提供的库函数来实现,故C语言拥有非常简洁的编译系统。

(2)具有结构化的控制语句　C语言是一种结构化的程序设计语言,提供的控制语句具有结构化特征,如for语句、if-else语句和switch语句等用于实现函数的逻辑控制,方便面向过程的程序设计。

(3)数据类型丰富　C语言包含的数据类型广泛,不仅包含有传统的字符型、整型、浮点型、数组类型等数据类型,还具有其他编程语言所不具备的数据类型,其中指针类型数据使用最为灵活,可以通过编程对各种数据结构进行处理。

(4)运算符丰富　C 99包含34种运算符。它将赋值、括号等均作为运算符处理,使C程序的表达式类型和运算符类型均非常丰富。

(5)可对物理地址进行直接操作　C语言允许对内存地址进行直接读写,可以实现汇编语言的大部分功能,并可直接操作硬件。C语言不但具备高级语言所具有的良好特性,还具有低级语言的许多优势,故在系统软件领域有着广泛的应用。

(6)代码可移植性好　C语言是面向过程的编程语言,用户只需要关注被解决问题本身,而不需要花费太多精力去了解计算机硬件,且针对不同的硬件环境,用C语言实现某个功能的代码基本一致,不需或仅需进行少量改动便可完成移植。这就意味着,为某一台计算机编写的C程序可以在另一台计算机上运行,从而极大地提高了程序移植的效率。

(7)生成目标代码质量高,程序执行效率高　与其他高级语言相比,C语言可以生成高质量和高效率的目标代码,故通常应用于对代码质量和执行效率要求较高的嵌入式系统程序的编写。

8.3.3　C语言应用领域

C语言最初用于系统开发工作,特别是操作系统开发以及需要对硬件操作的场合,C语言明显优于其他高级语言。由于C语言所产生的代码运行速度与用汇编语言编写的代码运行速度几乎一样,所以采用C语言作为系统开发语言。使用C语言开发的实例:操作系统,语言编译器,汇编程序,文本编辑器,设备驱动程序,CGI程序,数据库,语言解释器,实用工具。

2023年8月,TIOBE官方公布了顶级编程语言排行榜,榜单排名基本上和7月相同,不过有一些细微的调整。C语言以11.41%的比例位居第二;冠军由Python获得,占比为13.33%,C语言与Python仅相差1.92%;C++为第三名,占比为10.63%;Java和C#分别以10.33%和7.04%位居第四和第五。与同年7月份的排名相比,8月份的前五名没有变化。

8.3.4　运行C程序的方法与步骤

在计算机上执行一个高级语言程序一般要分为两步:第一步,用一个编译程序把高级语言程序翻译成机器语言程序;第二步,运行所得的机器语言程序求得计算结果。

通常所说的翻译程序是指这样的一个程序,它能够把某一种语言程序(称为源语言程序)转换成另一种语言程序(称为目标语言程序),而后者与前者在逻辑上是等价的。如果源语言是诸如FORTRAN、Pascal、C、C++、Smalltalk或Java这样的"高级语言",而目标语言是诸如汇编语言或机器语言之类的"低级语言",这样的一个翻译程序就称为编译程序。

高级语言程序除了像上面所说的先编译后执行外,有时也可"解释"执行。一个源语言的解释程序是这样的程序:它以该语言写的源程序作为输入,但不产生目标程序,而是边解释边执行源程序本身。本书将不对解释程序作讨论。实际上,C语言是"编译型"的语言。

在设计好一个C源程序后,怎样上机进行编译和运行呢?一般要经过如下四个步骤:

(1)编辑源文件　为了编辑C源程序,首先要用文本编辑器(如记事本、EditPlus等)建立、保存一个C语言程序的源文件。源文件的主名自定,扩展名为".c"(C的约定)或".cpp"(C++的约定)。例如,某C程序文件的命名为example01.c。

(2)编译源文件　将上一步创建的源程序文件作为编译程序(compiler)的输入,进行编译。编译程序的工作过程一般划分为五个阶段:词法分析、语法分析、语义分析、中间代码产生与优化、目标代码生成。编译程序会按两类错误类型(warning和error)报告出错行和原因。用户可根据报告信息修改源程序,再编译,直到没有错误后,输出目标程序文件。

(3)连接(又称链接)　目标代码,即还未被连接的机器代码,与可执行的机器代码(系统内的可执行程序)是不同的。连接程序(linker)连接目标程序和标准库函数的代码,以及连接目标程序和由计算机操作系统提供的资源(例如存储分配程序及输入与输出设备)。连接程序输出可执行程序文件(executive program),在 Windows 操作系统中,其后缀名为.exe。

(4)运行程序　可执行文件生成后,就可以执行它了。输入需要的数据后,若输出结果符合预期,则说明程序编写正确,否则就需要检查、修改源程序,重复上述步骤,直至得到正确的运行结果。

例如,mingw32-gcc 编译器把 C 源文件翻译为可执行程序的过程划分为四个阶段:预处理(preprocessing)、编译(compilation)、汇编(assembly)和连接(linking),如图 8-4 所示。

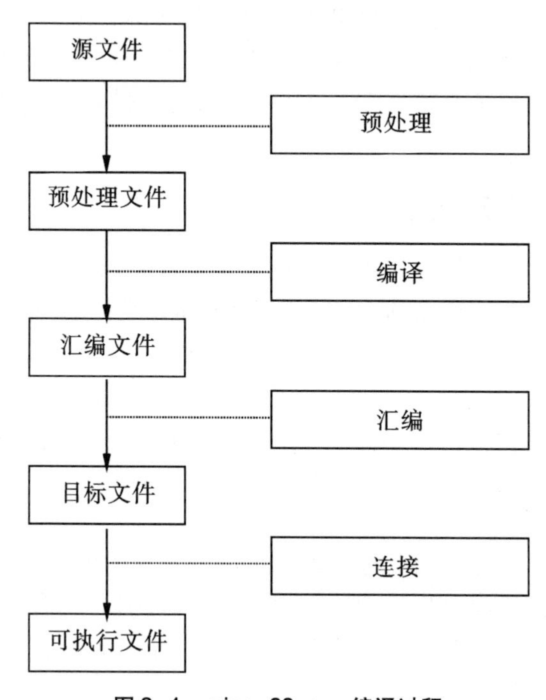

图 8-4　mingw32-gcc 编译过程

8.3.5　C 语言开发环境

为了编译、连接和运行 C 程序,必须要有相应的编译系统。目前使用的很多 C 编译系统都是集成开发环境(IDE)的,把程序的编辑、编译、连接和运行等操作全部集中在一个窗口中进行,功能丰富,使用方便。本节将介绍 C 语言主流的开发工具。

8.3.5.1　开发工具介绍

几种主流的开发工具如下:

(1)Visual Studio 工具　Microsoft Visual Studio(简称 VS)是目前 Windows 平台最流行的应用程序的集成开发环境(IDE)。VS 由美国微软(Microsoft)开发,最新版本为 Visual Studio 2020 版本,支持 C、C++、C#、VB、F#、Python、JavaScript 等语言的开发,功能丰富。

(2)Code::Blocks 工具　Code::Blocks,简称 Codeblocks,是一个开放源代码、跨平台、

免费的 C/C++集成开发环境。Code::Blocks 由纯粹的 C++语言开发完成,它使用了著名的图形界面库 wxWidgets(3.x)版。

(3)Eclipse 工具　Eclipse 是一个开放源代码、基于 Java、可扩展的开发平台。就其本身而言,它是一个框架和一组服务,用于通过插件构建开发环境。尽管 Eclipse 是使用 Java 语言开发的,但它的用途并不限于 Java 语言,其他语言(如 C/C++、Python 和 PHP 等语言)的插件已经可用。

(4)Dev C++工具　Dev C++一般指 Dev-C++。Dev-C++是 Windows 环境下的一个适合初学者使用的轻量级 C/C++集成开发环境(IDE)。它是一款自由软件,遵守 GPL 许可协议分发源代码。它集合了 MinGW 中的 gcc 编译器、gdb 调试器等众多自由软件。

(5)VC6.0 工具　Microsoft Visual C++ 6.0,简称 VC 6.0,是微软公司于 1998 年推出的一款 C++编译器,是 Visual Studio 6.0 的核心功能,集成了 MFC 6.0,包含标准版(standard edition)、专业版(professional edition)与企业版(enterprise edition)。如今,VC6.0 仍用于维护旧的项目。

Microsoft Visual C++ 6.0 对 Windows7 和 Windows8 的兼容性较差。

8.3.5.2　Codeblocks 安装配置

(1)Codeblocks 的下载　Codeblocks 软件可以在 http://www.codeblocks.org/下载。

(2)Codeblocks 的安装　双击 Codeblocks 安装文件 codeblocks-17.12mingw-setup.exe 或者 codeblocks-16.01mingw-setup.exe,安装程序开始运行,此时显示 Codeblocks 安装界面。点击"Next",赞成"许可证协议",再点击"下一步",便会进入路径选择界面,如图 8-5 所示。

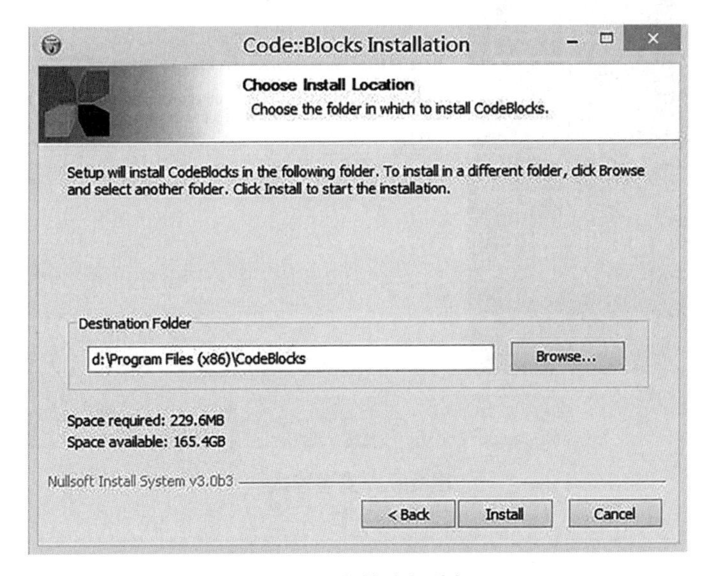

图 8-5　安装路径选择

程序的安装路径默认为 c:\Program Files(x86)\CodeBlocks,本书把安装路径修改为 d:\Program Files(x86)\CodeBlocks。单击"Install"按钮,出现正在安装界面,如图 8-6

所示。

Codeblocks 安装成功后,会看到安装成功界面,如图 8-7 所示。

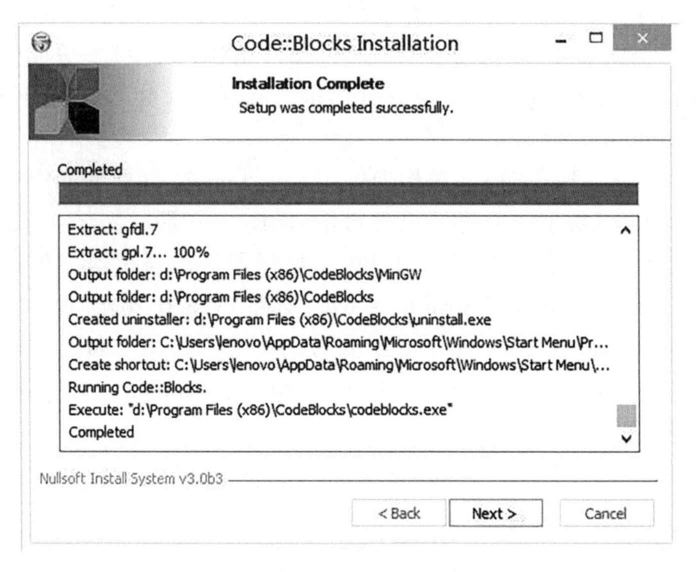

图 8-6　正在安装

图 8-7　安装完成

至此,Codeblocks 便安装完成了。

8.3.6　C 语言程序设计示例

示例:输入三个数,用 a、b、c 表示,输出其中的最大值。

算法思路：首先，比较 a 与 b 的大小，把较大的值传赋给 max；其次，比较 c 与 max 的大小，二者之间较大者即为三个数中的最大值。

该算法用流程图描述，如图 8-8 所示。

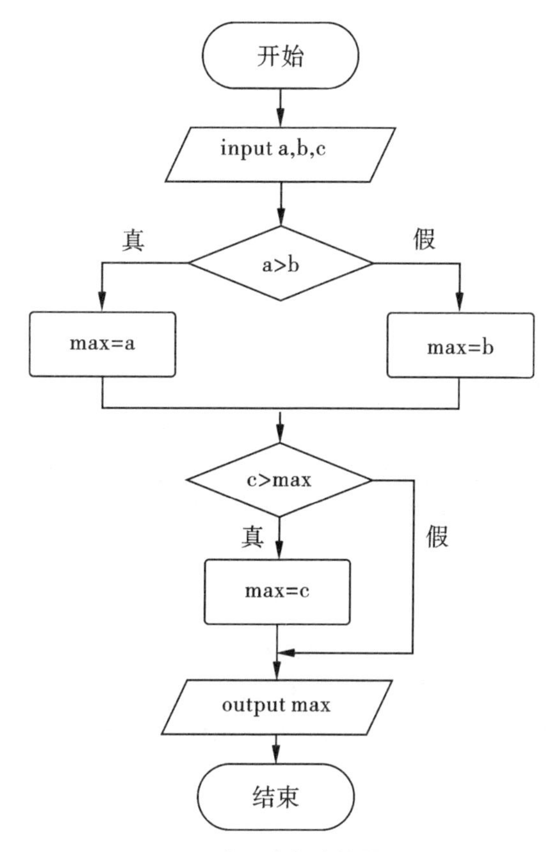

图 8-8　求三个数中的最大值

该算法用伪代码描述如下：

```
max(a,b,c):
  if a > b
     max ←a
  else
     max ←b
  if  c > max
     max ←c
return max
```

基于该算法的 C 语言程序实现如下：

```
int max_three (int a,int b,int c)
{
  int max;
```

```
    if( a>b)
        max =a;
    else
        max =b;
    if( c>max)
        max =c;
        return max;
}
void main( )
{
        printf( "% d \n" ,max_three( 3 ,1 ,5) ) ;
}
```

通过示例可以看出:算法描述语言主要为了表达算法本身,省略了各种变量、参数的定义,对应的C语言程序必须严格按语言的语法规则对参数、变量作相应的定义。算法描述语言通过 max ←b 表示对变量赋值的处理过程,C语言程序中需用语句"max=b;"实现。因此,必须根据实际语言的特性对算法描述语言作相应的处理。

思考与讨论

1. 操作:输入一个正整数,打印它是偶数还是奇数。

2. 一球从100 m高度自由落下,每次落地后反跳回原高度的一半,再落下。编程实现它在第10次落地时,共经过多少米? 第10次反弹有多高?

3. 操作:输出九九乘法表。

第9章 新一代信息技术

新一代信息技术是我国的七个重要战略性新兴产业之一，也是国家重点发展的对象。本章重点阐述具有代表性的7个核心技术，分别是移动互联网、云计算、大数据、物联网、人工智能、5G技术和区块链。

课程思政育人目标

培养大学生的国际视野和创新能力，使其能够充分掌握新一代信息技术，激发创造力和创新能力，用国际化的视野解决实际问题和应对现实挑战，为国家的核心科技发展贡献力量。

9.1 移动互联网

9.1.1 移动互联网的概念

移动互联网是一种利用移动设备连接互联网的技术，它能够让用户通过智能手机、智能手表、平板电脑和笔记本电脑等移动设备轻松访问互联网上的信息和资源，从而实现跨越时空、跨越地域的互联互通。移动互联网是互联网和移动通信的结合，它将互联网与移动通信融合，充分利用了移动通信便捷、时刻可用的优势，同时利用互联网的资源共享和开放互动的特点，形成了一个创新型的传播网络。移动互联网通过在移动终端设备上提供新的应用程序、信息和社交网络等服务，不仅改变了传统的互联网的使用模式，而且为用户提供了更加便捷的网络环境，使用户可以在移动状态下随时随地访问互联网。

9.1.2 移动互联网的发展历程

随着移动通信基础设施的逐步完善，移动互联网得到了快速的发展。自2009年3G网络大规模商用以来，我国在短短几年内完成了从2G到3G，再到4G的三代移动通信基础设施的升级换代，以此有力地推动了中国移动互联网的迅猛发展。与此同时，我国在2G、3G时代确立的以“免费”为核心的服务模式与以“套餐”为核心的商业模式也随着4G

移动电话用户量的快速增长而发生巨变。社交、支付、短视频等各类移动互联网应用(application,APP)的普及,使得数据流量呈爆炸式增长。随着5G网络的到来,移动互联网有了更快的速度、更低的时延和更大的容量,推动了一些新技术的快速发展,如虚拟现实、增强现实等。

移动互联网的发展历程可以概括为四个阶段:萌芽期、成长期、发展期以及提速期,如图9-1所示。

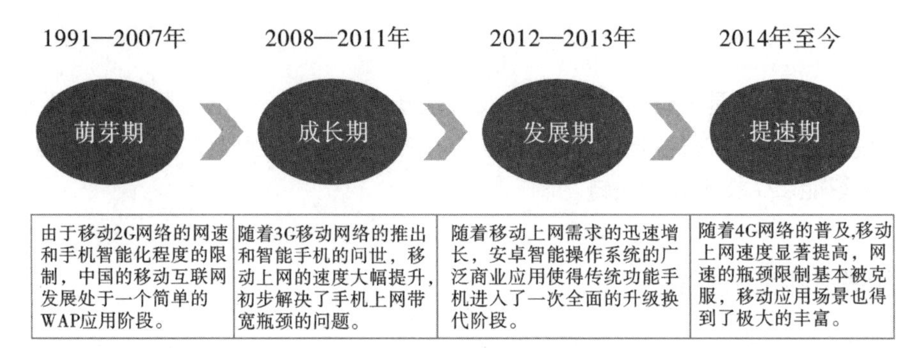

图9-1　互联网发展的阶段

(1)萌芽期(1991—2007年)　移动互联网的发展历程最早可以追溯到1991年,当时的互联网只支持静态网页。随着互联网技术的发展,1997年出现第一个无线应用协议(wireless application protocol,WAP)网站,建立了基于移动设备的Web服务,移动互联网快速发展。2003年智能手机开始兴起,但当时的移动2G网络速度以及手机的智能化水平都相当有限,导致中国的移动互联网发展处于基础的WAP应用阶段。这些应用通过将互联网上的HTML信息转换为WML格式,以便在移动电话的屏幕上显示。在移动互联网初期,通过手机内置支持WAP协议的浏览器来访问企业的WAP门户网站成为主要的移动互联网形式。

(2)成长期(2008—2011年)　2009年1月7日,中华人民共和国工业和信息化部分别向中国移动、中国电信、中国联通发出3G牌照,标志着中国正式迈入3G时代。随着3G移动网络的广泛建立以及智能手机的推出,移动网络速度得到显著提升,初步解决了使用手机上网带宽的瓶颈问题,进一步推动了中国移动互联网的发展。此后,移动互联网又催生了许多新行业,如移动电子商务、社交网络、搜索引擎、O2O以及移动支付等。值得一提的是,我国制定的3G移动通信协议——时分-同步码分多址技术(time division-synchronous code division multiple access,TD-SCDMA),也在国际上获得认可并得到广泛运用。

(3)发展阶段(2012—2013年)　随着手机操作系统生态圈的全面发展,智能手机的大规模应用促进了移动互联网的快速发展。智能手机的引入为移动上网带来了极大的便利,其触摸屏功能解决了使用传统键盘手机上网的不便之处。随着安卓智能手机操作系统的广泛普及以及手机应用程序商店的兴起,丰富了手机上网体验,推动了移动互联网应用的激增。自2012年开始,随着对移动上网需求的急剧增加以及安卓智能操作系统商业化应用的推动,传统功能手机逐步升级。诸多传统手机制造商效仿苹果的模式,发布了他们的触屏智能手机,并且建立了他们的软件商店。这类触摸屏智能手机不但具有方便上网的优点,而且由于其丰富的手机应用程序,也受到了市场的青睐。同时,由于市场竞争的加剧,智能手机的价格不断下降,千元以下的智能手机得到了大量的推广,使得智能手机在中低收入群体中得到了广泛的应用。

(4)提速期(2014 年至今) 2015 年,4G 技术大幅提高了互联网速度,移动端的互联网应用更加丰富。中国移动互联网的发展在 4G 网络建设中迎来了快速发展。随着 4G 网络的部署,移动上网的网速得到了极大的提升,解决了上网速度方面的瓶颈问题,也拓展了移动应用的应用场景。2013 年,中华人民共和国工业和信息化部颁发给中国移动、中国联通、中国电信 4G 业务牌照,标志着中国 4G 业务进入全面发展阶段。

随着移动互联网的发展,网络速度、上网便利性以及手机应用程序等外部环境问题已经得到了很好的解决,这一切都为移动互联网的充分发展创造了良好的条件。在台式机网络时代,门户成为企业经营的主导;但是,随着移动网络的发展,移动应用程序已经成了许多企业的必备工具。随着 4G 通信的普及,越来越多的企业开始使用移动互联网来进行商务活动。尤其是随着 4G 网络的发展,具有高实时性、高流量和广泛需求的移动业务得到了快速发展。在众多的移动应用中,移动视频应用已经成了一个重点关注的领域。

9.1.3 移动互联网的组成

移动互联网与传统互联网相比,具有能够随时随地、在高速移动状态下接入互联网并使用应用服务的特点。与传统互联网相比,移动互联网的主要区别在于终端设备、接入网络以及由终端设备和移动通信网络特性所带来的独特应用。移动互联网是一个综合性的系统,它以移动通信网络、移动终端设备和互联网技术为基础,以各种应用功能和服务为主体,是一个综合性的系统。

移动互联网的组成可总结为移动通信网络、移动互联网终端设备、移动互联网应用以及移动互联网相关技术这四大部分,如图 9-2 所示。

(1)移动通信网络 移动通信网络是一种移动通信技术,它面向移动用户提供语音、数据和多媒体服务。移动通信网络的基本组成是移动用户、基站和通信系统。

(2)移动互联网终端设备 移动互联网终端设备包括手机、智能手表、平板电脑和笔记本电脑等多种设备,它们能够连接网络,并具有各种互联网应用及服务,从而满足用户的移动互联网应用需求。

(3)移动互联网应用 移动互联网应用指的是基于移动设备,利用互联网技术、软件和服务等手段,实现移动端设备的用户体验,使用户能够方便快捷地获取信息、购物、支付、查询服务等功能。随着移动互联技术的迅速发展,人们在信息时代的生活方式已经发生了巨大的变化,并且已经进入了一个新的发展阶段。主要的移动互联网应用包括手机游戏、电子阅读、移动社区、移动支付、移动商务、移动搜索和移动视听等。

(4)移动互联网相关技术 移动互联网技术是指使用移动设备来获取、传输、处理数据的技术,包括移动终端的硬件和软件、网络技术、无线通信技术、专业的应用服务等。

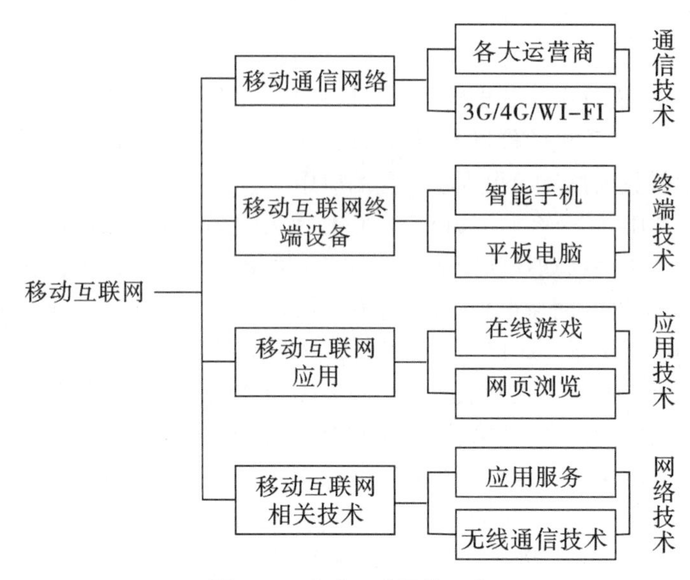

图 9-2　移动互联网的组成

移动互联网技术可以大大改善人们的生活,提高工作效率,促进社会发展。移动互联网技术可划分为三大领域,分别为移动终端技术、移动通信技术和移动应用技术。移动互联网终端技术主要涵盖应用于移动互联网终端设备(如智能手机、平板电脑、笔记本电脑等)的技术领域,包括硬件设备的设计、操作系统、应用开发、用户界面设计、系统分析以及网络技术等。其特点是可以快速构建定制的客户端、支持多种移动应用环境、支持不同的设备以及提高用户体验。移动互联网通信技术是指通过移动终端和无线接入技术,实现多种多样的通信服务。它具有广泛的应用,比如移动设备的网络接入、无线网络服务和资源共享等功能。它可以实现大规模的无线网络连接,大大提高移动设备的使用效率,使用者可以进行任何时间任何地点的网络访问,从而带来更多的便利和更大的营销机遇。移动互联网应用技术是指使用移动设备(如智能手机、平板电脑等)来访问网络服务,如 Web 应用、视频、社交网络平台等,并通过多种方式实现对这些服务的构建、使用及管理。它包括移动网络开发、通信技术构建、移动设备实现及移动 APP 应用设计等。

9.2　云计算

云计算是一种利用 Internet 为用户提供虚拟计算资源的服务方式。用户使用终端设备连接网络,向云服务提出需求,云服务会动态地配置资源,并使用网络向用户提供所需的服务。云计算的核心功能依赖于两个重要因素:数据存储能力和分布式计算能力。

9.2.1　云计算概述

云计算是指使用互联网技术,利用云端计算资源,将计算任务远程地发送至远端的集群服务器中进行计算处理,而不是将任务移至本地计算机来进行计算处理的技术。

云计算的优势主要体现在它的高可用性、灵活性和可伸缩性上面。它不需要用户拥有昂贵的硬件设备和软件维护，而是使用付费计费模式，用户可以根据自身需求使用所需要的资源，这可以有效降低用户的建设和运行成本，并节省时间。此外，云计算还提供了许多高效计算服务，包括虚拟化服务、存储服务、网络服务、应用服务等，以及针对性能、负载均衡和数据处理的应用服务。它帮助更多的企业和开发者节省成本、提高灵活性和性能，同时保持其 IT 环境的可靠性。最后，云计算的使用也为企业提供了移动式互联网应用程序，它们在移动设备上部署软件，使企业能够更快地实现数字化，以及更好地落实其业务策略和服务。

9.2.2 云计算的产生与发展

每一项划时代的技术都带有明显的时代特征，云计算也不例外。18 世纪中叶，第一次工业革命发明了蒸汽机并得到广泛运用，使人类生活产生了翻天覆地的变化，开启了人类工业文明时代；19 世纪 20 年代，第二次工业革命的标志是电力技术，这次工业革命过后，人类就正式进入电气时代；自 20 世纪 40 年代，第三次工业革命的通信、电子、计算机和网络技术蓬勃发展，让我们来到了信息时代。20 世纪 60 年代，云计算的雏形开始出现，当时是由一些研究机构和大学开发和使用，他们使用远程主机计算和共享资源。21 世纪初，互联网的快速发展极大地推动了云计算的发展，人们开始使用网络进行数据存储和共享，实现资源的集中管理和利用。后来，虚拟化技术的出现为云计算的快速增长提供了基础，虚拟化技术能将计算资源划分为多个虚拟实例，使其计算资源能被多个用户共享。随着分布式存储、海量数据管理技术、虚拟化技术、云安全和编程模型等技术的出现，云计算得到了长足的发展。现在，越来越多的企业将原有的产品服务上云，比如：商务云（云商务）、制造云（云制造）、物流云（云物流）、家电云（云家电）、健康云（云健康）等，以云计算为主导的新应用也层出不穷。

作为这个时代中的主流技术，云计算不断改变着人类社会的结构，并使我们的生活和生产过程产生巨大改变。并行计算是利用多个处理单元同时执行任务的计算方式，它为提高计算速度和处理能力提供了基础。随后，集群计算将多台计算机连接起来，形成一个计算集群，通过并行处理来增强计算能力和可靠性。接着，网格计算在全球范围内连接各种分散的计算资源，实现资源共享和协同计算。最后，云计算充分利用虚拟化技术和分布式系统，提供灵活的资源分配和按需服务，为用户提供高性能的计算和存储能力。从并行计算到集群计算，再到网格计算，最终演变成云计算，形成了计算模式从集中式向分布式、弹性和按需发展的路线，云计算发展路线如图 9-3 所示。

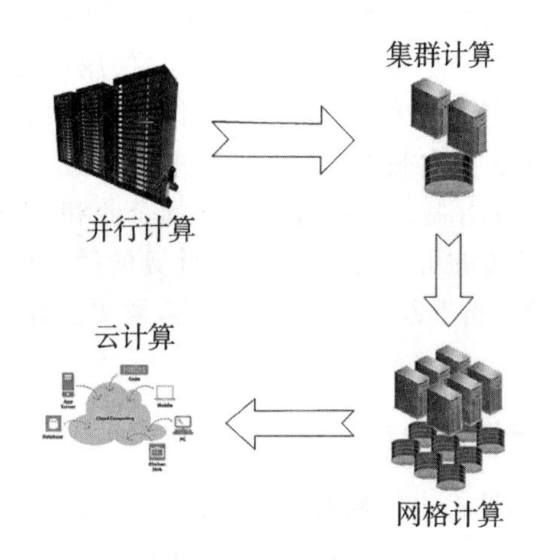

图 9-3　云计算发展路线

9.2.3　云计算的服务模式及类型

云计算是指基于网络的计算模式，是一种允许共享软件和信息的技术，旨在对计算资源的使用进行有效的管理。云计算技术服务模式和分类如图 9-4 所示：

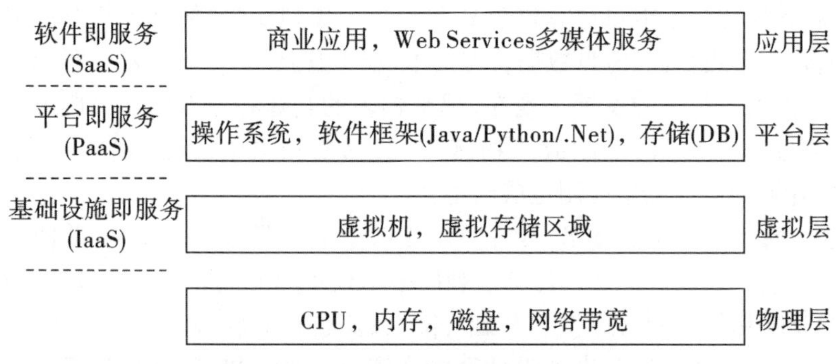

图 9-4　云计算技术服务模式和分类

基础设施即服务（IaaS）：是一种将基础设施（如计算、存储、网络等）及运行环境（基于操作系统）转化为可提供的服务，可将计算资源与存储资源自由分配，达到按需弹性扩展的服务模式。

平台即服务（PaaS）：是一种建立在软件技术基础上的计算模式，可提供一系列服务，如应用服务、数据服务和安全服务，是一种面向开发者的云计算服务模式，有利于开发者快速搭建网站、应用程序和服务。

软件即服务（SaaS）：通过云服务提供应用软件，是一种类似于订购网站服务的模式，通过向服务器支付费用即可访问应用软件，是云计算最常见的服务模式，例如许多企业的财务管理、客户关系管理等均采用 SaaS 模式。

云计算平台的支撑与云计算服务的融合可以显著提升服务效率，充分利用平台的能力与优势。这种紧密结合使得在庞大用户群聚集的场景下，以相对较低的服务成本提供高度可用性的服务，从而实现业务的持续增长并在商业竞争中保持优势地位。

9.3　大数据

随着信息技术迅猛发展，人类社会进入了数字信息时代，信息获取和掌握能力成为国家实力的重要标志。大数据的产生和发展是一种基于时间持续产生的过程，这种过程是不间断的，并且随着时间不断流动和积累，形成了大数据。大数据不仅指数据规模庞大，还有数据处理的快速和高效。所以，大数据成了数据分析领域的前沿技术。随着大数据的巨大价值逐渐被认可，通过技术创新和全面的数据感知、收集、分析和共享，为人们提供了一种全新的视角去看待世界。

9.3.1　大数据的发展历程

大数据技术经历了从认识到成熟再到大规模应用的发展历程，推动了数据驱动决策和创新的浪潮，并对社会经济产生了深远影响。大数据技术的发展历程主要有萌芽期、成熟期、大规模应用期。大数据发展的三个阶段如表9-1所示。

表9-1　大数据发展的三个阶段

阶段	时间	内容
萌芽期	20世纪70年代至21世纪初	数据库技术、数据挖掘理论开始成熟
成熟期	2000—2010年	大数据核心技术快速突破，短文本等非结构化数据大量产生，进入数据分析挖掘时代
大规模应用期	2010年至今	大数据应用开始渗透到各行各业，数据驱动决策，信息社会智能化程度大幅提高

大数据的特点总结起来可以用“5V”来描述：

容量(volume)：容量是指存储的数据量巨大，PB级都是常态。通过对比可以更好地理解PB级的概念，一块常规的移动硬盘容量是1 TB，而1024 TB等于1 PB，也就是说大概1000多块硬盘所存储的数据量才能达到PB级。

速率(velocity)：速率是指数据生成、流动速率快。大数据的数据增长速度非常快，且由于越新的数据价值越大，这就要求对数据的处理速度也要快，以便能及时从数据中提取有价值的信息。

多样性(variety)：多样性是指数据的来源和格式是多种多样的。除了常见的结构化数据，还存在半结构化或非结构化数据，例如音频和视频等。随着信息技术的发展，数据的来源也更加多样化。

真实性(veracity)：真实性是指数据的准确性和可信赖度，即数据的质量。

价值(value)：价值即低价值密度。大数据的价值密度是很低的，也就是单位数据可提取的有价值的信息量很少,大数据为获取事物的全部细节,不对事物进行抽象、归纳等处理,因此,就需要大数据分析技术从大量、多种类的数据中提取有价值的信息。

大数据技术并非是一种技术,而是多种技术的集合,大数据相关技术层面及其功能总结如表 9-2 所示。

表 9-2 大数据相关技术层面及其功能

技术层面	功能
数据采集	利用 ETL 工具将分布的、异构数据源中的数据抽取到临时中间层后进行清洗、转换,最后加载到数据仓库,为数据挖掘做准备。或者把实时采集的数据作为流计算系统的输入,进行数据实时分析
数据存储和管理	利用分布式文件系统、数据仓库、关系数据库、NoSQL 数据库、云数据库等,实现对结构化、半结构化和非结构化海量数据的存储和管理
数据处理与分析	利用分布式并行编程模型和计算框架,结合机器学习和数据挖掘算法,实现对海量数据的处理和分析,再对分析结构可视化,帮助更好的理解数据中隐藏的有价值的信息
数据隐私与安全	数据挖掘可以获取巨大的商业价值,所以构建隐私数据保护体系和数据安全体系至关重要

Hadoop 是 Apache 公司开发的开源分布式系统基础架构,可以帮助用户开发分布式程序而无需深入了解底层细节。它利用整个集群中的计算机进行高速计算和存储操作。集群是由多台相互独立的计算机组成的,通过高速通信网络连接在一起,形成一个较大的计算机服务系统。Hadoop 的本质是大数据软件系统运行框架,不同的模块各司其职。Hadoop 的主要模块有如下几种:

(1)HDFS(Hadoop 分布式文件系统)　在使用 HDFS 时,数据以块的形式分布在集群的不同节点上。用户不需要考虑数据存放在哪一个节点,也不需要考虑从哪一个节点获得数据,只需像使用本地文件系统一样管理和存储文件系统中的数据。这种抽象屏蔽了分布式文件系统的细节,使得用户可以方便地操作和处理大规模的数据。

(2)MapReduce(分布式计算框架)　分布式计算框架可以将一个复杂的数据集分配给多个节点进行处理,每个节点会定期反馈其完成的任务和当前的处理状态。以单词计数为例,如果采用集中式计算方式,需要逐个统计每个单词(如"Hello")的出现次数,然后逐个处理下一个单词。这种做法会消耗大量时间和资源。与此相比,采用分布式计算方式更为高效。通过将数据随机地分配到多个节点,每个节点分别统计其处理的数据中单词出现的次数,然后将所有相同单词的统计结果合并在一起,最终得到输出结果。这种方式可以充分利用集群中的计算资源,并且可以并行处理多个任务,加快计算速度,提高效率。

(3)YARN(资源调度器)　YARN(yet another resource negotiator,另一种资源协调者)是 Apache Hadoop 的一个核心组件,是一个用于资源调度和集群管理的框架,YARN 相当于电脑的任务管理器,用于资源调度和管理。YARN 在群集中负责管理计算资源,并分配这些资源给正在运行的应用程序。YARN 的设计目标是提供一个通用的、可扩展的资源调度平台,以支持各种不同类型的工作负载。它的设计灵活性使得它可以适应不同的计算模型,如批处理、交互式查询、流处理和图算法等。YARN 的核心构件包括 NodeManager(节点管理器)和 ResourceManager(资源管理器)。NodeManager 在每个集群节点上运行,负责管理该节点的计算资源,并与 ResourceManager 进行通信。ResourceManager 负责整个集群的资源管理和调度决策,它会与应用程序进行交互,分配适当的资源给它们,并监控它们的运行状态。通过 YARN,用户可以将各种类型的应用程序部署到 Hadoop 集群上,并有效地利用集群资源。YARN 的出现极大地扩展了 Hadoop 的能力,使其不仅仅局限于批处理任务,还可以支持更广泛的计算模型和工作负载。

(4)HBase(分布式数据库) HBase 是一种非关系型数据库(NoSQL),在某些特定业务场景下,利用 HBase 进行数据存储和查询可以获得更高的效率。HBase 旨在提供一个可扩展、高性能、分布式的海量数据存储解决方案,具有分布式存储、面向列、高性能、强一致性、扩展性的特点。HBase 适合存储大规模的结构化或半结构化数据,如日志、传感器数据、用户行为数据等,被广泛应用于互联网公司、金融机构和其他需要处理海量数据的行业,为其提供高性能的数据存储和查询能力。

(5)Hive(数据仓库) Hive 是建立在 Hadoop 之上的数据仓库工具,它提供了一种类似于 SQL 的查询语言(HiveQL),通过将 HiveQL 语句转化为 MapReduce 任务来对 HDFS 数据进行查询和分析。Hive 的设计目标是让用户能够利用他们熟悉的 SQL 语言进行数据处理,而无需编写复杂的 MapReduce 代码。

(6)Spark(大数据计算引擎) Spark 是一款快速、通用的计算引擎,专门用于大规模数据处理,提供了一种高效处理大规模数据集的方式,并且具备强大的分布式计算能力。其核心概念是弹性分布式数据集(resilient distributed datasets,RDD),这是一种可并行处理的数据集合。RDD 能够从磁盘读取数据并将其分布式存储在集群中的多个计算节点上,从而实现对数据的高效访问和处理。

(7)Mahout(机器学习挖掘库) Mahout 是一个开源的、可扩展的机器学习和数据挖掘库,提供了一系列经典的机器学习算法的实现,如聚类、分类、推荐、降维等,同时也支持用户自定义算法的开发。

(8)Sqoop Sqoop 是一个用于在 Apache Hadoop 和关系型数据库之间传输数据的工具。它可以让用户将结构化数据(如关系数据库中的数据)导入到 Hadoop 中,或者将 Hadoop 中的数据导出到关系型数据库中。Sqoop 拥有强大的功能,能够支持多种关系型数据库,例如 MySQL、Oracle、PostgreSQL 等。

除上述模块外,Hadoop 中还包括了 Zookeeper,Chukwa 等模块,未来还会出现更多更高效的开源模块。通过强大的 Hadoop 生态圈,可以很好地实现大数据的分析与处理。

9.3.2 数据

从计算机科学的角度来看,数据(data)指的是能够输入计算机并由计算机程序进行处理的各种符号的总称。这些符号可以是具有一定意义的数字、字母字符,或者是模拟量。在计算机科学之外,我们可以更加抽象地定义数据,如通过观察自然现象、人类活动等,均可形成数据。计算机最初的设计目的就是用于数据的处理,但计算机需要将数据表示为0和1的二进制形式,用一个或若干个字节(byte,B)表示,一个字节等于8个二进制位(bit),每个二进制位表示0或1。因此,计算机对数据的处理首先需要对数据进行表示和编码,从而衍生出不同的数据类型。数据按照组织方式可以分为结构化数据、半结构化数据和非结构化数据。

(1)结构化数据　结构化数据是指具有较强的结构模式,可使用关系型数据库表示和存储的数据,跟Excel表格数据非常相似。结构化数据通常表现为一组二维形式的数据集,以行表示一个实体的信息,每一行的不同属性表示实体的某一方面,每一行数据具有相同的属性。这类数据本质上是“先有结构,后有数据”。

(2)半结构化数据　半结构化数据是一种弱化的结构化数据形式,它并不符合关系型数据模型的要求,但仍有明确的数据大纲,包含相关的标记,用来分割实体以及实体的属性。这类数据中的结构特征相对容易获取和发现,通常采用XLJSON等标记语言来表示。

(3)非结构化数据　人们日常生活中接触的大多数数据都属于非结构化数据。这类数据没有固定的数据结构,或难以发现统一的数据结构。各种存储在文本文件中的系统日志、文档、图像、音频、视频等数据都属于非结构化数据。

9.3.3 大数据的实践

大数据的应用,主要是利用大数据技术和工具对各行各业的庞大数据进行采集、存储、处理、分析和应用,从而产生有价值的信息和知识,并支持相关业务的决策和创新发展。以下是大数据实践的常见领域和应用案例:

(1)企业业务分析　通过大数据分析,企业可以深入了解市场趋势、消费者行为、产品性能等信息,从而指导业务策略和产品优化。例如,零售企业可以通过分析销售数据和顾客反馈,定制个性化营销策略和商品推荐。

(2)金融风控　金融机构利用大数据技术来进行风险评估和反欺诈分析。通过分析客户的交易数据、信用记录等信息,识别潜在的风险和欺诈行为,并采取相应措施。

(3)健康医疗　大数据在健康医疗领域的应用非常广泛,包括个人健康管理、疾病预测、药物研发等。通过收集和分析大量的医疗数据,可以为医生提供更准确的诊断和治疗方案,同时也可以帮助个人管理健康和预防疾病。

(4)城市管理　城市利用大数据技术来提升城市管理效率和市民生活质量。例如,通过监测交通流量和智能交通信号灯控制,可以优化交通流动,减少拥堵;通过分析环境监测数据,可以改善空气质量和环境保护。

(5)社交媒体分析　社交媒体平台产生了大量的用户生成内容,通过对这些内容进行挖掘和分析,可以洞察用户的兴趣、喜好和态度。这些信息可以被用于个性化推荐、舆情监测、市场调研等。

大数据的实践需要综合运用数据收集、存储、处理和分析的技术和方法,同时也需要关注数据隐私和安全保护。随着技术的不断发展和创新,大数据的实践将在更多领域发挥重要作用。

9.4　物联网

9.4.1　物联网概述

物联网(internet of things,简称 IoT),是指通过网络将多种不同类型的物理设备和对象(如智能家居设备、工业设备、交通工具、传感器等)相互连接,使它们能够进行数据交换和共享,并且可以通过智能设备和应用程序进行远程监控和控制,以实现智能化的互动和服务。物联网的目标是通过信息通信技术的支持,将现实世界与数字世界相融合,实现物与物、物与人、人与人之间的智能化连接。物联网的层次共有 3 层,分别是感知层、网络层和应用层,如图 9-5 所示。

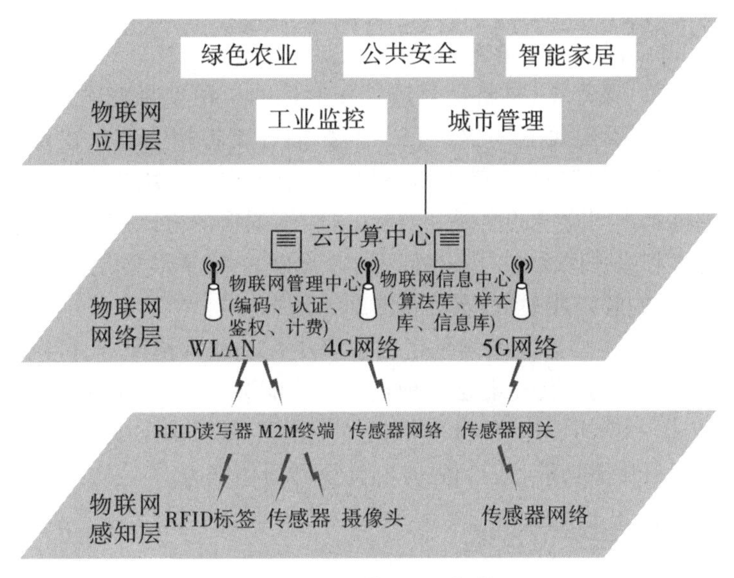

图 9-5　物联网三层架构

对于物理世界,信息采集处理、自动控制和智能识别是通过感知层来实现的,同时这一层还肩负着将物理实体与应用层和网络层进行连接的重要作用。对于网络层来说,其主要任务是实现信息传输、接入网、核心网、路由与控制等功能,互联网和公众电信网是网络层的主要依托,也是对行业中的专用通信网络进行依托的重要层次。对于应用层而言,它更像是对人类社会产生的“分工”,是对多种基础设施/中间件等在物联网上进行运用,对互联网在信息的提供与处理能力及资源调用接口和计算等通用基础服务设施上,物联网为其提供了相关功能和应用,同时也在多个领域中利用物联网实现了更多目标。

9.4.2　物联网感知层关键技术

(1)RFID 技术　RFID(radio-frequency identification)技术是一种利用无线电频率识别物体的技术。它通过将一个小型的电子标签(被称为 RFID 标签或电子标签)附加到物体上，并使用无线电波来读取和写入标签中的信息。RFID 技术通常由以下几个组成部分组成：

RFID 标签(tag)：RFID 标签是一个小型的电子装置，它包含一个芯片和一个天线。芯片存储了唯一的识别号码和其他数据，而天线用于与读写设备之间的无线通信。标签可以被粘贴、绑扎或嵌入到物体中。

读写设备(reader)：读写设备(也称为 RFID 阅读器或 RFID 扫描器)是用于读取和写入标签中数据的设备。它通过无线电波与标签进行通信并接收返回的信息。

数据处理系统：数据处理系统用于处理和管理从 RFID 标签读取的数据。它可以包括数据库、软件应用程序和其他相关系统，以便将 RFID 数据整合到现有的业务流程中。

RFID 技术的优点包括自动识别、非接触式、大容量存储、长寿命等。RFID 技术在许多领域有广泛的应用，包括物流与供应链管理、库存管理、资产跟踪、运输与物流、零售业、医疗保健、安全与准入控制等。它提供了实时监控、准确性和可追溯性的优势，有助于提高工作效率、降低成本和改善管理流程。

(2)条形码技术　条形码，是将信息进行图形化的一种重要表示方法。通过这一方式可以将信息变为条形码，通过对这一信息的扫描可以将相关信息在计算机中进行输入。条形码主要分为两种类型：一维条形码和二维条形码。一维条形码的编码方式是通过按照特定规则排列不同宽度的黑条和空白，以线性图形的方式表达一组信息。而二维条形码则使用竖直和水平两个方向来存储信息。相比一维条形码，二维条形码具有更大的信息容量、更可靠的解码能力，以及更强的纠错能力。

(3)传感器技术　传感器能感知预定的被测指标。通常情况下，传感器是由转换元件与敏感元件共同组成的。传感器是一种重要的检测装置，对于被测量的信息能够进行正确感知，同时根据一定的规律对所检测到的信息用电信号的形式进行输出。物联网中的传感器节点不仅有传感功能，还具备协同、计算和通信能力。

9.4.3 物联网网络层关键技术

(1)ZigBee 技术　ZigBee 技术具有低复杂性、低功耗、短距离、低速率以及成本较低等特点，同时它还可以实现双向无线通信。一个 ZigBee 网络包含一个协调器、多个路由器和多个终端设备。ZigBee 网络的主要特点包括短时延、低功耗、安全可靠、低成本以及大网络容量。这种技术主要用于自动控制和远程控制领域，适合嵌入各种设备中。以下是 ZigBee 设备的类型。

ZigBee 协调器(coordinator)：ZigBee 协调器是 ZigBee 网络中的一个关键组件，用于管理和协调 ZigBee 设备之间的通信。

ZigBee 路由器(router)：ZigBee 路由器是 ZigBee 网络中的一个关键设备，用于实现 ZigBee 设备之间的无线通信和数据传输。ZigBee 路由器由硬件和软件组成，硬件部分有无线收发模块和处理器，软件部分有协议栈和路由选择算法。

ZigBee 终端设备：ZigBee 终端设备是 ZigBee 网络中的最终节点，用于实现具体的功能和应用。常见的 ZigBee 终端设备包括智能灯具、智能插座、智能传感器、智能门锁、智能家电等。

（2）Wi-Fi 技术　Wi-Fi 是一种基于 IEEE 802.11 标准的无线网络通信技术，并由 Wi-Fi 联盟（Wi-Fi alliance）所有。它的主要目标是促进不同无线网络产品之间的互通性。电气与电子工程师协会（IEEE）在其成立之初就为 WLAN 的标准提供了一项技术，这就是 IEEE 802.11。这一技术主要是应对在校园网或者是办公室局域网中的场景，可以将用户与其终端进行无线接入，数据的存取就是业主唯一能做的事。而 Wi-Fi 这一技术可以将手持设备和计算机等终端设备，通过无线连接的形式进行通信的过程，其中手持设备包括手机和平板电脑等。Wi-Fi 具有无线电波的覆盖范围广、传输速度非常快和厂商进入该领域的门槛比较低等优点。

（3）蓝牙　蓝牙是可以对短距离通信进行支持的重要无线电技术，但是通信距离一般保持在 10 m 之内。其传输设备是多种多样的，如手机、掌上电脑、无线耳机、笔记本电脑、相关外设等在它们之中可以进行无线信息的交换工作。蓝牙具有全球覆盖、稳定性高、易用性强、广泛设备支持等优势。

（4）GPS　全球定位系统（GPS）是利用定位卫星对全球进行导航和定位的系统。全球共有四大卫星导航系统，分别是中国的“北斗”系统、美国的 GPS 系统、俄罗斯的“格洛纳斯”系统和欧洲的“伽利略”系统。

9.4.4 物联网应用层

随着物联网技术的不断发展和普及，各种应用场景和应用领域也不断涌现。以下是物联网的一些典型应用：

（1）智能家居　智能家居是物联网应用的一个典型领域，它可以通过各种智能设备和传感器，实现对家居环境的智能化管理和控制，如智能灯光、智能空调、智能门锁等。

（2）智能工厂　智能工厂是指通过物联网技术对工厂生产过程进行智能化管理和优化，从而提高生产效率和质量。如智能机器人、智能仓储、智能物流等。

（3）智慧城市　智慧城市是指通过物联网技术对城市各种资源进行智能化管理和优化，从而提高城市的管理和服务水平，如智能交通、智能停车、智能环保等。

（4）智能医疗　智能医疗是指通过物联网技术对医疗设备和医疗服务进行智能化管理和协调，从而提高医疗服务的质量和效率，如远程医疗、智能健康监测等。

（5）智能农业　智能农业是指通过物联网技术对农业生产过程进行智能化管理和优化，从而提高农业生产效率和质量，如智能灌溉、智能气象监测、智能养殖等。

（6）智能安防　智能安防是指通过物联网技术对安防设备和服务进行智能化管理和协调，从而提高安全防范和应急处理能力，如智能监控、智能报警、智能门禁等。

物联网技术的应用领域非常广泛，涉及生产、生活、医疗、农业、安防等多个方面。随着技术的不断发展和创新，物联网的应用场景和应用领域也将不断拓展和深化，给人们的生产和生活带来很多的便利。

9.5 人工智能——数字识别

9.5.1 字符识别技术

字符识别技术是将图像或文本文件中的字符解析出来并转换成计算机可识别的代码或文字的技术。字符识别技术的应用已经非常广泛,例如,邮件自动分类、银行支票自动处理、数字化档案存储等方面的自动化处理都需要字符识别技术。随着 AI 技术的发展,字符识别技术已经有了很大的提升。

目前,字符识别技术主要分为两种方法:光学字符识别(optical character recognition,OCR)和自然语言处理(natural language processing,NLP)。光学字符识别技术是将印刷体字符转化为数字信号并进行识别处理的技术。OCR 技术具有很高的识别精度,可以在短时间内快速准确地完成对大量文件的处理。OCR 技术对于印刷体字符识别的效果非常好,但是对于手写体字符的识别效果较差。自然语言处理技术是指将自然语言文本转化为计算机可以理解的形式,并进行语义分析和理解的技术。NLP 技术的应用范围非常广泛,如机器翻译、语音识别、情感分析等。NLP 技术可以有效地处理非结构化数据,处理效果较好,但需要大量的训练和处理时间。深度学习技术可以通过大量的训练数据,获得更高的识别精度和性能表现。同时,自然语言生成和理解技术也可以将字符识别技术与人工智能技术相结合,实现更加智能的文本处理和分析。

字符识别技术的发展,将为我们提供更加高效、便捷和智能的数据处理解决方案。预计在未来的几十年内,字符识别技术将会在工业自动化、商业处理、医疗保健等领域得到广泛的应用和发展。

9.5.2 机器学习中的数据采集与预处理

机器学习是一种基于数据的人工智能技术,大量的数据对于机器学习模型的训练和优化至关重要。因此,在机器学习中,如何采集和预处理数据对于机器学习的成功至关重要。

在机器学习领域,数据采集指的是从多种来源收集数据并构建数据集。数据集是机器学习中进行模型训练和优化的基础,数据集的质量直接影响机器学习的效果。数据集可以从多种渠道获得,如网络爬虫、传感器、API、数据库等。数据采集和预处理流程示意图如图 9-6 所示。

在数据采集过程中需要考虑以下几点:

数据质量:数据质量是数据采集的关键点。正确判断数据的质量和可用性,避免错误数据的影响,保证数据的有效性和可靠性,是数据采集的基础。

数据量和多样性:机器学习需要大量的数据作为训练样本,同时数据也应该具有多样性和代表性,才能让机器学习模型更好地理解和处理数据。

数据格式和结构:不同的机器学习模型对于数据格式和结构的要求不同,因此在数据采集过程中需要考虑不同的数据格式和结构。

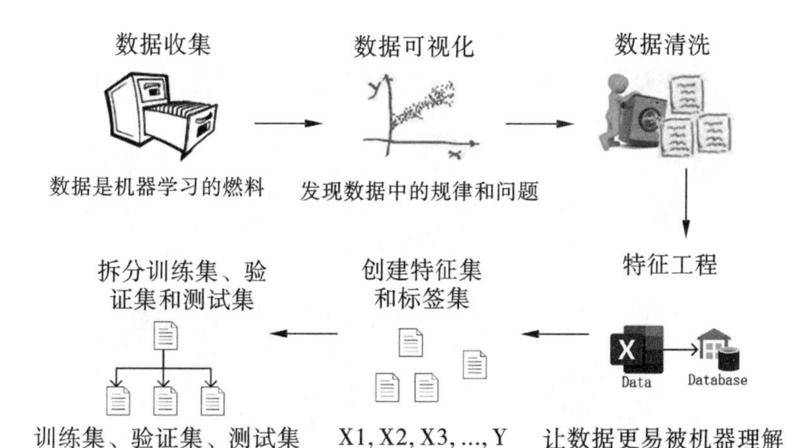

图 9-6　数据采集和预处理示意图

在机器学习中,数据预处理是指对数据进行清洗、转换和归一化处理,以提高机器学习模型的训练和优化效果。数据预处理通常包括以下几个方面:

数据清洗:在数据采集过程中可能会出现一些无效或不完整的数据,需要进行清洗处理以提高数据的质量和可用性。

数据转换:不同的机器学习模型对于数据格式的要求不同,因此需要将数据转换为适合机器学习模型的格式。例如,文本转换为数字、图像转换为向量等。

特征选择:在机器学习中,有很多冗余信息和噪声,会影响机器学习的效果。因此需要进行特征选择,保留最有价值的特征。

数据归一化:不同特征之间的数据量级可能差别很大,需要进行数据归一化处理以提高模型的训练效果。

数据采集和预处理对于机器学习的成功至关重要。正确采集和处理数据可以大大提高机器学习模型的训练和优化效果,进而提高机器学习的应用价值和实效性。

9.5.3　建立并验证手写数字识别模型

手写数字识别是机器学习中的一个经典应用场景。在这个场景中,我们可以通过构建一个机器学习模型,将手写数字转化为计算机可以理解的代码或文字,从而实现数字识别的自动化处理。手写数字识别效果如图 9-7 所示。

下面是使用全连接神经网络建立手写数字识别模型并进行验证的步骤:

第一步:导入所需要的包并定义超参数。超参数包括每次训练输入的模型的学习率(learning_rate)、图片数量(batch_size)以及迭代次数(num_epoches)等。

```
import torch
from torch importnn,optim
fromtorch.autograd import Variable
fromtorch.utils.data import DataLoader
fromtorchvision import datasets,transforms
```

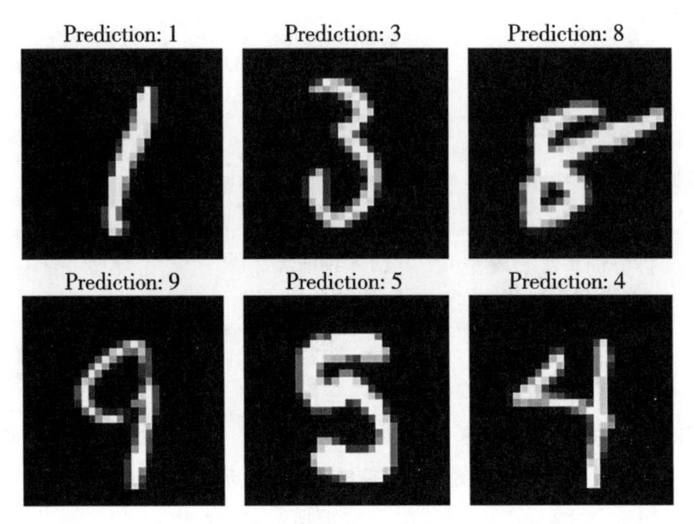

图 9-7 手写数字识别

```
batch_size=64
learning_rate=0.02
num_epoches=100
```

第二步:建立带有激励函数和批标准化函数的网络。

```
classBatch_Net(nn.Module)
def__init__(self,in_dim,n_hidden_1,n_hidden_2,out_dim):
super(Batch_Net,self).__init__()
self.layer1=nn.Sequential(nn.Linear(in_dim,n_hidden_1),nn.BatchNormld(n_hidden_1),nn.ReLU(True))
selflayer2=nn.Sequential(nn.Linear(n_hidden_1,n_hidden_2),nn.BatchNormld(n_hidden_2),nn.ReLU(True))
self.layer3=nn.Sequential(nn.Linear(n_hidden_2,out_dim))
def forward(self,x):
x=self.layerl(x)
x=self.layer2(x)
x=self.layer3(x)
return x
```

第三步:对数据进行标准化预处理。

数据预处理包括图像转换和图像标准化两个部分。图像转换是指将图片转换成 PyTorch 中的 Tensor 对象,图像归一化是指将每个数字图像转化为相同的尺寸和像素格式,以便于后续的特征提取和模型训练。这里使用两个函数,一个是 transforms. ToTensor(),将图片转换成 PyTorch 中的 Tensor 对象,并且进行归一化(0 ~ 1)处理;另一个是 transforms. Normalize()函数,它进行标准化处理,需要传入均值和标准差两个参数,如

transforms. Normalize([0.5],[0.5])表示将数据减去 0.5 后再除以 0.5,这样将数据转化到-1 至 1 之间。注意,因为输入的图片是灰度图片,所以只有 1 个通道。如果输入的图片是彩色图片,则有 3 个通道。然后用 transforms. Compose()函数将各种预处理的操作组合到一起。

data_tf = transforms. Compose ([transforms. ToTensor ( ) , transforms. Normalize ([0. 5], [0.5)])

第四步:导入 MNIST 数据集。

在建立手写数字识别模型之前,我们需要收集大量的手写数字图像数据,我们这里从公开数据集中获取。通过 PyTorch 内置函数 torchvision. datasets. MNIST 导入数据集。参数说明如下:

root=´./data´:程序会自动在当前目录下建立一个文件夹 data,里面有 MNIST 文件夹,打开后会看到 processed 文件夹,里面存放两个文件:training. pt 和 test. pt。training. pt 用于存放训练集,test. pt 用于存放测试集。

train=True/False:train 可以取 True 或 False 两个值,True 表示数据集作为训练集,False 表示数据集作为测试集。

transform=data_tf:接受将 PIL Image 对象转换成 Tensor 对象。

download = True/False:如果 download 为 True,则数据集从 Internet 上下载;如果 download 为 False,则数据集不从 Internet 上下载。

shufle=True/False:表示是否在每次迭代数据时对数据进行随机排序,True 表示随机排序,False 表示不随机排序。

接着,使用 torchutils. data. DataLoader 建立一个数据迭代器,传入数据集和 batch_size。

train_dataset=datasets. MNIST(root=´./data,train=True,transform=data_tf,download=True)

test_dataset=datasets. MNIST(root=´./data´,train=False,transform=data_tf)

train_loader=DataLoader(train_dataset,batch_size=batch_size,shuffle=True)

test_loader=DataLoader(test_dataset,batch_size=batch_size,shuffle=False)

第五步:导入神经网络模型,定义损失函数和优化函数。

model=Batch_Net(28 * 28,400,100,10)

#定义损失函数和优化函数

criterion=nn. CrossEntropyLoss()

optimizer=optim. SGD(model. parameters(),lr=learning_rate)

model 中输入的参数 28 * 28 表示输入图片的大小,而后定义两个参数 400 和 100 表示隐藏层数量分别是 400 和 100,最后的参数 10 表示最终输出结果为 0 ~ 9 这 10 个数字中的一个,也就是分类的类别数。

第六步:训练模型。

epoch=0

for data intrain_loader:

```
img,label=data
img=img. view(img. size(0),-1)
if torch. cuda. is_available():#如果有 GPU 就使用,没有就用 CPU
img=img. cuda()
label=label. cuda()
else:
img=Variable(img)
label=Variable(label)
out=model(img)
loss=criterion(out,label)
print_loss=loss. data. item()
optimizer. zero_grad()
loss. backward()
optimizer. step()
epoch+=1
if epoch%100==0:
print(epoch:{},loss:{:.4}'. format(epoch,loss. data. item()))
```

第七步:测试模型。

```
model. eval()
eval_loss=0
eval_acc=0
for data intest_loader
img,label=data
img=img. view(img. size(0),-1)
if torch. cuda. is_available():
img=img. cuda()
label=label. cuda()
out=model(img)
loss=criterion(out,label)
eval_loss+=loss. data. item() * label. size(0)
_,pred=torch. max(out,1)
Num_correct=(pred==label). sum()
eval_acc+=num_correct. item()
print('Test_loss:{:.6f},Acc:{:.6f}'. format(
eval_loss/(len(test_dataset)),
eval_acc/(len(test_dataset))
))
```

程序运行结果如下:

epoch:100,loss:0.5478
epoch:200,loss:0.4439
epoch:300,loss:0.2936
epoch:400,loss:0.311
epoch:500,loss:0.2003
epoch:600,loss:0.3013
epoch:700,loss:0.194
epoch:800,loss:0.1538
epoch:900,loss:0.1254
Test loss:0.141032,Acc:0.961800

从程序运行结果来看,loss 为 0.141032,准确率为 96.18%。

建立手写数字识别模型需要进行数据收集、数据预处理、特征提取、训练模型和测试模型等步骤。通过以上步骤,可以建立一个高性能的手写数字识别模型,并实现自动化的数字识别处理。

9.5.4 评估手写数字识别模型并开展应用

评估手写数字识别模型需要使用合适的评价指标来度量模型的性能,常见的指标包括准确率(Accuracy = $\frac{TP+TN}{TP+TN+FP+FN}$)、召回率(Recall = $\frac{TP}{TP+FN}$)、$F1$-score($F = \frac{(a^{2+1})\times P\times R}{a^2\times(P+R)}$)等。其中,准确率是模型正确识别的样本数与总样本数之比,而召回率是模型正确识别的正例样本数与所有正例样本之比,而 $F1$-score 是准确率和召回率的加权调和平均。

在评估手写数字识别模型时,可以使用交叉验证、留出法等方式来分离训练数据和测试数据。具体来说,可以将数据集划分为三个部分:训练集、验证集和测试集。训练集用于让模型进行学习和训练;验证集用于调整模型参数和防止过拟合;测试集用于评估模型的性能。

一旦模型评估完成,可以将模型应用到实际场景中。例如,在移动端应用中,可以通过调用模型接口实现手写数字识别;在电商平台中,可以使用模型识别手写订单号等。评估手写数字识别模型可以帮助我们了解模型的性能和可靠性,从而为模型的应用提供必要的支持和保障。除此之外,还需要根据实际应用场景进行适当地调整和优化,以提升手写数字识别的效果和实用性。

9.6 5G 技术

9.6.1 5G 的概念及特点

1986 年问世的 1G 技术是现代通信发展的重要里程碑。在过去三十多年里,通信技术经历了迅猛的发展,呈现出爆炸式增长的态势,对人们的生活方式产生了深刻影响,也为社会的发展注入了关键的动力。移动通信技术的发展历程,如图 9-8 所示。

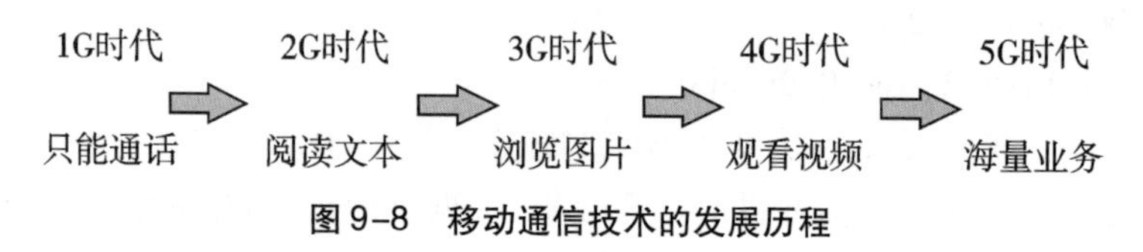

图 9-8 移动通信技术的发展历程

5G 是第五代移动通信技术,它被视为移动通信技术领域的一项重大革新,比 4G 更快、更稳定、更安全。5G 是移动通信技术的最新标准。5G 建立在 4G 和 3G 的基础之上,采用超高频和毫米波技术,大幅提升了传输速率,采用更高的信号频率并增加基站的数量,有效解决了 4G 时代出现的网络瓶颈问题。5G 还在网络的连通性、低时延、高可靠性等方面做了极大的优化,使之更加适应未来的大规模应用需求。

5G 具有以下特点:

(1)更快的数据传输速度 5G 技术具有更高的峰值传输速率和更广的信道带宽,可以达到每秒数十吉字节(GB)的传输速率,是 4G 传输速率的数倍以上。这使得下载、上传、传输视频、直播等大数据量的应用更加流畅和快捷。

(2)更低的时延 5G 技术将时延降到毫秒级别,比 4G 时延降低了 1/10 以上,这种低延迟特性非常适合于大规模物联网应用。例如,自动驾驶汽车的应用需要非常低的时延性能,以确保车辆及时响应其环境。

(3)更广的覆盖面 5G 可以实现更广泛的覆盖面、更好的信号穿透性和覆盖范围,适应更多的应用场景和用户需求。这意味着未来的 5G 网络将不仅仅是城市中心的完善网络,也将支持更广阔的境内和境外地域范围。

(4)更多的连接 5G 技术可以支持更多的连接,为大规模物联网应用提供数据支撑。5G 的高速和低时延使大量连接的物联网设备更容易被连接和管理。

(5)更加安全 5G 技术采用更加先进复杂的加密技术,从而更大程度地防止网络被攻击和信息泄露。此外,5G 在网络安全方面具有更强的实现能力和保障安全需求的方案选择。

5G 是移动通信领域的新一代标准,将极大地改变生活和工作方式,对智慧城市、物联网、工业自动化等领域带来了很多新的机遇和挑战。

9.6.2 5G 移动通信技术的发展

5G 移动通信技术的发展经历了多个阶段。从最初的研究到现在各国已经相继开始

5G 商用,其发展历程充满挑战和机遇。移动通信技术的发展历程如图 9-9 所示。

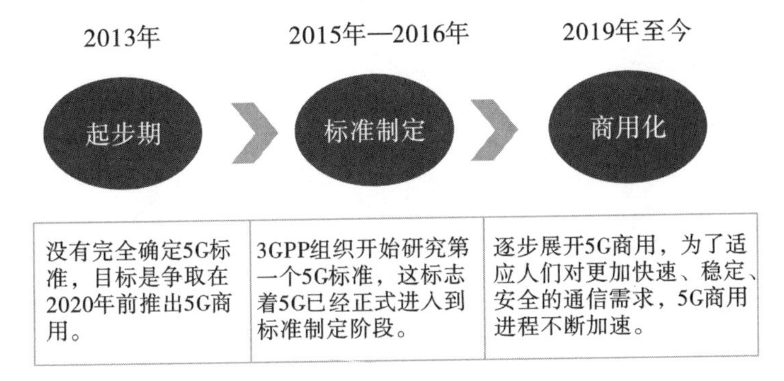

图 9-9 移动通信技术的发展

(1)起步阶段　5G 技术的研究始于 2013 年,由于 5G 技术的理论研究和实验研究工作需要更加精细的技术细节,无论是在技术上还是在组织上,各国都开始了相关的工作。在这个阶段,各国还没有完全确定 5G 标准。

(2)标准制定阶段　2015 年底至 2016 年初,3GPP 组织开始研究第一个 5G 标准,这标志着 5G 已经正式进入到标准制定阶段。在接下来的几年里,各组织针对 5G 标准的制定都在积极推进。5G 标准确定的关键是 5G NR 标准制定,即 5G 新无线技术标准的制定。2017 年 12 月,全球第一套 5G NR 标准正式发布,标志着全球 5G 标准制定迈出了重要的一步。这也为 5G 商用奠定了重要的基础。

(3)商用化阶段　2019 年,各国开始逐步展开 5G 商用,为了适应人们对更加快速、稳定、安全的通信需求,5G 商用进程不断加速。截至目前,全球已经有多个国家和地区挑战 5G 商用,提供 5G 通信服务,市场增长迅速。

未来,5G 将会继续向前发展,应用领域也会更加广阔。需要关注的是,5G 在发展过程中也存在一些风险和挑战,如安全隐患、网络建设、技术纠纷等问题。为此,需要各个国家和企业共同合作,加强技术研究,推动标准制定,建立完整的 5G 生态系统。

为实现更快速的数据传输速度、更低的时延、更多的连接数量和更可靠的通信质量,5G 引入了一些关键技术,包括以下几个方面:

(1)网络切片技术　相较于 1G~4G 时代,5G 网络所面向的应用场景已经发生了巨大的改变。例如,5G 网络支持超高清视频、大规模物联网和车联网等应用。这些不同的场景对网络的需求也各有差异,包括对网络的移动性、安全性、时延和可靠性等方面提出了新的要求,这就需要将原本作为一个整体的物理网络分割成多个虚拟网络,并针对不同的应用需求,建立虚拟网络。对于虚拟网络而言,它在逻辑上是独立的,相互不会产生影响。只有在引入网络功能虚拟化(network function virtualization,NFV)/软件定义网络(software defined networking,SDN)后,才能实现网络切片。网络切片通过共享物理或虚拟资源池的方式创建不同的切片。网络切片如图 9-10 所示。

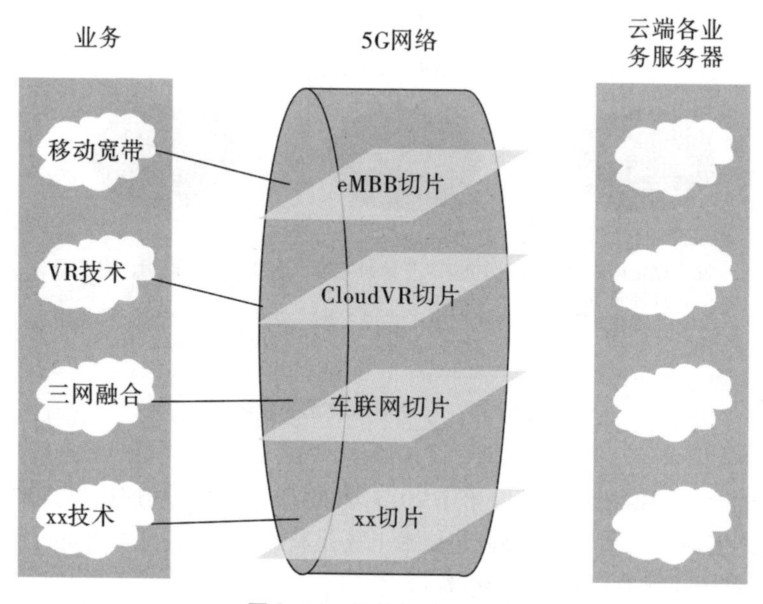

图 9-10　网络切片示意图

(2)大规模天线　提高无线网络速度的关键途径之一是采用多天线技术。这就意味着在基站和终端设备的位置上设置多个天线,这样就形成了 MIMO 系统。MIMO 系统也被称为 MN,其中 M 代表发射天线的数量,而 N 指接收天线的数量。在 MIMO 系统中,当只有一个用户同时利用时频资源进行数据传输时,被称为单用户 MIMO(SU-MIMO);当多个用户同时进行数据传输时,则被称为多用户 MIMO(MU-MIMO)。多用户 MIMO 在提升频谱效率方面具有重要作用。此外,多天线技术还可以应用于波束赋形,通过调整天线的幅度、相位、形状和辐射方向,使无线信号能够集中在更窄的波束上,从而实现对天线方向的控制,拓展覆盖范围并减少干扰。天线规模更大的是大规模天线(massive MIMO),massive MIMO 提升了无线容量和覆盖范围,但是在细节上还需要进一步调整,比如信道估计准确性(尤其是高速移动场景)、多终端同步、功耗和信号处理的计算复杂性等。大规模天线技术示意图如图 9-11 所示。

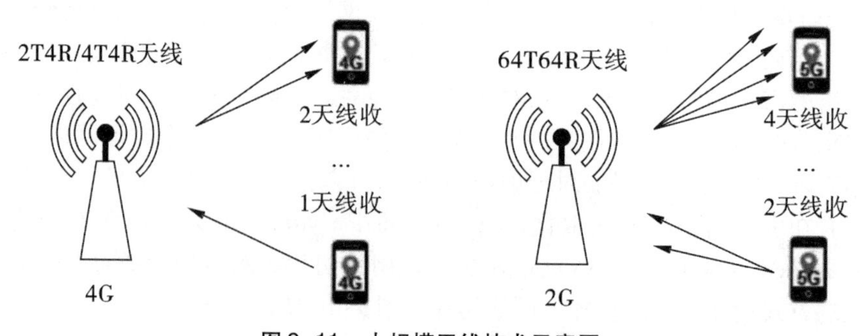

图 9-11　大规模天线技术示意图

(3)移动边缘计算　通过对无线接入网的利用可以满足用户在云端计算和服务上的需要,这就是边缘计算(multi-access edge computing,MEC),移动边缘计算创造的环境具有低延迟、高性能和高带宽的特点,能够加速网络中内容、服务和应用的下载,也为用户提供更出色的网络体验。MEC 技术如图 9-12 所示。

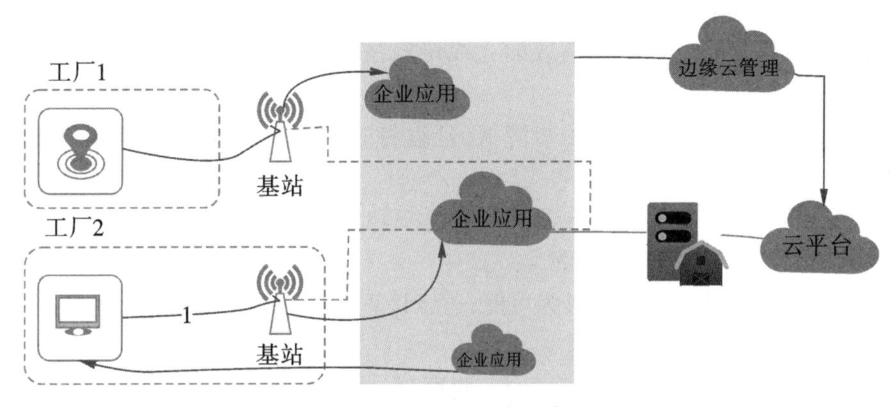

图 9-12　MEC 技术示意图

9.6.3　5G 的应用场景及现状

5G 具有更高的数据传输速率、更低的时延、更高的网络容量和更强的网络连接能力。这些优点使得 5G 在许多领域具有广泛的应用前景。主要有以下几个应用场景:

智能物流:5G 技术可以实现更高效的物流管理,提高物流运输效率和安全性。例如,在物流配送方面,可以通过智能管理系统和智能运输设备对物流运输过程进行全程监控,快速定位交通事故等突发情况,避免交通拥堵和物流延误。

智能交通:5G 技术可以提高交通运输的智能化和安全性,实现智能交通的实时监控、车辆自动化驾驶等。例如,5G 网络可以实现车辆之间的实时通信,进行车辆之间的协同,提高道路交通安全性和运输效率。

智慧医疗:5G 技术可以为医疗提供更快速、高清晰度的视频传输和更精准的数据分析,增强医学检测和治疗效果。例如,通过 5G 技术可以实现远程医疗和远程手术,降低医疗成本和提高患者就医便利性。

工业互联网:5G 技术可以为工业互联网提供高速、大容量的无线通信,实现设备、工厂和供应链的互联互通,提高数据分析和管理效率。例如,5G 网络可以实现无线控制、监测和传感,并实现工业自动化和智能制造。

5G 技术是未来移动通信发展的重要趋势,其应用场景也越来越广泛。目前,5G 技术相继在医疗、物流、智能交通、工业互联网、智慧城市、物流、智慧医疗等领域进行应用实践并取得一定的成果。全球也正在积极推广 5G 商用,并逐步实现 5G 在更多领域的应用。5G 技术的不断发展和应用实践,将会促进产业变革和创新发展,为人们创造更美好、更高效的生活和工作方式。

9.6.4 5G的发展趋势

随着5G技术的商用推广,其发展趋势也变得越来越明显,有如下几种发展趋势:

网络智能化:5G网络将更加智能化,具备更高的自适应能力和智能化管理能力,可以实现更高效的网络资源调度和负载均衡。

高能效:5G网络将采用更加高效的无线传输技术,减少网络能量消耗,实现能量开销的更高效管理。

低时延:5G网络的时延将进一步降低,延迟将达到毫秒级别,利于实现更低的通信时延,从而满足实时通信的需求。

高速率:5G技术将提供更高的数据传输速率和容量,达到数十倍甚至百倍于4G网络的速率和容量,突破数据传输瓶颈。

边缘计算:5G将使边缘计算成为可能,边缘计算将成为5G网络的关键技术,实现更快速的数据处理和更好的用户体验。

融合通信:5G可以推动通信、云计算、物联网、大数据等多种技术的融合,实现更智能化的数据分析和管理。

应用广泛:5G的应用将越来越广泛,包括物流、智慧城市、智能交通、工业互联网、智慧医疗等领域。

产业创新:5G将促进产业创新和变革,推动行业转型和升级,进一步推动数字经济和数字社会的发展。

5G技术的发展将实现网络智能化、高能效、低时延、高速率、边缘计算、融合通信、广泛应用和产业创新等多个方面的突破和发展。这将为我们的生活和工作带来更多的便利,同时也将推动整个产业的创新和发展。

9.7 区块链

9.7.1 区块链的概念及特点

区块链是一种分布式的数字账本技术,实现了去中心化。它通过将数据以区块相连接的方式,创造了透明且无法被篡改的记录链。每个区块包含交易信息和前一个区块的哈希值,确保了整个链的完整性。区块链中的信息记录对所有参与节点是可见的,并由多个节点进行验证和共识,因此不容易被单个实体操控或篡改。这使得区块链具备安全、透明和去中介化的特性,广泛应用于数字货币(比如比特币)、供应链管理、智能合约、身份验证等多个领域。通过区块链技术,可以实现可靠交易和数据存储,从而改变传统的中心化模式和业务流程。去中心化系统与中心化系统结构如图9-13所示。

区块链的特点主要体现在以下几个方面:

去中心化:区块链采用P2P网络架构,不依赖中心化的管理,而是由平等的节点构成。

分布式:区块链中的数据存储在所有节点上,每个节点都有完整的数据副本。

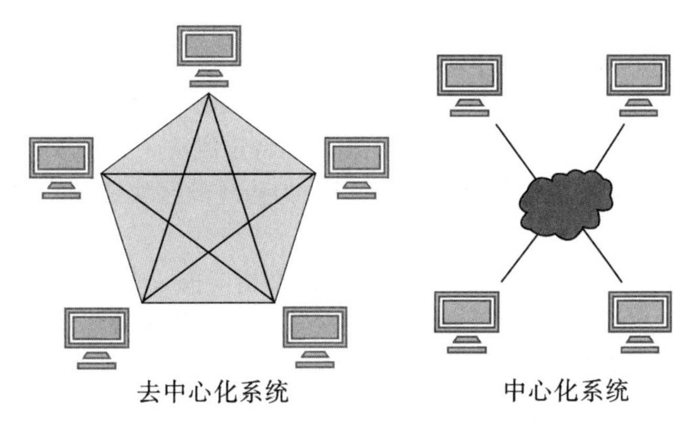

图 9-13　去中心化系统与中心化系统

安全性高:区块链的数据是经过加密和数字签名的,保证数据的安全性和不可篡改性。

透明度高:区块链采用公共账本的方式,所有交易都被公开记录,信息不可隐瞒。

高效性:区块链采用智能合约技术,可以自动化执行交易,提高效率。

可编程性:区块链可以通过智能合约实现自动化逻辑处理,实现更多的功能。

匿名性:区块链上的用户可以通过匿名交易来保护自己的隐私。

区块链的特点突出了分布式、安全、透明、高效性、智能化和匿名性等特性。这些特点决定了它可以被广泛应用于金融、物联网、智能合约、数字化资产等领域。

9.7.2　区块链的分类

区块链技术发展至今已经存在多种不同的分类方式,下面将从不同的角度来介绍区块链的分类。

(1)基于权限的分类　根据权限区分,可以分为公有链、联盟链和私有链三种,如图 9-14 所示。

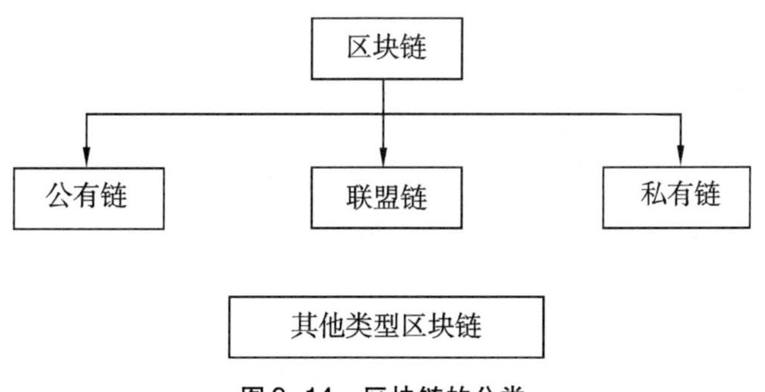

图 9-14　区块链的分类

公有链:也称为全球链,是面向全球公众开放的区块链系统,任何人都可以参与并且发起交易和记录数据。比如比特币和以太坊等。

联盟链:联盟链只允许一定的成员参与并进行共享信息,不对外暴露,数据只能由特定的节点进行验证和确认。比如 Corda。

私有链:也称为企业链,只有特定的团队或企业内部人员可以参与的区块链,也被称为身份验证链,数据的读写权限仅限于组织内部的特定成员。

(2)基于设计的分类　根据设计理念可以分为传统的区块链和有向无环图(directed acyclic graph,DAG)两类。

传统的区块链:基于链式结构,每一个数据块都指向前一个块,形成一个不断延伸的链式结构。即使同一时间存在多个记录,也只能通过共识算法选定唯一的记录。

DAG:基于有向无环图结构,新的数据块可以连接到多个前驱块,形成一个复杂的图结构。DAG 技术可以实现分布式共识,多个记录可以共存,不用通过共识算法选出唯一的记录。

(3)基于共识算法的分类　根据共识算法区分,可以分为 PoW、PoS、DPoS、PBFT、Raft 等多种算法。

PoW(工作量证明):采用算力竞争方式,将参与验证交易的节点称为“矿工”,通过计算机的算力来竞争获得记账权。

PoS(权益证明):采用每个节点持有的代币数目来决定记账权,持有代币越多的节点,权益越大,记账权也就越大。

DPoS(股权授权证明):采用股权的方式来授权决策节点,由投票者投票选举出决策节点,这些决策节点获得记账权。

PBFT(拜占庭容错算法):采用拜占庭容错算法来保证安全性和一致性,需要遵循特定的投票规则,保证节点之间的信任。

(4)基于功能的分类:根据功能区分,可以分为数字货币、智能合约、资产管理等类型。

区块链技术的分类可以从多个角度来进行,每种分类方式都适用于不同的应用场景和需求。这也为不同的开发者和用户提供了多种方法和选择。

9.7.3　区块链体系结构的基本组成

自 2009 年比特币出现,区块链技术已经历了十余年的发展。从最初的数字货币,到后来以太坊智能合约,区块链的应用范围不断扩展。如今,区块链已经涵盖了版权、供应链、云游戏等多个领域,其体系结构也在不断演化,呈现出多样性。尽管不同的区块链之间存在一些差异,但它们的体系结构具有许多共通之处,一般可以分为六个部分:数据层、网络层、共识层、激励层、智能合约层及应用层(激励机制)。区块链体系结构如图 9-15 所示。

数据层主要涵盖区块链的数据结构,通过应用密码学技术确保数据的安全性。不同区块链可能在数据结构方面有些许差异,但链式结构、梅克尔树作为比特币所采用的基本结构一直被之后的区块链沿用,非对称加密、哈希函数等密码学技术也一直是区块链数据安全的根基。基于区块链的链式结构与密码学的安全性,使其具有可审计的特性。梅克尔树数据结构的加入也使得节点可以对区块中的单个交易正确性进行高效验证。

网络层定义区块链节点组网方式、信息传递方式以及信息的验证过程。每个节点都

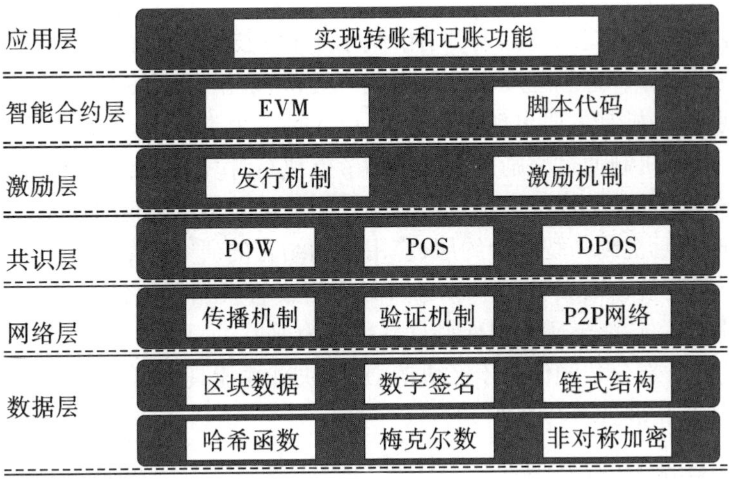

层			
应用层	实现转账和记账功能		
智能合约层	EVM	脚本代码	
激励层	发行机制	激励机制	
共识层	POW	POS	DPOS
网络层	传播机制	验证机制	P2P网络
数据层	区块数据	数字签名	链式结构
	哈希函数	梅克尔数	非对称加密

图9-15　区块链体系结构

通过与多个邻居节点建立连接来实现互联,节点产生的交易和区块等数据会传播给所有的邻居节点。收到消息的邻居节点会首先对其进行验证,一旦验证通过,它们会继续将消息传播给它们自己的邻居节点,这一过程会一直持续,直到数据传播到整个网络中的所有节点。每个节点根据接收到的交易和区块等数据构建自己的本地区块链。这种去中心化的分布式系统使得节点与节点之间形成冗余备份,从而有效地解决了单点故障问题。

共识层建立在网络层之上,主要定义了节点如何对区块链数据达成一致。当交易、区块等数据成功通过网络层到达所有节点后,节点通过共识算法对区块链一致性达成共识。不同区块链采用了不同共识算法,其中比较典型的有 Po、PoS、Raft、PBF 等。在每一轮的共识过程中,一个领导节点会被选举或选择出来,负责处理交易并将其打包成区块,随后将这些区块广播给所有节点。每个节点都会验证接收到的区块,验证内容包括哈希值、签名以及交易的有效性,通过验证的区块将会被添加到本地区块链中。在共识过程中,所有节点都会进行区块验证,这意味着即使极少数节点尝试发布恶意或篡改的数据,也无法影响整个区块链的准确性和一致性。当用户访问区块链时,它们可以向多个节点发送请求,并根据多数节点的一致结果来做出选择。这样,只要绝大多数节点都遵循规则,区块链就会保持其可信和不可篡改的特性。

智能合约层构建在共识层之上,其主要职责是确定智能合约的编写语言和执行环境。在智能合约的执行过程中,它需要读取链上的数据并将执行结果写入区块链。共识层保证了本地链上数据的一致性,因此,在执行同一个智能合约时,节点会对一致的本地链上数据进行读取和写入操作,以尽可能确保智能合约执行过程中的状态一致性。智能合约的执行结果被记录到不可篡改的区块链中,其同样有着执行结果可信但不可篡改的特点。早期比特币采用脚本语言编写数字货币交易相关逻辑,并在本地直接执行交易,可以认为是区块链智能合约的早期雏形;以太坊开发了图灵完备的智能合约语言 Solidity,并将其运行在以太坊虚拟机(EVM)中;超级账本中智能合约则被称为链码,部署在 Docker 容器中,并支持 Go、JavaScript 等各种语言。

应用层在智能合约层的基础上,利用不同的开发技术对智能合约进行封装,以提供各种分布式应用服务。这些应用服务包括数字货币、票据、资产证明、云游戏和区块链浏览器等。初期,激励机制主要出现在比特币、以太坊等公有链中,旨在鼓励矿工节点参与维护区块链。激励机制通过奖励机制来激励节点执行计算任务、验证交易和创建新的区块,以确保整个网络的安全性和可靠性。然而,随着联盟链的兴起,激励机制已经不再是必需的。此外,激励机制与智能合约层、应用层相结合的研究开始出现。例如,以智能合约的形式发布漏洞赏金来吸引用户参与漏洞检测或者根据区块链记录的用户历史行为对其进行区别服务,从而激励用户保持良好的行为习惯。

正是上述六个部分共同作用于区块链中,区块链才能具备可审计、去中心化、安全可信等特点,并逐步拓展到各行各业。

9.7.4 区块链的应用现状

区块链是一种新型的去中心化技术,具有不可篡改性、去中心化性和可追溯性等特点,因此在金融、物流、医疗、版权等领域得到了广泛的应用。目前,区块链应用的现状主要表现在以下几个方面。

(1)金融领域应用　区块链技术主要被应用于金融领域,最典型的就是比特币。比特币是区块链技术的一种应用,通过区块链技术实现了去中心化的数字货币交易,打破了传统金融机构的垄断,被广泛应用于跨境支付、国际贸易、慈善捐款等领域。此外,区块链技术还被广泛应用于数字资产的发行和交易,例如股票、债券等。

(2)物流行业应用　随着物流行业的发展,很多企业需要对物流过程进行跟踪和管理,以防止货物丢失或损坏。区块链技术可以实现货物的可追溯性和透明性,从而提高物流的安全性和效率。目前,一些企业已经开始将区块链技术应用于物流领域,如阿里巴巴的跨境电商平台,以及华为和 IBM 合作开发的物流区块链平台等。

(3)医疗行业应用　在医疗行业,区块链技术主要应用于健康档案、药品追溯等方面。通过区块链技术,可以实现病人的健康档案的安全存储和分享,以及药品全过程的可追溯和可信赖。目前,美国的一些医疗机构已经开始尝试将区块链技术应用于医疗行业,并取得了一定的成效。

(4)版权保护应用　区块链技术可以实现版权的去中心化管理和保护,避免版权侵犯和盗版行为。通过区块链技术,可以建立一个去中心化的版权登记系统,确保版权信息的真实性和不可篡改性。目前,一些内容创作者已经开始尝试使用区块链技术用于版权保护,如 Musiconomi、BitoPro 等平台。

区块链技术在金融、物流、医疗、版权等领域的应用正在逐步推广和普及,未来还将涉及更多领域和行业。

思考与讨论

新一代信息技术给我们带来了很多的机遇和挑战,你认为这些新兴技术将如何改变人们的生产生活方式?在技术给人们带来便利的同时,需要注意哪些潜在的风险?

参考文献

[1]史巧硕,柴欣. 大学计算机基础(Windows 10+Office 2016)[M].3 版. 北京:人民邮电出版社,2017.
[2]甘勇,尚展垒,王伟,等. 大学计算机基础[M].4 版. 北京:人民邮电大学出版社,2020.
[3]王秀友,闫攀,赵涛. 大学计算机基础(Windows 10+Office 2016)(微课版)[M].2 版. 北京:人民邮电大学出版社,2022.
[4]刘扬. Excel 2021 办公应用从入门到精通[M]. 北京:北京大学出版社,2022.
[5]詹涛,段俊花,姜学锋,等. 大学计算机基础[M]. 北京:清华大学出版社,2023.
[6]甘勇,尚展垒,王浩,等. 大学计算机基础[M].5 版. 北京:人民邮电出版社,2021.
[7]龚沛曾,杨志强. 大学计算机基础简明教程[M].3 版. 北京:高等教育出版社,2021.
[8]戴经国,曾翰颖. 大学计算机基础[M]. 成都:电子科技大学出版社,2017.
[9]欧阳利华,姜波. 计算机应用基础[M].3 版. 北京:高等教育出版社,2017.
[10]徐洪祥,郑桂昌,等. 新一代信息技术[M]. 北京:清华大学出版社,2022.
[11]杨竹青,等. 新一代信息技术导论(微课版)[M]. 北京:人民邮电出版社,2020.
[12]谢希仁著. 计算机网络[M].8 版. 北京:电子工业出版社,2021.
[13]未来教育. 全国计算机等级考试上机考试题库[M]. 成都:电子科技大学出版社,2021.
[14]黄正洪,赵志华. 信息技术概论[M]. 北京:人民邮电出版社,2017.